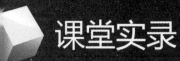

课堂实录

天正建筑 TArch 2013 课堂实录

陈志民、彭斌全 / 编著

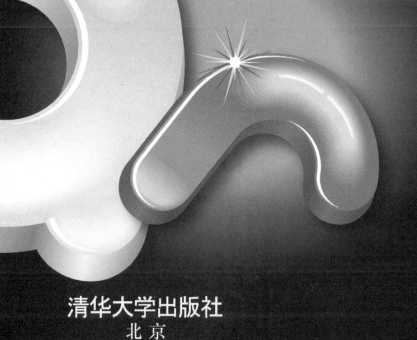

清华大学出版社

北京

内容简介

本书定位于天正建筑（TArch）初、中级读者。全书共16课，循序渐进地介绍了天正建筑TArch 2013的基础知识、轴网、柱子、墙体、门窗、楼梯、室内外设施、房间及屋顶的创建与编辑，立面图和剖面图的生成，以及文字、表格、标注、三维建模及图形导出等内容。本书每课以基础知识讲解、实例应用、上机实训三个部分讲解天正建筑TArch 2013的应用。读者完整地阅读本书，并按实例实际上机操作后就能使用天正建筑TArch 2013轻松绘制建筑施工图，并掌握建筑相关的行业知识和绘图规范。

本书免费提供多媒体教学光盘，包含225个课堂实例，共500多分钟的高清语音视频讲解，老师手把手的生动讲解，可全面提高学习的效率和兴趣。

本书内容依据建筑图形的实际绘制流程来安排，特别适合教师讲解和学生自学，及具备计算机基础知识的建筑设计师、工程技术人员及其他对天正建筑软件感兴趣的读者使用，也可作为各高等院校及高职高专建筑专业教学的标准教材。

图书在版编目(CIP)数据

天正建筑TArch 2013课堂实录 / 陈志民　彭斌全编著. --北京：清华大学出版社，2014
（课堂实录）
ISBN 978-7-302-32076-0

Ⅰ. ①天…　Ⅱ. ①陈…　②彭…　Ⅲ. ①建筑设计—计算机辅助设计—应用软件　Ⅳ. ①TU201.4

中国版本图书馆CIP数据核字(2013)第078877号

责任编辑：陈绿春
封面设计：潘国文
责任校对：胡伟民
责任印制：沈　露

出版发行：清华大学出版社
　　　　　网　　　址：http://www.tup.com.cn，http://www.wqbook.com
　　　　　地　　　址：北京清华大学学研大厦A座　　　邮　　编：100084
　　　　　社 总 机：010-62770175　　　　　邮　　购：010-62786544
　　　　　投稿与读者服务：010-62776969，c-service@tup.tsinghua.edu.cn
　　　　　质 量 反 馈：010-62772015，zhiliang@tup.tsinghua.edu.cn
印 装 者：清华大学印刷厂
经　　销：全国新华书店
开　　本：188mm×260mm　　印　张：20　　　字　　数：555千字
　　　　　（附DVD1张）
版　　次：2014年3月第1版　　　　　印　　次：2014年3月第1次印刷
印　　数：1～4000
定　　价：55.00元

产品编号：050017-01

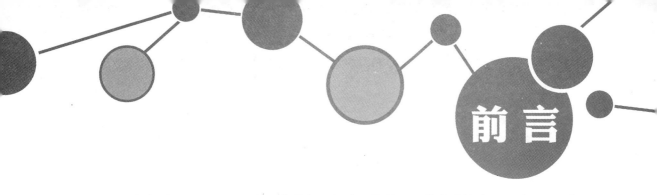

前言

TArch是国内率先利用AutoCAD平台开发的新一代建筑软件，以其先进的建筑设计理念服务于建筑施工图设计，目前成为建筑CAD正版化的首选软件之一。

天正建筑软件符合国内建筑设计人员的操作习惯，贴近建筑图绘制的实际，并且有很高的自动化程度，因此在国内使用相当广泛。在实际工作中只要输入几个参数尺寸，就能自动生成平面图中的轴网、墙体、柱子、门窗、楼梯和阳台等，并自动生成立面图和剖面图等建筑图样。

内容特点

与同类书相比，本书具有以下特点。

（1）完善的知识体系

本书从AutoCAD基础知识讲起，按照建筑设计的流程，循序渐进地介绍了轴网、柱子、墙体、门窗、楼梯、室内外设施、房间及屋顶的创建与编辑，立面图和剖面图的生成，以及文字、表格、标注、三维建模及图形导出等内容，包括天正建筑TArch 2013的全部功能和知识点。

（2）丰富的经典案例

针对初、中级用户量身订做。针对每节所学的知识点，将经典案例以课堂举例的方式穿插其中，与知识点相辅相成。

（3）实时的知识提醒点

每一课需要注意的工程师技巧点拨贯穿全书。使读者在实际运用中更加得心应手。

（4）实用的行业案例

本书每个练习和实例都取材于实际建筑工程案例，涉及住宅、别墅、办公楼、写字楼等常见的建筑类型，使广大读者在学习软件的同时，能够了解相关建筑的特点和规律，积累实际工作经验。

（5）手把手的教学视频

全书配备了视频教学，清晰直观的生动讲解，使学习更有趣、更有效率。

本书内容

本书共16个课时，主要内容如下。

◎ 第1课　天正建筑概述：介绍了建筑的结构和组成、TArch2013的特点、安装和启动、操作界面、软件设置等一些基本知识。

◎ 第2课　轴网：介绍了轴网的创建、编辑和标注方法。

◎ 第3课　柱子：介绍了建筑柱子的创建和编辑方法。

◎ 第4课　墙体：介绍了墙体的创建、墙体的编辑、墙体工具、墙体立面以及识别内外墙等有关天正建筑墙体的操作。

◎ 第5课　门窗：介绍了门窗的创建和编辑、门窗工具的使用，以及门窗编号和门窗表的创建方法。

◎ 第6课　室内外设施：介绍了TArch 2013各种楼梯、阳台、台阶、散水、坡道等室内外设施的绘制方法。

◎ 第7课　房间和屋顶：首先介绍了房间的搜索和面积统计方法，然后介绍了房间和卫生间的布置方法，最后介绍了不同类型屋顶的创建方法。

◎ 第8课　文字表格：介绍了TArch 2013文字和表格工具的使用方法和操作技巧。

◎ 第9课　尺寸标注：介绍了TArch 2013尺寸标注和编辑的方法和技巧。

◎ 第10课　符号标注：介绍了TArch 2013标高符号、工程符号等符号标注的方法和技巧。

◎ 第11课　立面：介绍了楼层表和工程管理的使用方法，以及如何生成立面并对立面进行编辑与深化。

◎ 第12课　剖面：介绍了如何生成剖面并对剖面进行编辑与深化的方法。

◎ 第13课　三维建模及图形导出：介绍了三维对象的绘制和编辑方法，以及图形导出的知识。

◎ 第14课　图形的查询与打印：介绍了模型空间各角度的观察方法和建筑图纸打印输出的方法。

◎ 第15课　多层住宅楼施工图：通过多层住宅楼全套施工图的绘制，帮助读者积累实战经验，提高应用软件的能力和水平。

◎ 第16课　专业写字楼施工图：通过写字楼全套施工图的绘制，帮助读者积累实战经验，提高应用软件的能力和水平。

本书作者

参加本书编写的有：陈志民、彭斌全、陈运炳、申玉秀、李红萍、李红艺、李红术、陈云香、陈文香、陈军云、林小群、刘清平、钟睦、刘里锋、朱海涛、廖博、喻文明、易盛、陈晶、张绍华、黄柯、何凯、黄华、陈文轶、杨少波、杨芳、刘有良、刘珊、赵祖欣、齐慧明、胡莹君等。

由于作者水平有限，书中错误、疏漏之处在所难免。在感谢您选择本书的同时，也希望您能够把对本书的意见和建议告诉我们。

读者服务邮箱:lushanbook@gmail.com

作者

目录

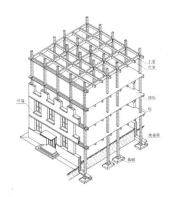

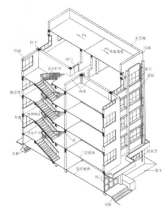

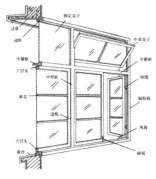

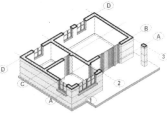

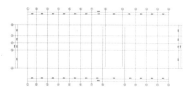

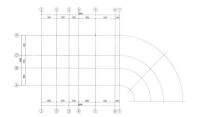

构造柱

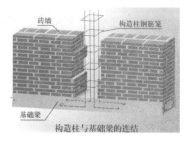

构造柱与基础梁的连结

第3课 柱子

第4课 墙体

第5课 门窗

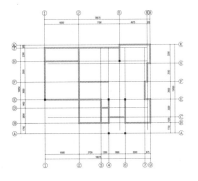

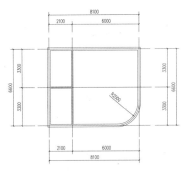

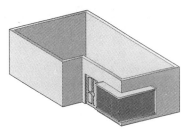

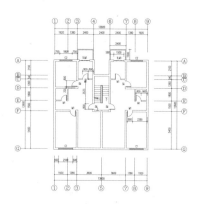

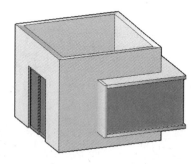

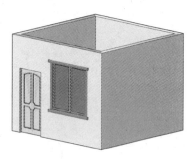

第6课 室内外设施

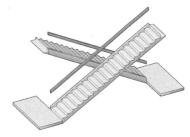

第7课 房间和屋顶

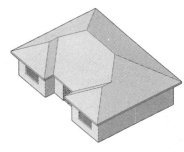

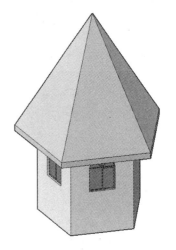

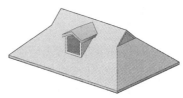

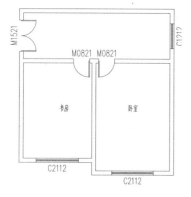

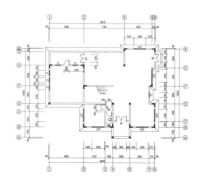

第8课 文字表格

第9课 尺寸标注

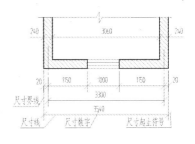

第10课 符号标注

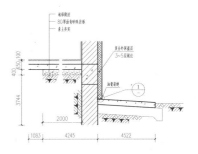

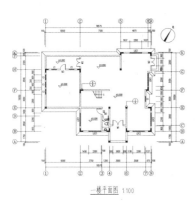

一楼平面图 1:100

第11课 立面

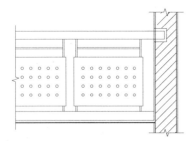

第12课 剖面

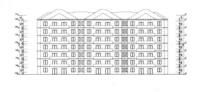

第13课 三维建模及图形导出

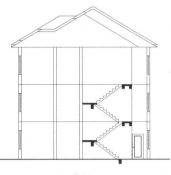

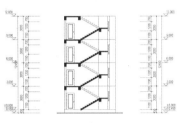
1-1剖面图 1:100

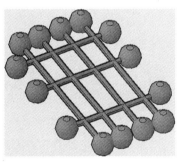
住宅楼楼梯剖面图 1:100

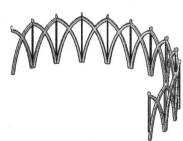

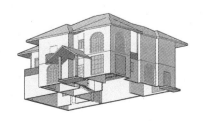

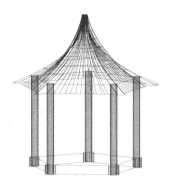

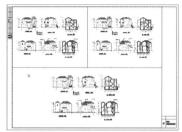

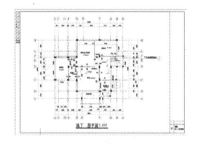

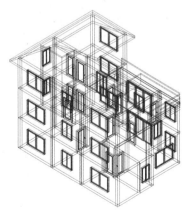

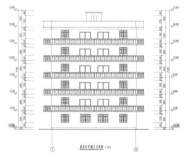

第16课　专业写字楼施工图

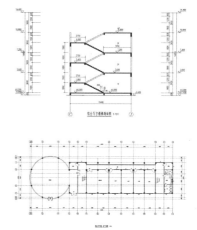

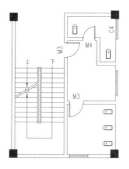

第1课
天正建筑概述

TArch建筑软件是由北京天正工程软件有限公司开发的，国内率先利用AutoCAD图形平台开发的建筑设计软件，它以先进的建筑对象概念服务于建筑施工图设计，是目前其用最广泛的建筑设计软件。

本课首先介绍天正建筑软件、建筑组成、建筑结构等相关的基础知识，为后面的深入学习打下坚实的基础。

【本课知识要点】

掌握天正软件的安装、启动及退出的方法。

熟悉天正建筑软件界面。

掌握天正软件的设置方法。

了解建筑的组成和结构。

1.1 了解建筑的组成和结构

施工图是根据正投影原理绘制的，用图形表明房屋建筑的设计及构造，所以要看懂并绘制施工图，应掌握正投影原理和熟悉房屋建筑的基本构造。

1.1.1 建筑物的分类

由于建筑各方面的特性不尽相同，因此建筑的分类方法也不相同。

1. 按使用范围分

根据使用性质的不同，建筑物可分为居住建筑、公共建筑、工业建筑、农业建筑，共四大类。

居住建筑：是指供人较长时间居住使用的建筑，分为住宅和集体宿舍。其中住宅指供家庭生活居住使用的建筑，分为普通住宅、高档公寓、别墅等。

公共建筑：主要指提供人们进行各种社会活动的建筑物，例如文教建筑、医疗建筑、体育建筑等。

工业建筑：指供人们进行生产活动的建筑。包括各种生产车间、辅助车间、动力设施车间、仓库等。

农业建筑：指供人们进行农牧业的种植、养殖、贮存等用途的建筑。例如，牲畜饲养场、拖拉机站、排灌站等。

2. 按建筑层数分

根据建筑物的层数和总高度，可分为低层住宅、多层住宅、中高层住宅、高层及超高层住宅。其中按层数分，1~3层为低层住宅，4~6层为多层住宅，7~9层为中高层住宅，10层以上为高层及超高层住宅。

按总高度分，公共建筑及综合性建筑总高度超过24m的为高层建筑，但不包括总高度超过24m的单层建筑。建筑总高度超过100m的，不论是住宅、公共建筑，还是综合性建筑均称为"超高层建筑"。

3. 按主要承重结构材料分

按建筑的主要承重结构分类，建筑可分为木结构建筑、砖木结构建筑、砖混结构建筑、钢筋混凝土结构建筑和钢结构建筑等。

木结构建筑：主要承重结构采用木材制成。

砖木结构建筑：主要承重结构构件采用砖、木制成。由于耐久性和防火性差，目前已经基本被淘汰。

砖混结构建筑：主要指承重墙或柱用砖、石制成，而楼板和屋顶用钢筋混凝土或钢材制成的建筑，在一般的多层居住住宅和公共建筑中采用。

钢筋混凝土结构建筑：主要结构用钢筋混凝土制成。常用于大型公共建筑、大跨度建筑和高层建筑。

钢结构：主要承重结构全部采用钢材，具有自重轻、强度高的特点。大型公共建筑、大跨度建筑、高层建筑和公共建筑经常采用这种形式。

1.1.2 建筑物的组成

虽然建筑物的形式各种各样，但一般建筑物都是由基础、墙或柱、楼层与地面、楼梯、屋顶和门窗等几大部分组成，如图1-1所示。此外，一般建筑物还有其他的配件和设施，如阳台、雨篷、雨水管、勒脚、散水等。

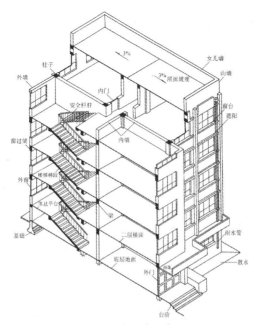

图1-1　建筑的组成

基础：建筑最下部的承重构件，承担建筑的全部荷载，并下传给地基。

墙体和柱：墙体是建筑物的承重和围护构件。在框架承重结构中，柱是主要的竖向承重构件。

屋顶：是建筑顶部的承重和围护构件，一般由屋面、保温(隔热)层和承重结构三部分组成。它和外墙组成了房屋的外壳，起围护作用，可以抵御自然界中风、雨、雪、太阳辐射等环境侵蚀。

楼地层：是楼房建筑中的水平承重构件，包括底层地面和中间的楼板层。楼面在垂直方向上将房屋空间分隔成若干层。

楼梯：楼房建筑的垂直交通设施，供人们平时上下楼和紧急疏散时使用。

门窗：门主要用做内外交通及连接的分隔的房间，窗的主要作用是采光和通风，门窗属于非承重构件。

圈梁：在房屋的外墙和部分内墙中，设置在同一水平面上的连续而封闭的梁。增强房屋的整体刚度，减少地基不均匀沉降引起的墙体开裂，提高房屋的抗震刚度。

勒脚：勒脚是建筑物外墙接近室外地坪的表面部分，其作用是使接近地面的墙身不因雨、雪的侵袭而受潮、受冻而至损坏。

窗台：窗台及时排除自窗扇部分淌下的雨水，防止雨水沿窗下砖缝侵入墙身或透进室内。

过梁：过梁是设置在门或窗洞上方的一根横梁，用于支撑门窗洞口上部墙体重量和梁板传下来的荷载，并将这些载荷传递给门窗之间的墙体。

散水：散水指的是靠近勒脚下部的排水坡，它的作用是为了迅速排除从屋檐滴下的雨水，防止因积水渗入地基而造成建筑物的下沉。散水的宽度应稍大于屋檐的挑出尺寸，且不应小于600mm。散水坡度一般在5%左右，常用材料为混凝土、砖、炉渣等。

雨篷：雨篷是用来遮挡雨水、保护门窗免受雨水侵蚀的水平构件。雨篷对建筑立面的造型影响较大，是建筑立面的重点组件。

1.1.3　墙体的分类及类型

墙体是建筑物的重要组成部分。它的作用是承重、围护或分隔空间。墙体按墙体受力情况和材料分为承重墙和非承重墙，按墙体构造方式分为实心墙、烧结空心砖墙、空斗墙和复合墙等。

1. 按墙体位置分

按墙体在建筑物中的位置，可分为外墙、内墙、窗间墙、窗下墙、女儿墙等。

外墙：位于建筑物四周的墙。

内墙：位于建筑物内部的墙。

山墙：指双坡屋顶建筑两个侧面的墙体。

外山墙：作为外墙的山墙。

内山墙：与外山墙相平行的内部墙体。

2. 按墙体方向分

墙体按方向分，有纵墙和横墙。纵墙指与房屋长轴方向一致的墙；而横墙则是与房屋短轴方向一致的墙。外横墙习惯上称为"山墙"。

3. 按墙体受力情况分

墙体按受力情况可分为承重墙和非承重墙。承重墙指承受上部结构传来荷载的墙；非承重墙指不承受上部结构传来荷载的墙。

非承重墙又可分为自承重墙、隔墙、填充墙和幕墙等。自承重墙仅承受自身荷载而不承受外来荷载；隔墙主要用做分隔内部空间而不承受外力；填充墙是用做框架结构中的墙体；悬挂在骨架外部或楼板间的轻质外墙为幕墙。

4. 墙厚确定

砖墙的厚度以我国标准黏土砖的长度为单位，我国现行黏土砖的规格是240mm×115mm×53mm（长×宽×厚）。连同灰缝厚度10mm在内，砖的规格形成长:宽:厚=4:2:1的关系。同时在1m长的砌体中有4个砖长、8个砖宽、16个砖厚，这样在1m的砌体中的用砖量为4×8×16=512块，用砂浆量为0.26m。现行墙体厚度用砖长作为确定依据，常用的有以下几种。

半砖墙：图纸标注为120mm，实际厚度为115mm；

一砖墙：图纸标注为240mm，实际厚度为240mm；

一砖半墙：图纸标注为370mm，实际厚度为365mm；

二砖墙：图纸标注为490mm，实际厚度为490mm；

3/4砖墙：图纸标注为180mm，实际厚度为180mm。

其他墙体，如钢筋混凝土板墙、加气混凝土墙体等均应符合模数的规定。钢筋混凝土板墙用做承重墙时，其厚度为160mm或180mm；用做隔断墙时，其厚度为50mm。加气混凝土墙体用于外围护墙时常用200～250mm，用于隔断墙时，常用100～150mm。

5. 墙体砌法

砖墙的砌法是指砖块在砌体中的排列组合方法。应满足横平竖直、砂浆饱满、错缝搭接、避免通缝等基本要求，以保证墙体的强度和稳定性。

全顺式：这种砌法每皮均为顺砖组砌。上下皮左右搭接为半砖，它仅适用于半砖墙，如图1-2(a)所示。

顺丁相间式：这种砌法是由顺砖和丁砖相间铺砌而成。这种砌法的墙厚至少为一砖墙，它整体性好，且墙面美观，如图1-2 (b)所示。

一顺一丁式：这种砌法是一层砌顺砖、一层砌丁砖，相间排列，重复组合。在转角部位要加设3/4砖（俗称"七分头"）进行过渡。这种砌法的特点是搭接好、无通缝、整体性强，因而应用较广，如图1-2 (c)所示。

多顺一丁式：这种砌法通常有三顺一丁和五顺一丁之分，其做法是每隔三皮顺砖或五皮顺砖加砌一皮丁砖，相间叠砌而成。多顺一丁砌法的缺点是存在通缝。

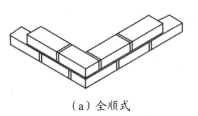

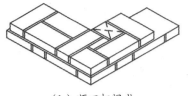

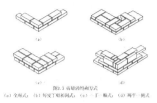

图2.3 砖墙的砌筑方式
（a）全顺式；（b）斜度丁顺相间式；（c）一丁一顺式；（d）两平一顺式

（a）全顺式　　　　　　　（b）顺丁相间式　　　　　　（c）一顺一丁式

图1-2　砖墙的组砌方式

1.1.4　建筑的结构

建筑结构是指在建筑物（包括构筑物）中，由建筑材料做成用来承受各种荷载或者作用，以起骨架作用的空间受力体系，简单地说就是房屋的承重骨架，如图1-3所示。建筑结构因所用的建筑材料不同，可分为混凝土结构、砌体结构、钢结构、轻型钢结构、木结构和组合结构等。

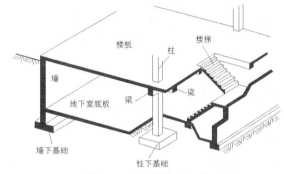

图1-3　建筑结构的组成

1．砖混结构

砖混结构是指建筑物中竖向承重结构的墙、柱等采用砖或者砌块砌筑，横向承重的梁、楼板、屋面板等采用钢筋混凝土结构。也就是说砖混结构是以小部分钢筋混凝土及大部分砖墙承重的结构。

砖混结构适合开间进深较小，房间面积小，多层（4~7层）或低层（1~3层）的建筑，对于承重的墙体不能改动。

2．框架结构

框架结构是指由梁和柱以刚接或者铰接相连接而成，构成承重体系的结构，即由梁和柱组成框架共同抵抗使用过程中出现的水平荷载和竖向荷载，如图1-4所示。采用框架结构的房屋墙体不承重，仅起到围护和分隔作用，一般用预制的加气混凝土、膨胀珍珠岩、空心砖或多孔砖、浮石、蛭石、陶粒等轻质板材砌筑或装配而成。

框架结构可以建造较大的室内空间，房间分隔灵活、便于使用；空间布置灵活性大，便于设备布置；抗震性能优越，具有较好的结构延性等优点。

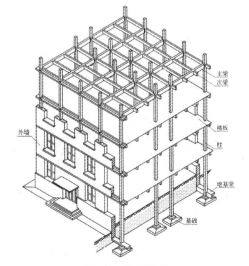

图1-4　框架结构

3．剪力墙结构

剪力墙结构是用钢筋混凝土墙板来代替框架结构中的梁柱，能承担各类荷载引起的内力，并能有效控制结构的水平力，这种用钢筋混凝土墙板来承受竖向和水平力的结构称为"剪力墙结构"，如图1-5所示。

剪力墙的主要作用是承担竖向荷载（重力）、抵抗水平荷载（风、地震等）；剪力墙结构中墙与楼板组成受力体系，缺点是剪力墙不能拆除或破坏，不利于形成大空间，住户无法对室内布局自行改造。

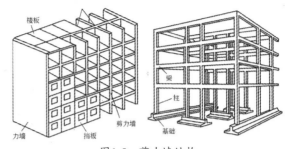

图1-5 剪力墙结构

4．框架——剪力墙结构

框架——剪力墙结构也称"框剪结构"，这种结构是在框架结构中布置一定数量的剪力墙，构成灵活自由的使用空间，满足不同建筑功能的要求，同样又有足够的剪力墙，有相当大的刚度。

框剪结构的受力特点，是由框架和剪力墙结构两种不同的抗侧力结构组成的新受力形式，所以它的框架不同于纯框架结构中的框架，剪力墙在框剪结构中也不同于剪力墙结构中的剪力墙。

5．筒体结构

筒体结构由框架——剪力墙结构与全剪力墙结构综合演变和发展而来。筒体结构是将剪力墙或密柱框架集中到房屋的内部和外围而形成的空间封闭式的筒体。其特点是剪力墙集中而获得较大的自由分割空间，多用于写字楼建筑。

6．钢结构

钢结构工程是以钢材制作为主的结构，是主要的建筑结构类型之一。钢结构是现代建筑工程中较普通的结构形式之一。

钢结构的特点是强度高、自重轻、刚度大，故用于建造大跨度和超高、超重型的建筑物特别适宜；材料匀质性和各向同性好，属理想弹性体，最符合一般工程力学的基本假定；材料塑性、韧性好，可有较大变形，能很好地承受动力荷载；建筑工期短；其工业化程度高，可进行机械化程度高的专业化生产；加工精度高、效率高、密闭性好，故可用于建造气罐、油罐和变压器等。

▌1.1.5 楼板

楼板层是多层建筑中沿水平方向分隔上下的结构构件。

1．楼板的分类

按施工方法，楼板可分为：现浇钢筋混凝土楼板、预制装配式钢筋混凝土楼板、预制装配整体式钢筋混凝土楼板等。

按材料分，楼板可分为：木楼板、砖石楼板、钢筋混凝土楼板等。钢筋混凝土楼板具有强度高、刚度强、防火、耐久、施工方便，因此被广泛使用。

2．楼板的组成

楼板一般由面层、结构层和顶棚层三个部分组成。

面层（又称为"楼面"）起着保护楼板、清洁和装饰作用。

结构层（即楼板）是楼层承重部分，现在主要采用钢筋混凝土楼板。

顶棚层（又称为"天花板"或"顶棚"）主要起保护楼板、安装灯具、装饰室内、铺设管线等作用。

此外，还可根据功能及构造要求增加附加构造层（又称为"功能层"），如防水、隔声层等，主要起隔声、隔热、保温、防水、防潮等作用。

1.1.6 门窗

1．门窗的作用

门在房屋建筑中的作用主要是交通联系，并兼采光和通风；窗的作用主要是采光、通风及眺望。在不同情况下，门和窗还有分隔、保温、隔声、防火、防辐射、防风沙等作用。

门窗在建筑立面构图中的影响也较大，它的尺度、比例、形状、组合、透光材料的类型等都影响着建筑的艺术效果。

2．门窗的分类

根据开启方式的不同，窗可分为固定窗、平开门窗、横转旋门窗、立转旋窗和推拉窗等，如图1-6所示。

● 固定窗：固定窗不能开启，一般不设窗扇，只能将玻璃嵌固在窗框上。有时为同其他窗产生相同的立面效果，也设窗扇，但窗扇固定在窗框上。固定窗仅作采光和眺望之用，通常用于只考虑采光而不考虑通风的场合。由于窗扇固定，玻璃面积可稍大些。

● 平开门窗：平开门窗在门窗扇一侧装铰链，与门窗框相连。有单扇、双扇之分，可以内开或外开。平开门窗构造简单，制作与安装方便，应用最广。

● 推拉门窗：门窗扇启闭采用移动方式。其中推拉窗分上下推拉和左右推拉两种形式。推拉窗的开启不占空间，但通风面积较小(只有平窗的一半)。若采用木推拉窗，往往由于木窗较重不易推拉。目前，大量使用的是铝合金推拉窗和塑料推拉窗。

● 折叠门：开启时门可以折叠在一起。门的开启不影响空间使用。

● 转门窗：门窗扇以转动方式启闭。转窗包括上悬窗、下悬窗、中悬窗、立转窗等。

● 弹簧门：装有弹簧合页的门，开启后会自动关闭。

● 其他门：包括卷帘门、升降门、上翻门、伸缩门、感应门等。

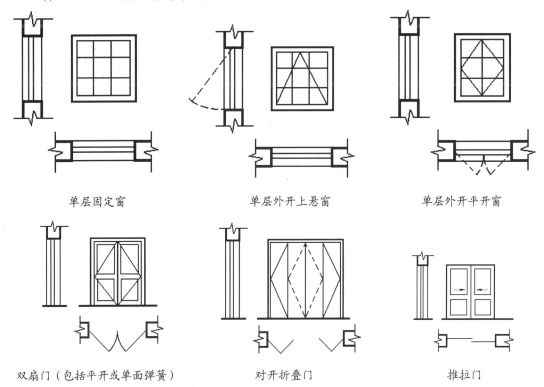

单层固定窗　　　　　　　　单层外开上悬窗　　　　　　　单层外开平开窗

双扇门（包括平开或单面弹簧）　　　对开折叠门　　　　　　　推拉门

图1-6　门窗的开启方式

根据所用材料的不同,门窗可分为木门窗、钢门窗、铝合金门窗、玻璃钢门窗和塑料门窗等几种。

● 木门窗:木门窗是常见门窗的形式。它具有自重轻、制做简单、维修方便、密闭性好等优点,但木材会因气候的变化而胀缩,有时开关不便,并耗用木材,同时,木才易被虫蛀、易腐朽,不如钢门窗经久耐用。

● 钢门窗:钢门窗分空腹和实腹两类。与木门窗相比,钢门窗坚固耐用、防火耐潮、断面小。钢门窗的透光率较大,约为木门窗的160%,但是造价也比木门窗高。

● 铝合金门窗:铝合金门窗除具有钢门窗的优点外,还有密闭性好、不易生锈、耐腐蚀、无须刷油漆、美观漂亮、装饰性好等优点,但造价较高,一般用于标准较高的建筑。

● 玻璃钢门窗:玻璃钢门窗质轻高强,耐腐蚀性极好,但是生产工艺较复杂,造价较高,目前主要用于具有高腐蚀性的场合。

● 塑料门窗:塑料窗色彩较多,与铝合金一样,都是新型的门窗材料。由于它美观耐用、密闭性好,正逐渐被广泛采用。

根据镶嵌材料的不同,门窗可分为玻璃门窗、纱门窗、百页门窗、保温窗及防风沙窗等几种。玻璃门窗能满足采光功能要求;纱门窗在保证通风的同时,可以阻止蚊蝇进入室内;百页门窗一般用于只需通风不需采光的房间,活动百页窗可以加在玻璃窗外,起遮阳通风的作用。

3. 门的尺度

门的尺度通常是指门洞的高、宽尺寸。门作为交通疏散通道,其尺度取决于人的通行要求、家具器械的搬运及与建筑物的比例关系等,并要符合现行《建筑模数协调统一标准》的规定。

一般民用建筑门的高度不宜小于2100mm。如门设有亮子时,亮子高度一般为300~600mm,则门洞高度为门扇高加亮子高,再加门框及门框与墙间的缝隙尺寸,即门洞高度一般为2700~3000mm。公共建筑大门高度还可视需要适当加高。

单扇门宽度为700~1000mm,双扇门宽度为1200~1800mm。宽度在2100mm以上时,则做成三扇、四扇门或双扇带固定扇的门,因为门扇过宽易产生翘曲变形,同时也不利于开启。

辅助房间(如浴、厕、贮藏室等)门的宽度可窄些:贮藏室一般最小可为700mm,居住建筑浴厕门的宽度最小为800mm。卧室门为900mm,户门为1000mm以上,公共建筑门在宽900mm以上。

4. 窗的尺度

窗的尺度主要取决于房间的采光、通风、构造做法和建筑造型等要求,并要符合现行《建筑模数协调统一标准》的规定。一般采用3M数列作为模数。

平开木窗:窗扇高度为800~1500mm,宽度不宜大于500mm。

上下悬窗:窗扇高度为300~600mm。

中悬窗窗:扇高不宜大于1200mm,宽度不宜大于1000mm;推拉窗:高宽均不宜大于1500mm。

5. 门窗的构造

门的构造,如图1-7所示。

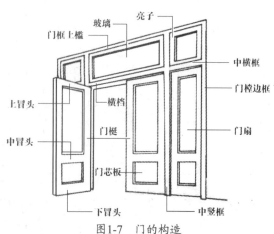

图1-7 门的构造

窗的构造，如图1-8所示。

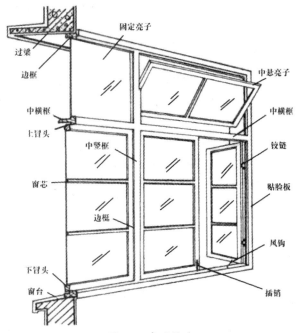

图1-8 窗的构造

1.1.7 楼梯

楼梯一般由楼梯段、楼梯平台（楼层平台和中间平台）、栏杆（栏板）和扶手三部分组成，如图1-9所示。

楼层平台是指连接楼地面与楼梯段端部的水平构件，也称为"楼层平台"，平台面标高与该层楼面标高相同。中间平台是位于两层楼地面之间连接梯段的水平构件，也称为"中间休息平台"，其主要作用是减少疲劳，以及转换梯段方向的作用。

为保证人们在楼梯上行走的安全，在楼梯梯段及平台边缘处应安装栏杆或栏板。

在栏杆或栏板的上部设置扶手。扶手也可附设于墙上，称为"靠墙扶手"。

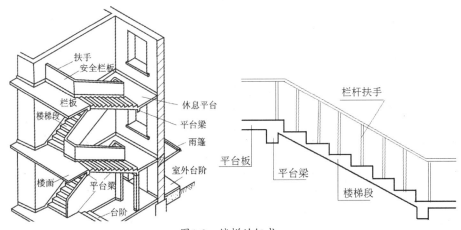

图1-9 楼梯的组成

在楼梯平面图中，为了表示各个楼层楼梯的上下方向，可在梯段上用指示线和箭头表示，并以各自楼层的楼（地）面为准，在指示线端部注写"上"或"下"。因顶部楼梯平面中没有向上的梯段，故只注写"下"，如图1-10所示。

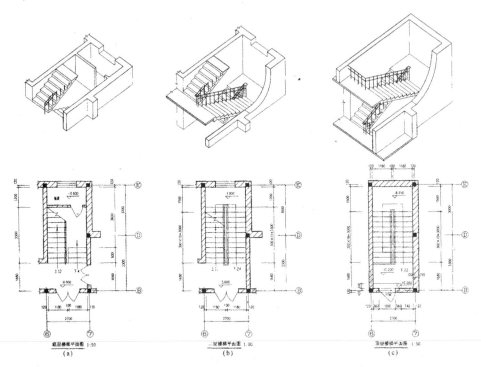

图1-10　楼梯各层平面图的画法

▌ 1.1.8　阳台

　　阳台是居住者接受光照、吸收新鲜空气，进行户外锻炼、观赏、纳凉、晾晒衣物的场所。如果布置得好，还可以变成宜人的小花园，使人足不出户也能欣赏到大自然中最可爱的色彩、呼吸到清新且带着花香的空气。阳台的设计应满足安全、适用，坚固、耐久的要求。

　　阳台根据位置、性质、结构形式的不同，有以下几种分类。

　　根据位置不同分：凸阳台又叫"挑阳台"、"凹阳台"、"半挑半凹阳台"，如图 1-11 所示。

　　按性质分：与客厅相连的生活阳台和与厨房、卫生间相连的服务阳台。

　　按使用条件分：在扶手上安装窗的为封闭阳台，不设窗的为开放阳台。

　　按结构形式分：搁板式阳台、挑板式阳台、压梁式阳台、挑梁式阳台。

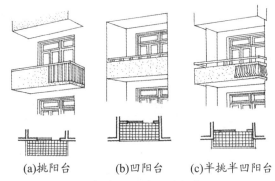

(a)挑阳台　　　(b)凹阳台　　　(c)半挑半凹阳台

图1-11　阳台位置分类

▌ 1.1.9　屋顶

　　屋顶是房屋最上层起承重和覆盖作用的构件。它的作用主要有三个：一是防御自然界的风、雨、雪、太阳辐射热和冬季低温等的影响；二是承受自重及风、沙、雨、雪等荷载及施工或屋顶检修人员的活荷载；三是屋顶是建筑物的重要组成部分，对建筑形象的美观起着重要的作用。即承重、围护、装饰作用。

由于屋面材料和承重结构形式不同，屋顶有多种类型，如图1-12所示。按屋顶的坡度和外形分为：

平屋顶：屋面排水坡度不大于10%的屋顶。

坡屋顶：屋面排水坡度大于10%的屋顶。

其他形式屋顶（曲面屋顶，承重结构多为空间结构，如薄壳、悬索、网架、张拉膜结构）：多属于空间结构体系，常用于大跨度的公共建筑。

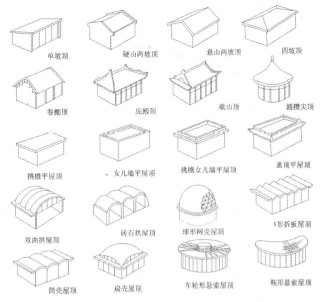

图1-12 屋顶的类型

1.2 天正建筑TArch 2013概述

天正建筑TArch 2013是以新一代自定义对象化的ObjectARX技术开发的建筑软件，具有专业化、可视化、智能化等特点。

1.2.1 天正建筑TArch 2013与AutoCAD的关系和兼容性

天正建筑TArch 2013是在AutoCAD的框架上二次研发的，与AutoCAD的界面与操作方式相差不大。因此，具有AutoCAD使用基础的用户，能够轻松学会并顺利使用天正建筑软件。

天正建筑可以正常使用AutoCAD通用的编辑功能，还能在天正建筑中编辑图形对象，只须用鼠标双击天正对象，就可以进行对象编辑或对象特性编辑。

由于天正建筑与AutoCAD毕竟有所区别，其兼容性应该引起注意。为了保持紧凑的文件容量，天正系统默认关闭了代理对象的显示，使AutoCAD不能观察并操作图档中的天正图形。可以通过【高级选项】命令打开代理对象显示，保存带有代理对象的图形来解决问题。

天正建筑对软硬件环境的要求取决于AutoCAD平台的要求。假如只绘制工程图的用户，可以使用Pentium 4＋512M内存这一档次的计算机；如果用于三维建模，需要在计算机中使用3dsMax渲染的用户，推荐使用双核Pentium D/2GMz以上＋2GB以上内存，以及使用支持OpenGL加速的显示卡。

1.2.2 使用天正建筑软件绘图的优点

天正建筑TArch 2013因其强大的绘图、编辑功能而受到广大建筑从业人员的青睐，下面简单介绍天正绘图软件的优点。

1. 二维图形与三维图形设计同步

当使用TArch绘制建筑二维图形的同时，基于二维图形的三维图形也可以同步生成。二维图形绘制完成后，单击绘图区左上角的"视图控件"按钮，将视图转换成东北等轴测视图；单击"视觉样式控件"按钮，将图形以"概念"样式显示，即可观看其三维效果，如图1-13所示。

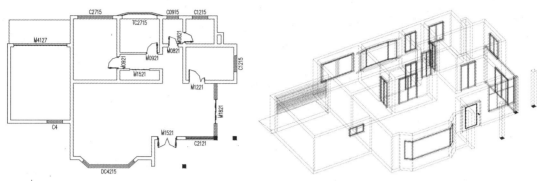

图1-13　同步生成的三维模型

2．以对话框的形式绘制建筑构件

在TArch中，在调用用于绘制建筑构件的绘图命令后，会弹出相应的对话框，在对话框中设置参数后，即可直接精确地绘制出墙体、柱子、门窗等建筑图形。

例如，用户可以执行【绘制墙体】命令，在【绘制墙体】对话框中对墙体的高度、厚度等参数进行设置，即可在建筑平面图中绘制图形，结果如图1-14所示。

图1-14　绘制墙体

3．智能特征的应用

智能特征是TArch的一大特点，能在方便、快捷地处理二维平面图形的同时，对三维效果进行同步的智能处理。例如，在插入门窗的同时，二维和三维效果中会自动在墙体开洞并镶入门窗，如图1-15所示，从而大大提高了绘图的效率。

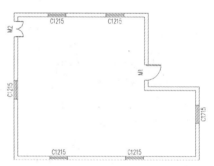

图1-15　智能绘制门窗

4．利用图库管理系统插入图块

TArch拥有丰富的图块图库，里面收录了带有材质的二维视图和三维视图图块。打开【天正图库管理系统】对话框，选取所需的图块后对其参数进行设置，即可插入图纸。如图1-16所示为【天正图库管理系统】对话框。

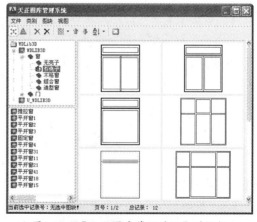

图1-16　【天正图库管理系统】对话框

5．个性化的文字表格功能

TArch 2013能够与Excel互换数据，方便、高效地完成工程制表。为了方便绘制轴号，提供了加圈文字，还可以输入文字的上下标和特殊字符。

双击需要进行编辑修改的文字即可进入在位编辑状态，对其进行修改后，按 Enter 键退出文字编辑。

1.2.3 安装、启动和退出TArch

在开始学习之前，应在计算机中正确安装天正TArch软件。这里以最新的TArch 2013为例，介绍该软件的安装方法。读者可以在北京天正软件工程有限公司的网站www.tangent.com.cn上下载最新的TArch 2013软件试用版。

1．安装TArch 2013

在顺利下载了AutoCAD 2013试用版后，便可以安装TArch 2013。在安装之前，应确定当前计算机中已经安装了相应版本的AutoCAD软件。

双击安装图标，在打开的安装界面中选中【我接受许可证协议中的条款】单选按钮，如图1-17所示。根据提示单击【下一步】按钮，在弹出的对话框中选择安装位置及要安装的组件（保持默认设置）进行安装即可。

最后在对话框中单击【完成】按钮，关闭对话框，即可完成安装，如图1-18所示。

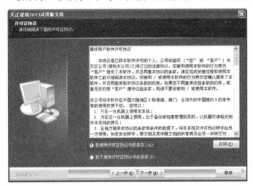

图1-17 选择安装选项

图1-18 安装完成

2．启动TArch 2013软件

TArch 2013安装完毕后会在【开始】菜单中生成"天正建筑2013"菜单，如图1-19所示，并在桌面建立"天正建筑2013"图标，双击任何一个图标即可运行该平台上的天正建筑TArch 2013。

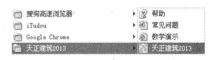

图1-19 启动软件

第一次启动TArch 2013以后，会显示【日积月累】对话框。该对话框显示所装TArch版本的新功能和一些使用技巧，可以单击【下一条】按钮继续浏览，或单击【关闭】按钮关闭对话框。如果去掉【在开始时显示】选项的勾选，以后不会再显示该对话框。

3．退出TArch 2013

与其他软件一样，可以在TArch 2013界面的右上角单击【关闭】按钮，或者单击【菜单浏览器】按钮，在弹出的AutoCAD菜单中执行【关闭】命令，如图1-20所示；也可单击【退出AutoCAD 2013】按钮，退出TArch 2013软件。

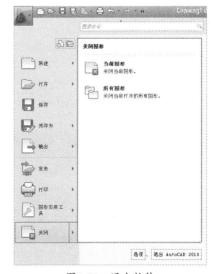

图1-20 退出软件

13

1.3 TArch 2013操作界面

TArch 2013是在AutoCAD的平台之上运行的，对AutoCAD 2013的交互界面进行了扩充，并添加了TArch特有的折叠菜单及工具栏，而且保留了AutoCAD所有的菜单和图标，保持AutoCAD原有的界面体系，以方便用户使用，如图1-21所示为TArch 2013的工作界面。

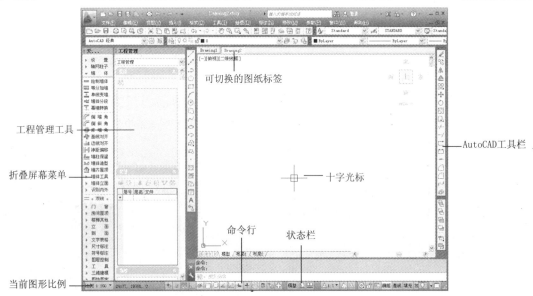

图1-21　工作界面

注意

中文版AutoCAD 2013包含【草图与注释】、【三维基础】、【三维建模】和【AutoCAD经典】4种工作空间；本书统一使用【AutoCAD经典】工作空间进行知识的讲解。

1.3.1　折叠式屏幕菜单

TArch 2013的界面左侧为折叠式屏幕菜单，按下快捷键Ctrl+，或在命令行输入TMNLOAD命令，都能打开或关闭屏幕菜单。

在折叠式屏幕菜单中可以找到TArch 2013绘制轴线、墙体、门窗等主要操作命令。单击菜单选项能展开下一级菜单，并且同级菜单之间相互联系，在展开另一级菜单时，已开启的菜单会自动收起，如图1-22所示为【轴网柱子】菜单和【墙体】菜单。

因为屏幕的高度有限，可以用鼠标滚轮上下滚动来选取当前不可见的项目。

图1-22　折叠式菜单

技巧

当光标移到屏幕菜单上时，AutoCAD的状态行会出现该菜单项功能的简短提示，以方便用户了解该菜单的功能和作用。

1.3.2 常用和自定义工具栏

TArch 2013的工具栏由三个常用工具栏和一个自定义工具栏组成，如图1-23所示。其中【常用快捷功能1】、【常用快捷功能2】工具栏提供了在绘图过程中经常使用的命令，【常用图层快捷工具】则向用户提供了快速操作图层的工具。

图1-23 工具栏

提示

鼠标右键单击AntoCAD工具栏的空白区域，在弹出的快捷菜单中选择TCH菜单，即可查看到TArch工具栏列表，如图1-24所示。在该列表中单击选择，可控制工具栏的显示或隐藏，其中带"√"标记的为已经显示的工具栏。

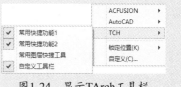

图1-24 显示TArch工具栏

1.3.3 文档标签

TArch 2013支持同时打开和编辑多个文件，且所有打开的图形文件的名称会自动显示在绘图区左上方的文档标签栏上，单击某个文件所属标签，即可切换到该图形文件，如图1-25所示。

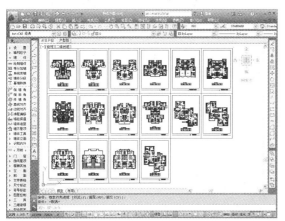 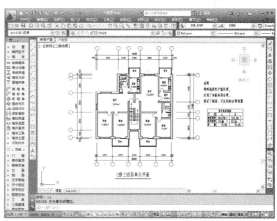

图1-25 通过文档标签切换图形

在文档标签上单击鼠标右键，在弹出的快捷菜单中可执行【关闭文档】、【图形导出】等文件操作命令，如图1-26所示。

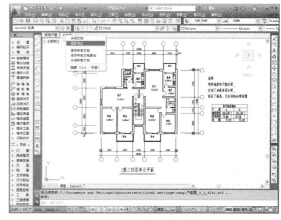

图1-26 标签快捷菜单

1.3.4 状态栏

状态栏位于命令行的下方，TArch在AutoCAD状态栏的基础上增加了比例设置的下拉列表控件及多个功能切换开关,方便了动态输入,墙基线、填充、加粗和动态标注的状态快速切换,如图1-27所示。

图1-27　状态栏

1.3.5　工程管理工具

　　【工程管理】选项板是TArch新增的工程管理工具。在命令行中输入GCGL命令,或者执行【文件布图】|【工程管理】命令,即可打开【工程管理】选项板。在面板上单击【工程管理】选项,可以在弹出的下拉列表中执行【新建工程】、【打开工程】、【导入楼层表】等命令。

　　新建工程后,输入工程文件名并保存后,在【图纸】管理区增加了【平面图】、【立面图】、【剖面图】、【三维图】等选项;右击【平面图】选项,在弹出的菜单中即可选择【添加图纸】选项,如图1-28所示。

　　载入图纸后,在【楼层】管理区可创建楼层表,如图1-29所示。根据创建完成的楼层表,可以生成立面图或剖面图。

图1-28　添加图纸

图1-29　楼层表

> **技巧**
>
> TArch很多快捷命令都是拼音首写字母,例如"工程管理"的命令文本就是GCGL。

1.4　设置TArch

　　为了使用方便并提高效率,在初次使用时,用户可以根据自己的喜好来对软件进行设置。

1.4.1　热键与自定义热键

　　在命令行中输入ZDY命令,或者执行【设置】|【自定义】命令,打开【天正自定义】对话框,如图1-30所示。在【快捷键】选项卡中可以对【普通快捷键】和【一键快捷】进行查看和设置。

图1-30　【天正自定义】对话框

如表 1-1所示为TArch常用热键一览表。

表 1-1 TArch常用热键一览表

热 键	功 能
F1	AutoCAD帮助文件的切换键
F2	屏幕的图形显示与文本显示的切换键
F3	对象捕捉开关
F4	三维对象捕捉
F5	等轴测平面转换
F6	状态行中绝对坐标与相对坐标的切换键
F7	屏幕栅格点显示状态的切换键
F8	屏幕光标正交状态的切换键
F9	屏幕光标捕捉（光标模数）的开关键
F10	极轴追踪开关
F11	对象追踪的开关键
F12	AutoCAD 2006以上版本的F12键用于切换动态输入，TArch新提供显示墙基线用于捕捉的状态栏按钮
Ctrl+ ＋	屏幕菜单的开关
Ctrl+ －	文档标签的开关
Shift+F12	墙和门窗拖动时的模数开关
Ctrl+ ～	工程管理界面的开关

1.4.2 图层设置

TArch 2013提供了包括线型、线宽、颜色等属性设置，以方便标准图层的修改需要。

在命令行中输入TCGL命令，即可打开【图层管理】对话框，如图1-31所示。

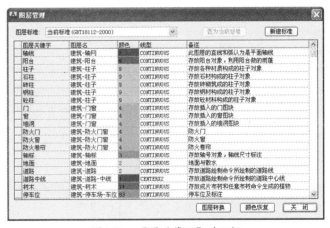

图1-31 【图层管理】对话框

【图层管理】对话框主要选项的含义如下。

● 图层标准：在"图层标准"的下拉列表中提供了3个图层标准，分别是当前标准（TArch）、GBT18112—2000标准、TArch标准。选择了某个图层标准后，单击【置为当前标准】按钮，即可将所选标准设置为当前。

● 修改图层属性：在图层编辑区单击"图层名"、"颜色"、"线型"、"备注"选项，可以修改图层的相应属性。

● 新建标准：单击【新建标准】按钮，在弹出的【新建标准】对话框中输入标准名称，单击【确定】按钮即可新建图层标准。新建标准后，用户可自行对各图层的属性进行重新设置。

● 图层转换：单击【图层转换】按钮，在弹出的【图层转换】对话框中，分别选择原图层标准和目标图层标准，单击【转换】按钮，即可完成图层的转换。

1.4.3 视口控制

为了方便用户从其他角度观察和设计，可以设置多个视口，并为每个视口选择不同的视图和显示样式。

单击绘图区左上角的【视口控件】按钮[-]，在【视口配置列表】中选择需要的视口配置方案，如图1-32所示。

如图1-33所示为两个视口配置方式的效果。

图1-32 视口配置列表

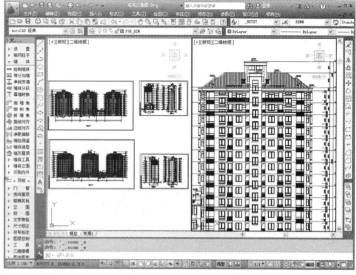

图1-33 视口配置

TArch 2013提供了创建视口、编辑视口大小及删除视口的快捷操作。

● 新建视口：将鼠标移到视口边缘线上，当光标变成双向箭头时，按下Ctrl键或Shift键的同时，单击拖曳，即可创建新视口。

● 编辑视口大小：将鼠标移到视口边缘线，当光标变成双向箭头时，上下左右拖曳鼠标，可调节视口的大小。

● 删除视口：将鼠标移到视口边缘线，当光标变成双向箭头时，拖曳视口边缘线，向其对边方向移动，使两条边重合，即可删除视口。

1.4.4 软件初始化设置

在命令行中输入TZXX命令，或者执行【设置】|【天正选项】命令，弹出【天正选项】对话框。在对话框中选择【基本设定】选项卡，可以对图形和符号参数进行设置，如图1-34所示。

图1-34 【基本设定】选项卡

选择【加粗填充】选项卡,在该选项卡中,设置了【标准】和【详图】两种填充方式,可以根据客户需要进行设置和修改。还提供了向内加粗和填充图案的功能,用于设置墙体和柱子的填充形式,并能设置当出图比例大于设定比例时启动详图模式,如图1-35所示。

切换至【高级选项】选项卡,可以设置【尺寸标注】、【符号标注】、【立剖面】等项目,如图1-36所示。

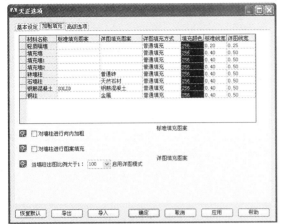

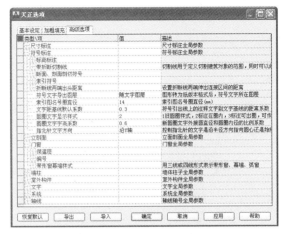

图1-35 【加粗填充】选项卡   图1-36 【高级选项】选项卡

提示

【标准】和【详图】两种填充方式,要由用户通过【当前比例】给出界定。当前的绘图比例大于【天正选项】对话框中所设置的比例界限时,墙体及柱子的填充样式将从【标准】样式切换至【详图】样式。该功能可满足不同施工图纸中类型填充和加粗填充程度的不同要求。

1.5 实例应用

本课介绍了TArch 2013的基本知识和基本操作,下面通过2个具体实例练习本课所学的内容。

1.5.1 新建并保存一个TArch 2013文件

本实例通过练习文档的操作,练习文件的新建和保存的方法。

01 启动TArch 2013软件,单击【快速访问】工具栏中的【新建】按钮。

02 在弹出的【选择样板】对话框中选择ACAD样板文件,并单击【打开】按钮,如图1-37所示。

图1-37 【选择样板】对话框

03 单击【快速访问】工具栏中的【另存为】按钮，弹出【图形另存为】对话框，如图1-38所示。

04 输入文件名，单击【保存】按钮，完成文件的保存，如图1-39所示。

图1-38 【图形另存为】对话框

图1-39 输入文件名

1.5.2 绘制楼梯间标准层平面图

下面以某楼梯间标准平面图的绘制为例，以熟悉TArch 2013绘制图形的操作流程和方法。

01 执行HZZW【绘制轴网】命令，在弹出的【绘制轴网】对话框中选择【下开】单选按钮，设置【下开】参数，如图1-40所示。

02 选择【左进】单选按钮，设置【左进】参数，如图1-41所示。

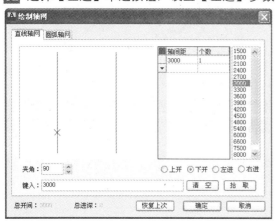

图1-40 设置下开参数

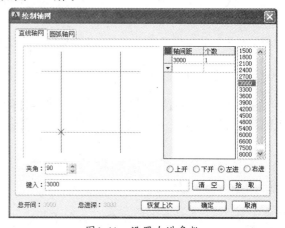

图1-41 设置左进参数

03 在对话框中单击【确定】按钮，关闭对话框，在绘图区中单击鼠标，即可创建轴网，如图1-42所示。

04 执行HZQT【绘制墙体】命令，在弹出的【绘制墙体】对话框中设置参数，如图1-43所示。

图1-42 创建轴网

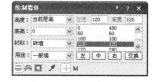

图1-43 设置墙体参数

05 根据命令行的提示，分别单击指定墙体的起点和下一点。绘制墙体的结果，如图1-44所示。

06 执行BZZ【标准柱】命令，在弹出的【标准柱】对话框中设置参数，如图1-45所示。

07 在绘图区中指定柱子的插入点，绘制标准柱的结果，如图1-46所示。

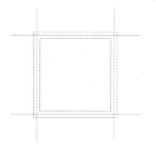

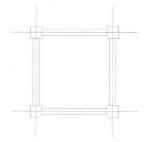

图1-44 绘制墙体　　　　　图1-45 设置标准柱参数　　　　　图1-46 绘制标准柱

08 执行MC【门窗】命令，在弹出的【窗】对话框中设置参数，如图1-47所示。

09 在绘图区中点取窗的大致位置和开向，绘制结果如图1-48所示。

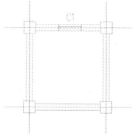

图1-47 设置窗参数　　　　　图1-48 绘制窗户

10 在【窗】对话框中单击【插门】按钮，弹出【门】对话框。单击【门】对话框中左边的平面门样式图标，在弹出的【天正图库管理系统】对话框中选择门样式，如图1-49所示，双击门样式图标返回【门】对话框。

11 单击【门】对话框中右边的立面门样式图标，在弹出的【天正图库管理系统】对话框中选择门样式，如图1-50所示。

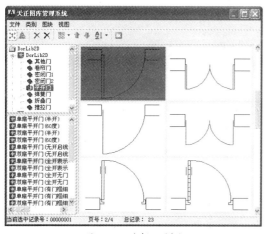

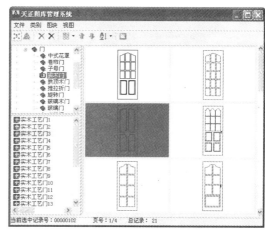

图1-49 选择门样式　　　　　图1-50 【天正图库管理系统】对话框

12 在【门】对话框中设置门的参数，如图1-51所示。

13 在绘图区中点取门的大致位置和开向，绘制结果如图1-52所示。

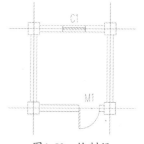

图1-51 设置参数　　　　　图1-52 绘制门

14 执行SPLT【双跑楼梯】命令，在弹出的【双跑楼梯】对话框中设置参数，如图1-53所示。

15 在绘图区中点取左上角点，插入楼梯图形的结果如图1-54所示。

图1-53　设置楼梯参数

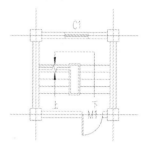

图1-54　绘制楼梯

16 执行JZDX【加折断线】命令，在命令行中点取折断线的起点和终点，如图1-55所示。

17 双击折断线，弹出【编辑切割线】对话框中，单击【设折断点】按钮，如图1-56所示。

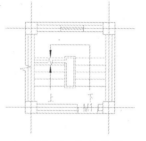

图1-55　加折断线

图1-56　【编辑切割线】对话框

18 在绘图区中分别单击指定折断点的位置，按Enter键返回对话框；单击【确定】按钮关闭对话框，设折断点的结果，如图1-57所示。

19 执行DZBZ【单轴标注】命令，在弹出的【单轴标注】对话框中设置参数，如图1-58所示。

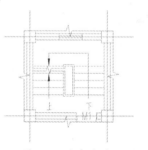

图1-57　加折断点

图1-58　【单轴标注】对话框

20 在绘图区中点取待标注的轴线，单轴标注的结果，如图1-59所示。

21 在【单轴标注】对话框中修改轴号参数，完成其他轴号标注，结果如图1-60所示。

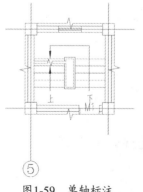

图1-59　单轴标注

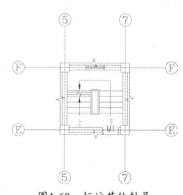

图1-60　标注其他轴号

1.6 拓展训练

1.6.1 熟悉TArch 2013的操作界面

本训练通过练习 TArch 2013 的启动、退出、文档切换等操作,以熟悉 TArch 2013 界面及使用方法。

01 在桌面上双击【天正建筑2013】图标,启动TArch 2013。

02 如果当前计算机中安装了多个版本的AutoCAD,会弹出如图1-61所示的对话框,让用户选择启动的平台。

图1-61 【天正建筑启动平台选择】对话框

03 启动TArch 2013后,单击屏幕菜单中的小三角形按钮,对各命令进行浏览,如图1-62所示。

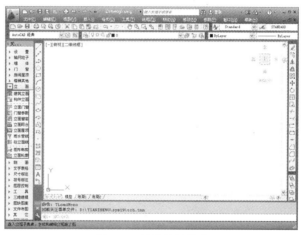

图1-62 浏览折叠菜单

04 按快捷键Ctrl+N键,新建多个文档,练习文档之间切换的方法,如图1-63所示。

图1-63 切换文档

05 执行GCGL【工程管理】命令，打开【工程管理】选项板，如图1-64所示。

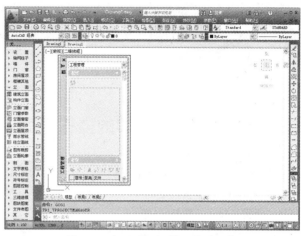

图1-64 打开【工程管理】选项板

06 单击【应用程序】按钮，在打开的菜单中单击【退出 AutoCAD 2013】按钮，关闭 TArch 2013软件，如图1-65 所示。

图1-65 关闭软件

第2课
轴网

两组到多组轴线、轴号与尺寸标注组成的平面网格称为"轴网"。轴网是建筑物单体平面布置和墙柱构件定位的依据。在建筑设计施工图中,凡是承重的墙、柱子、大梁、屋架等主要承重构件,都要通过绘制定位轴来确定其位置。

本课介绍在TArch 2013中绘制、编辑和标注轴网的方法。

【本课知识要点】

掌握绘制轴网的方法。
掌握编辑轴网的方法。
掌握轴网标注的方法。
掌握编辑轴号的方法。

2.1 创建轴网

在TArch 2013中可以对轴网进行创建、标注、添加、删除等操作，而《建筑制图标准》中对轴网的绘制有一系列的规定，例如线型、编号等，如图2-1所示。本节介绍较为通用的轴网创建方法，包括直线轴网和圆弧轴网的绘制方法。

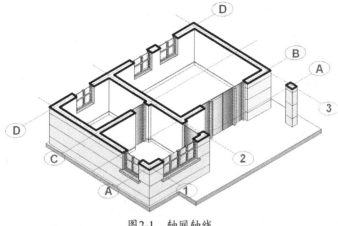

图2-1　轴网轴线

2.1.1 直线轴网

直线轴网是指正交轴网、斜交轴网或单向轴网，是定位墙体及主要建筑承重构件的主要依据。执行【绘制轴网】命令即可创建直线轴网。

绘制直线轴网的方法有：

● 屏幕菜单：【轴网柱子】|【绘制轴网】命令

● 命令行：HZZW

下面通过具体实例讲解绘制直线轴网的方法。

　【课堂举例2-1】创建直线轴网

01 执行【轴网柱子】|【绘制轴网】命令，在弹出的【绘制轴网】对话框中选择"直线轴网"选项卡，选择"上开"单选按钮，在右侧数值列表中选择上开数值，如图2-2所示。

02 选择"下开"单选按钮，设置下开参数，如图2-3所示。

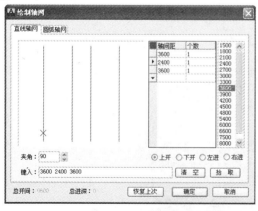

图2-2　设置上开参数

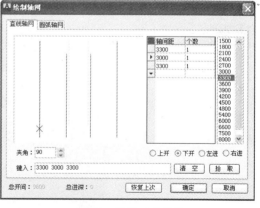

图2-3　设置下开参数

03 选择"左进"单选按钮，在【键入】文本框中输入左进参数，如图2-4所示。

04 选择"右进"单选按钮，设置右进参数，如图2-5所示。

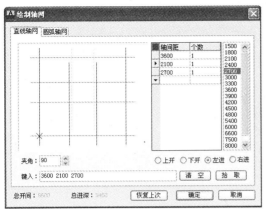

图2-4 设置左进参数

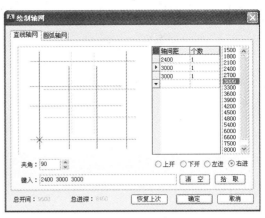

图2-5 设置右进参数

05 单击【确定】按钮关闭对话框,在绘图区中任意拾取一点。创建直线轴网的结果,如图2-6所示。

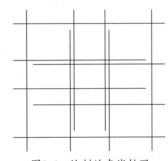

图2-6 绘制的直线轴网

【绘制轴网】对话框各功能选项的含义如下。

● 【轴间距】:表示开间或进深的尺寸数据,可以单击右侧数值或下拉列表获得,也可以在【键入】文本框直接输入数值。

● 【个数】:表示栏中数据的重复次数。

● 【夹角】:表示输入开间与进深轴线之间的夹角数据,默认为90°的正交轴网。

● 【上开】:在轴线上方进行轴网标注的房间开间尺寸。

● 【下开】:在轴线下方进行轴网标注的房间开间尺寸。

● 【左进】:在轴线左侧进行轴网标注的房间进深尺寸。

● 【右进】:在轴线右侧进行轴网标注的房间进深尺寸。

● 【键入】:在该文本框中可以输入开间、进深参数。

● 【清空】:单击该按钮,可清空【键入】文本框中所输入的参数。

● 【恢复上次】:单击该按钮,可以恢复上一次所输入的参数。

技巧
为了更方便快捷地绘制轴网,可以在对话框右侧的尺寸列表中选择相应的值完成轴网的创建。

2.1.2 圆弧轴网

圆弧轴网由一组同心弧线和不过圆心的径向直线组成,常用于组合其他轴网,端径向轴线由两轴网共用。在绘制圆弧轴网时,需要指定圆心角、进深等参数。

绘制圆弧轴网的方法有:

● 屏幕菜单:【轴网柱子】|【绘制轴网】命令

● 命令行:HZZW

【课堂举例2-2】绘制圆弧轴网

01 执行【轴网柱子】|【绘制轴网】命令,在弹出的【绘制轴网】对话框中选择"圆弧轴网"选项卡,选择"圆心角"单选按钮,设置参数如图2-7所示。

02 选择"进深"单选按钮,设置参数如图2-8所示。

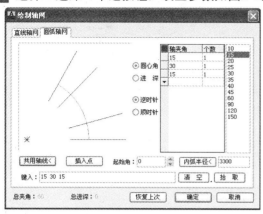

图2-7 设置圆心角参数

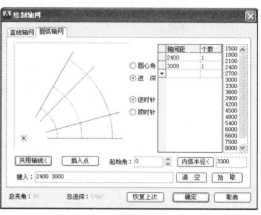

图2-8 设置进深参数

03 在对话框中单击【确定】按钮关闭对话框,在绘图区中任意拾取一点。创建圆弧轴网的结果,如图2-9所示。

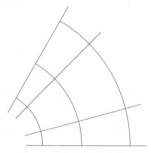

图2-9 创建的圆弧轴网

【绘制轴网】对话框主要功能选项的含义如下。

● 【圆心角】:由起始角起算,按旋转方向排列的轴线开间序列,单位为度。

● 【进深】:在轴网径向,由圆心起算到外圆的轴线尺寸序列,单位为毫米。

● 【逆时针】/【顺时针】:设置径向轴线的旋转方向。

● 【共用轴线】:单击此按钮,在绘图区中点取已绘制完成的轴线,即可以该轴线为边界插入圆弧轴网。

● 【插入点】:自定义圆弧轴网的插入位置。

● 【起始角】:设置圆弧轴网的起始角度。

● 【内弧半径】:从圆心起算的最内侧环向轴线半径,可从图上取两点获得,也可以为0。

2.1.3 墙生轴网

【墙生轴网】命令可以在已有的墙体中按墙基线生成轴网。

执行【墙生轴网】命令的方法有:

● 屏幕菜单:【轴网柱子】|【墙生轴网】命令

● 命令行:QSZW

【课堂举例2-3】墙生轴网

01 按快捷键 Ctrl+O,打开配套光盘提供的"第 2 课 /2.1.3 墙生轴网 .dwg"素材文件,如图 2-10 所示。

02 执行【轴网柱子】|【墙生轴网】命令,框选所有墙体。

03 按Enter键结束操作,墙生轴网的结果,如图2-11所示。

图2-10 打开素材

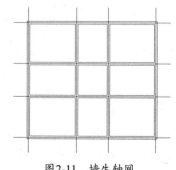

图2-11 墙生轴网

2.2 编辑轴网

TArch 2013提供了多种编辑轴网的工具，例如，添加轴线命令、轴线裁剪命令、轴网合并命令、轴改线型命令，以使绘制完成的轴网更符合使用要求。

2.2.1 添加轴线

添加轴线是指参考某一根已经存在的轴线，在其任意一侧根据需要添加新轴线。

调用【添加轴线】命令的方法有：

● 屏幕菜单：【轴网柱子】|【添加轴线】命令
● 命令行：TJZX

【课堂举例2-4】添加轴线

01 按快捷键Ctrl+O，打开配套光盘提供的"源文件/第2课/2.2.1添加轴线.dwg"文件，结果如图2-12所示。

02 执行【轴网柱子】|【添加轴线】命令，选择参考轴线，如图2-13所示。

03 在命令行提示"新增轴线是否为附加轴线"时，选择"是"选项。

04 指定附加轴线的偏移方向，在要偏移到的一侧点取，然后指定距参考轴线的距离为1500。

05 按Enter键结束绘制，添加轴线的结果，如图2-14所示。

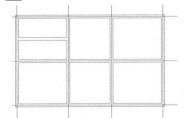

图2-12 打开素材

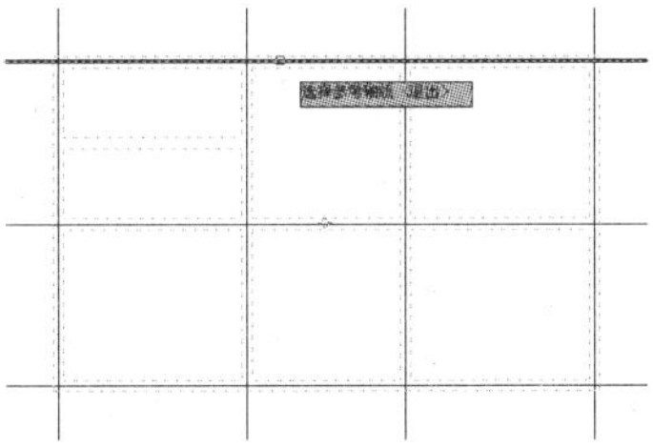

图2-13 选择参考轴线

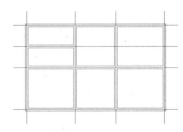

图2-14 添加轴线

2.2.2 轴线裁剪

【轴线裁剪】命令可根据设定的多边形或直线范围,裁剪多边形内的轴线或者直线某一侧的轴线。

调用【轴线裁剪】命令的方法有：

● 屏幕菜单：【轴网柱子】|【轴线裁剪】
● 命令行：ZXCJ

执行上述命令，命令行提示如下。

矩形的第一个角点或 [多边形裁剪(P)/轴线取齐(F)]<退出>:

用户可以根据需要选择矩形裁剪、多边形裁剪或者轴线取齐裁剪。

【课堂举例2-5】轴线裁剪

01 按快捷键Ctrl+O，打开配套光盘提供的"源文件/第2课/2.2.2轴线裁剪.dwg"文件，如图2-15所示。

02 执行【轴网柱子】|【轴线裁剪】命令，单击指定矩形的第一个角点和第二个角点，如图2-16所示。

图2-15 打开素材

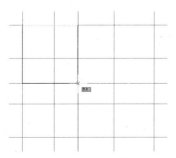

图2-16 指定角点

03 矩形裁剪轴线的结果，如图2-17所示。

04 执行【轴网柱子】|【轴线裁剪】命令，根据命令行的提示选择"轴线取齐"裁剪选项；选择第4根竖向轴线为裁剪线，在所选裁剪线的右边单击，以确定裁剪方向，结果如图2-18所示。

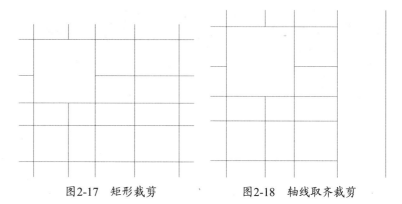

图2-17　矩形裁剪　　　　图2-18　轴线取齐裁剪

2.2.3　轴网合并

【轴网合并】命令用于将多组轴网的轴线，按指定的1~4条边界延伸，合并为一组轴线，同时将其中重合的轴线清理。目前本命令不对非正交的轴网和多个非正交排列的轴网进行处理。

调用【轴网合并】命令的方法有：

● *屏幕菜单：*【轴网柱子】|【轴网合并】命令

● *命令行：*ZWHB

【课堂举例2-6】轴网合并

01 按快捷键Ctrl+O，打开配套光盘提供的"源文件/第2课/2.2.3轴网合并.dwg"文件，如图2-19所示。

02 执行【轴网柱子】|【轴网合并】命令，框选所有轴线，按空格键确定。

03 分别点取4条洋红色边界线作为对齐边界，最终轴网合并结果，如图2-20所示。

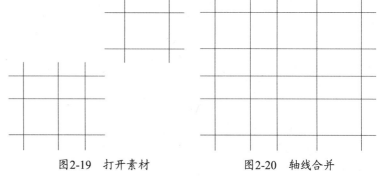

图2-19　打开素材　　　　图2-20　轴线合并

2.2.4　轴改线型

【轴改线型】命令可将轴线在点划线和连续线之间切换。

执行【轴改线型】命令的方法有：

● *屏幕菜单：*【轴网柱子】|【轴改线型】命令

● *命令行：*ZGXX

如图2-21所示为点划线的显示结果，如图2-22所示为连续线的显示结果。

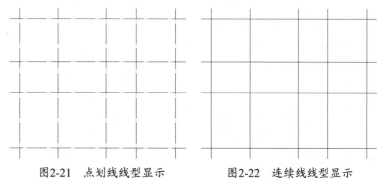

图2-21　点划线线型显示　　　　图2-22　连续线线型显示

2.3 轴网标注

当轴网绘制完成后，就需要对轴网进行标注，TArch 2013提供了专业的轴网标注功能，通过该功能可快速地对轴网进行尺寸和轴号同步标注。

2.3.1 轴网标注

【轴网标注】命令可以对始末轴线间的一组平行轴线或径向轴线标注出其中各轴号和尺寸。

调用【轴网标注】命令的方法有：

● 屏幕菜单：单【轴网柱子】|【轴网标注】命令
● 命令行：ZWBZ

【课堂举例2-7】轴网标注

01 按快捷键Ctrl+O，打开配套光盘提供的"源文件/第2课/2.3.1轴网标注.dwg"文件，如图2-23所示。

02 执行【轴网柱子】|【轴网标注】命令，在弹出的【轴网标注】对话框中设置参数，如图2-24所示。

图2-23 素材文件

图2-24 设置轴网标注参数

03 根据提示选择"起始轴线"和"终止轴线"，然后按空格键确定，标注结果如图2-25所示。

04 进行竖向直线轴网标注，选择"起始轴线"和"终止轴线"，然后按空格键确定，标注结果如图2-26所示。

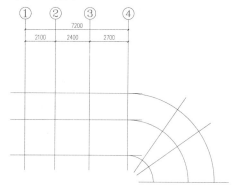

图2-25 垂直轴线标注

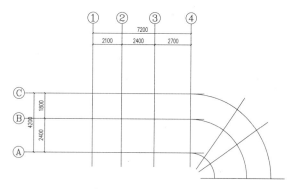
图2-26 水平轴线标注

05 在【轴网标注】对话框中，勾选【共用轴号】复选框，如图2-27所示。

06 选择4号轴为"起始轴线"，然后再选择终止轴线，标注圆弧轴网如图2-28所示。

图2-27 设置标注参数

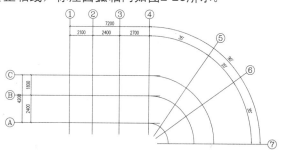
图2-28 圆弧轴网标注

【轴网标注】对话框功能选项的含义如下。

● 【起始轴号】：自定义起始轴号，并从起始轴线开始编号至终止轴线。

● 【轴号规则】：使用字母和数字的组合表示分区轴号，共有"变前项"和"变后项"两种情况，默认为"变后项"。

● 【共用轴号】：在图中已存在轴号的情况下，勾选此项，新标注的轴号则从所选的起始轴线本来存在的轴号为开始，继续往后标注。

● 【尺寸标注对侧】：用于单侧标注，勾选后尺寸标注不在轴线选取一侧标注，而在另一侧标注。

● 【单侧标注】：默认的轴网标注形式为双侧标注，选择此项后，则为单侧标注。

2.3.2 单轴标注

【单轴标注】命令只对单个轴线标注轴号，轴号独立生成，不与已经存在的轴号系统和尺寸系统发生关联。

调用【单轴标注】命令的方法有：

● 屏幕菜单：【轴网柱子】|【单轴标注】命令
● 命令行：DZBZ

【课堂举例2-8】单轴标注

01 按快捷键Ctrl+O，打开配套光盘提供的"源文件/第2课/2.3.2单轴标注.dwg"文件，如图2-29所示。

02 执行【轴网柱子】|【单轴标注】命令，在弹出的【单轴标注】对话框设置参数，如图2-30所示。

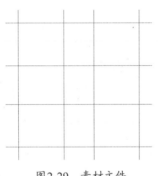

图2-29 素材文件

图2-30 【单轴标注】对话框

03 点取待标注的轴线，完成单轴标注，结果如图2-31所示。

04 重复操作，在【单轴标注】对话框中修改轴号参数，即可自定义轴号进行标注，结果如图2-32所示。

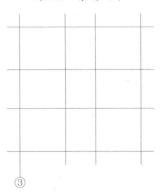

图2-31 单轴标注

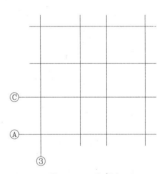

图2-32 重复标注

05 继续执行【单轴标注】命令，在对话框中选择【多轴号】选项，参数设置如图2-33所示。

06 点取其他竖向轴线，标注结果如图2-34所示。

图2-33 【单轴标注】对话框

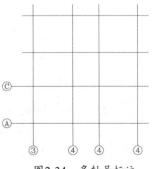

图2-34 多轴号标注

07 继续执行【单轴标注】命令，在对话框中选择【多轴号】和【连续】选项，参数设置如图2-35所示。

08 点取需要标注的轴线，标注结果如图2-36所示。

图2-35 设置标注参数

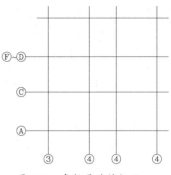

图2-36 多轴号连续标注

2.4 编辑轴号

对轴网进行轴号编辑后，可以对轴号进行添加、删除等操作。TArch 2013提供了添补轴号、删除轴号、重排轴号、倒排轴号等多种编辑轴号的工具。

2.4.1 添补轴号

【添补轴号】命令可以在已有轴号的基础上，关联增加新轴号。新增轴号对象成为原有轴号对象的一部分，但是并不会生成轴线，也不会更新尺寸标注，只适用于用其他方式增添或修改轴线后进行的轴号标注。

调用【添补轴号】命令的方法有：

● 屏幕菜单：【轴网柱子】|【添补轴号】命令
● 命令行：TBZH

【课堂举例2-9】添补轴号

01 按快捷键Ctrl+O，打开配套光盘提供的"源文件/第2课/2.4.1添补轴号.dwg"文件，如图2-37所示。

02 执行【轴网柱子】|【添补轴号】命令，选择1号轴号对象，然后点取新轴号的位置，如图2-38所示。

03 系统提示"新增轴号是否双侧标注？"时，选择"否"选项。

04 系统提示"新增轴号是否为附加轴号？"时，选择"否"选项。

05 添补轴号的结果，如图2-39所示。

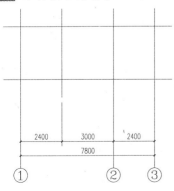

图2-37 选择轴号对象

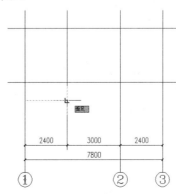

图2-38 指定新轴号位置

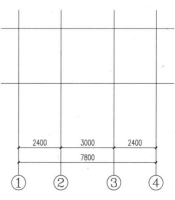

图2-39 添补轴号

2.4.2　删除轴号

【删除轴号】命令可以在轴网一次性删除多个轴号，其余轴号可自动重排。

调用【删除轴号】命令的方法有：

● 屏幕菜单：【轴网柱子】|【删除轴号】命令
● 命令行：SCZH

【课堂举例2-10】删除轴号

01 按快捷键Ctrl+O，打开配套光盘提供的"源文件/第2课/2.4.2删除轴号.dwg"文件，如图2-40所示。

02 执行【轴网柱子】|【删除轴号】命令，框选需要删除的轴号。

03 在命令行提示"是否重排轴号？"时，选择"是"选项。

04 删除轴号的结果，如图2-41所示。

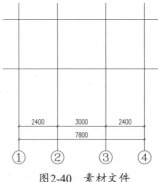

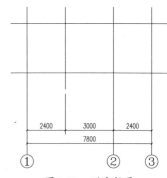

图2-40　素材文件　　　　图2-41　删除轴号

2.4.3　一轴多号

【一轴多号】命令用于平面图中同一部分有多个分区共用的情况，利用多个轴号共用一个轴线可以节省图面和工作量。

调用【一轴多号】命令的方法有：

● 屏幕菜单：【轴网柱子】|【一轴多号】命令
● 命令行：YZDH

如图2-42所示为一轴多号前的状态，如图2-43所示为一轴多号后的状态。

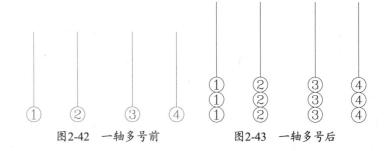

图2-42　一轴多号前　　　　图2-43　一轴多号后

2.4.4　轴号隐现

【轴号隐现】命令可以在平面轴网中，控制单个或多个轴号的隐藏与显示。

调用【轴号隐现】命令的方法有：

● 屏幕菜单：【轴网柱子】|【轴号隐现】命令
● 命令行：ZHYX

如图2-44所示为轴号隐现前的状态，如图2-45所示为轴号隐现后的状态。

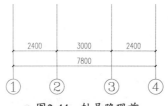
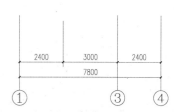

图2-44　轴号隐现前　　　　图2-45　轴号隐现后

2.4.5 主附转换

【主附转换】命令可以将主轴号转换为附加轴号，或者将附加轴号转换回主轴号。

调用【主附转换】命令的方法有：

● 屏幕菜单：【轴网柱子】|【主附转换】命令

● 命令行：ZFZH

如图2-46所示为主附转换前的状态，如图2-47所示为主附转换后的状态。

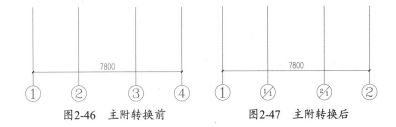

图2-46　主附转换前　　　　图2-47　主附转换后

2.4.6 重排轴号

【重排轴号】命令可以从选定的轴号位置开始，自定义新轴号对轴网轴号进行重新排序，而选定轴号前的轴号排序不受影响。

调用【重排轴号】命令的方法有：

● 快捷菜单：右击轴号系统，在弹出的快捷菜单中选择"重排轴号"选项

● 命令行：CPZH

【课堂举例2-11】重排轴号

01 按快捷键 Ctrl+O，打开配套光盘提供的"第2课/2.4.3 重排轴号.dwg"素材文件，如图2-48所示。

02 在命令行中输入CPZH并按Enter键，选择2轴号，输入新的轴号4。

03 按Enter键完成重排轴号操作，结果如图2-49所示。

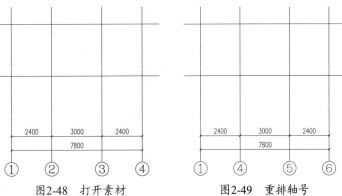

图2-48　打开素材　　　　图2-49　重排轴号

2.4.7 倒排轴号

轴号排序默认为从左到右、从上到下，【倒排轴号】命令可以更改轴号的排序方向。

调用【倒排轴号】命令的方法有：

● 快捷菜单：右击轴号系统，在弹出的快捷菜单中选择"倒排轴号"选项

● 命令行：DPZH

如图2-50所示为倒排轴号前的状态，如图2-51所示为倒排轴号后的状态。

图2-50　倒排轴号前　　　　图2-51　倒排轴号后

2.4.8 轴号的夹点编辑

有时候由于轴网比较密集，导致所标注的轴号紧靠在一起而致图形杂乱。使用轴号夹点编辑功能，可改变轴号的位置及轴号引线的长度，从而使图形变得清晰、美观。

【课堂举例2-12】轴号的夹点编辑

01 按快捷键Ctrl+O，打开配套光盘提供的"第2课/2.4.5轴号夹点编辑.dwg"素材文件，如图2-52所示。

02 单击选择夹点1，可以将轴号在横向及竖向移动，如图2-53所示为将轴号进行竖向移动的状态。

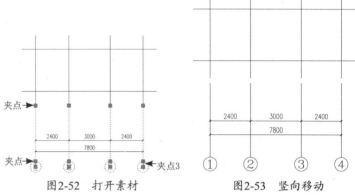

图2-52 打开素材　　　　图2-53 竖向移动

03 单击选择夹点2，可以修改单个引线的长度，如图2-54所示。

04 单击选择夹点3，可将轴号向任意方向偏移，如图2-55所示。

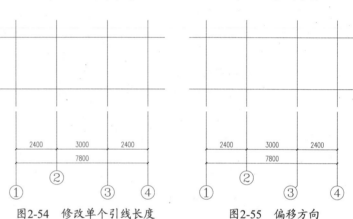

图2-54 修改单个引线长度　　　　图2-55 偏移方向

2.4.9 轴号在位编辑

轴号的在位编辑功能可以实时地修改轴号。

双击轴号文字，此时进入轴号在位编辑系统；在编辑框中输入轴号的新编号，即可完成轴号的在位编辑，如图2-56所示。

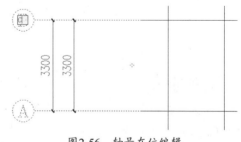

图2-56 轴号在位编辑

2.5 实例应用

轴网为建筑图纸的绘制提供了参考和依据，在绘制墙体、标准柱等重要的承重构件时尤为重要。本节将以酒店类建筑和别墅类建筑为例，向读者介绍办公楼和别墅轴网的绘制方法。综合讲解轴网的绘制、标注及编辑的方法步骤。

2.5.1 绘制办公楼轴网

本小节以办公楼轴网为例，向读者介绍办公类建筑轴网创建、编辑和标注等方法。

01 执行HZZW【绘制轴网】命令，在弹出的【绘制轴网】对话框中选择"直线轴网"选项卡，选择"上开"选项，设置【上开】参数，如图2-57所示。

02 选择"下开"选项，设置【下开】参数，如图2-58所示。

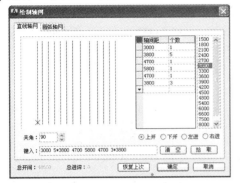

图2-57 设置上开参数

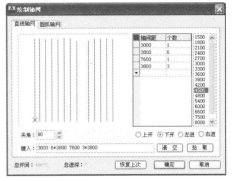

图2-58 设置下开参数

03 选择"左进"选项，设置【左进】参数，如图2-59所示。

04 参数设置完成后，在对话框中单击【确定】按钮关闭对话框；在绘图区中单击点取轴网的插入位置，结果如图2-60所示。

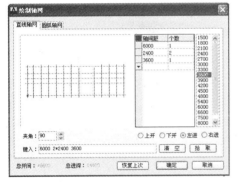

图2-59 设置左进参数

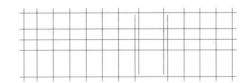

图2-60 创建轴网

05 执行ZWBZ【轴网标注】命令，在弹出的【轴网标注】对话框中设置参数；在绘图区中分别点取起始轴线和终止轴线，标注结果如图2-61所示。

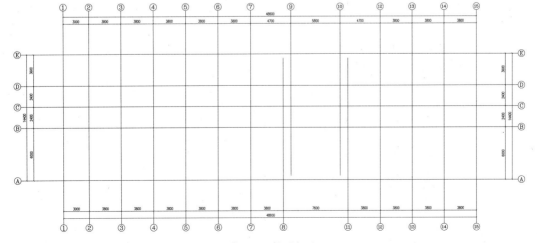

图2-61 轴网标注

2.5.2 绘制别墅轴网

本小节以别墅轴网为例，向读者介绍别墅类建筑轴网创建、编辑、标注等的绘制方法及注意要点。

01 执行HZZW【绘制轴网】命令，在弹出的【绘制轴网】对话框中选择"直线轴网"选项卡，选择"上开"选项，设置【上开】参数，如图2-62所示。

02 选择"下开"选项，设置【下开】参数，如图2-63所示。

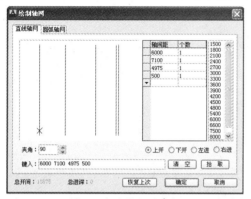
图2-62 设置上开参数

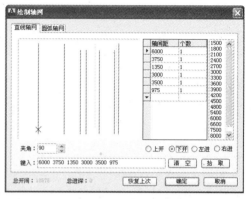
图2-63 设置下开参数

03 选择"左进"选项，设置【左进】参数，如图2-64所示。

04 选择"右进"选项，设置【右进】参数，如图2-65所示。

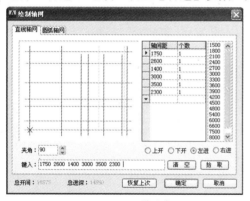
图2-64 设置左进参数

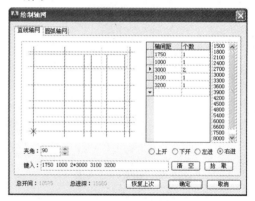
图2-65 设置右进参数

05 参数设置完成后，在对话框中单击【确定】按钮关闭对话框；在绘图区中单击点取轴网的插入位置，结果如图2-66所示。

06 执行ZWBZ【轴网标注】命令，在弹出的【轴网标注】对话框中设置参数；在绘图区中分别点取起始轴线和终止轴线，标注结果如图2-67所示。

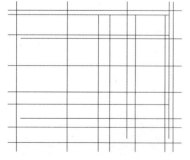
图2-66 绘制轴网

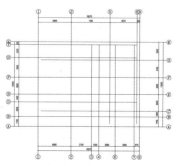
图2-67 轴网标注

2.6 拓展训练

2.6.1 绘制建筑轴网

绘制如图2-68所示的建筑轴网。

01 执行HZZW【绘制轴网】命令打开【绘制轴网】对话框，绘制下开轴线，如图2-69所示。

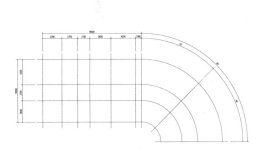

图2-68 建筑轴网

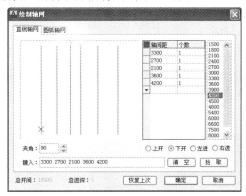

图2-69 绘制下开

02 输入数据，绘制左进轴线，如图2-70所示。完成效果如图2-71所示。

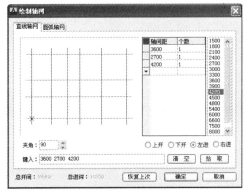

图2-70 绘制左进

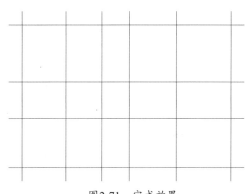

图2-71 完成效果

03 绘制圆弧轴网的圆心角，如图2-72所示。

04 设置圆弧轴网的进深，如图2-73所示。

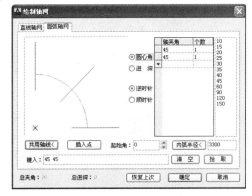

图2-72 设置圆心角

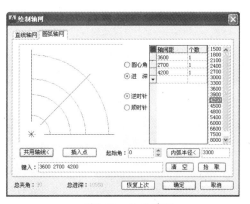

图2-73 设置进深

05 将两个轴网组合连接，完成绘制，如图 2-74所示。

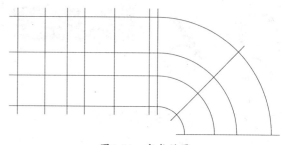

图2-74 完成效果

2.6.2 标注轴网

对上一练习绘制完成的轴网进行标注，操作提示如下。

01 执行ZWBZ【轴网标注】命令，标注直线轴网，如图2-75所示。

02 执行ZWBZ【轴网标注】命令，标注圆弧轴网，结果如图2-76所示。

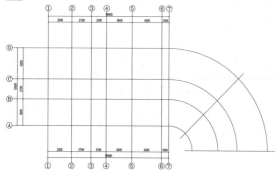

图2-75 标注直线轴网

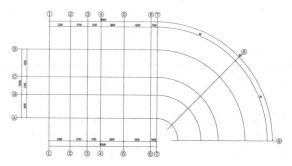

图2-76 标注圆弧轴网

第3课
柱子

柱子是房屋建筑中不可缺少的一部分，是房屋的承重构件。在建筑设计中，柱子的主要功能起到结构支撑的作用，也有装饰、美观的功能。

本课详细讲解了柱子的绘制及编辑方法。

【本课知识要点】

创建掌握柱子。

编辑掌握柱子。

3.1 创建柱子

在实际的建筑物中，柱子的形状多种多样，TArch 2013将其划分为标准柱、角柱和构造柱3种，用户可以根据实际需要选择创建柱子的类型。

3.1.1 标准柱

标准柱是具有均匀断面形状的竖直构件，其三维空间的位置和形状主要由底标高（指构件底部相对于坐标原点的高度）、柱高和柱截面参数来决定。柱的二维表现除由截面确定的形状外，还受柱材料的影响，通过柱材料控制柱的加粗、填充，以及柱与墙之间连接的接头处理。

标准柱命令可以在轴线的交点或任何指定位置插入矩形柱、圆形柱、正多边形柱或异形柱。正多边形柱包括，常用的3、5、6、8、12边形柱断面。

调用【标准柱】命令的方法有：

- 屏幕菜单：【轴网柱子】|【标准柱】命令
- 命令行：BZZ

【课堂举例3-1】绘制标准柱

01 按快捷键Ctrl+O，打开配套光盘提供的"第3课/3.1.1标准柱.dwg"文件，如图3-1所示。

02 执行【轴网柱子】|【标准柱】命令，在弹出【标准柱】对话框中设置材料、形状、尺寸等参数，如图3-2所示。

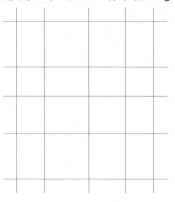

图3-1　打开素材　　　　图3-2　设置参数

03 在对话框中单击【点插入柱子】按钮，在绘图区中点取轴线的交点为标准柱的插入点，插入结果如图3-3所示。

04 在【标准柱】对话框中的"形状"下拉列表中选择"圆形"选项，并单击【沿着一根轴线布置柱子】按钮，如图3-4所示。

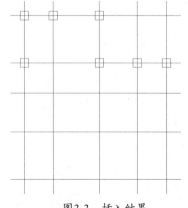

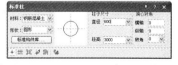

图3-3　插入结果　　　　图3-4　设置参数

05 在绘图区中选择一根轴线，插入柱子的结果如图3-5所示。

06 在【标准柱】对话框中的"形状"下拉列表中选择"正三角形"选项，并单击【指定的矩形区域内轴线交点插入柱子】按钮，如图3-6所示。

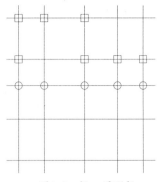

图3-5　插入圆形柱　　　　　　　图3-6　设置参数

07 在绘图区中指定矩形区域，插入柱子的结果如图3-7所示。

08 在【标准柱】对话框中的"形状"下拉列表中选择"圆形"选项，并单击【替换图中已插入的柱子】按钮，如图3-8所示。

09 框选需要替换的柱子，按空格键确定，替换结果如图3-9所示。

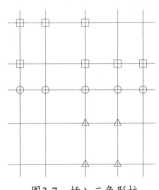

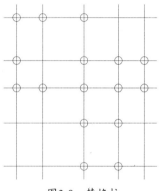

图3-7　插入三角形柱　　　　　图3-8　参数设置　　　　　图3-9　替换柱

【标准柱】对话框功能选项的含义如下。

● 【选择Pline线创建异形柱】：单击该按钮，拾取作为柱子的封闭多段线；按Enter键，在弹出的对话框中单击【确定】按钮，即可完成异形柱的创建。

● 【在图中拾取柱子形状或已有柱子】：在绘图区中拾取已绘制完成的柱子参数，即可根据该参数来绘制柱子图形。

● 【材料】：在该下拉列表中可以选择柱子的材料，其中钢筋混凝土为最常用的材料。

● 【标准构件库】：单击该按钮，可以在弹出的【天正构件库】中选择柱子图形来进行绘制。

3.1.2　角柱

角柱是指位于建筑角部，与柱正交的两个方向各只有一根框架梁和与之相连接的框架柱。

使用【角柱】命令必须先创建墙体，之后才能根据墙体的转角创建角柱。

执行【角柱】命令的方法有：

● 屏幕菜单：【轴网柱子】|【角柱】命令

● 命令行：JZ

【课堂举例3-2】绘制角柱

01 按快捷键Ctrl+O，打开配套光盘提供的"第3课/3.1.2 角柱.dwg"文件，如图3-10所示。

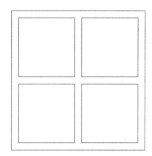

图3-10　打开素材

43

02 执行【轴网柱子】|【角柱】命令，根据命令行的提示点取墙角，系统弹出【转角柱参数】对话框，设置柱子的参数，如图3-11所示。

03 单击【确定】按钮，创建角柱如图3-12所示。

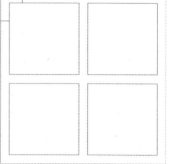

图3-11　设置角柱参数　　　　图3-12　绘制角柱

04 继续执行【角柱】命令，根据命令行的提示点取墙角，系统弹出【转角柱参数】对话框，设置柱子的参数，如图3-13所示。

05 单击【确定】按钮关闭对话框，角柱的创建结果如图3-14所示。

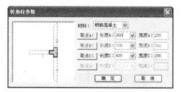

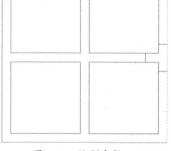

图3-13　设置角柱参数　　　　图3-14　绘制角柱

06 继续执行【角柱】命令，根据命令行的提示点取墙角，系统弹出【转角柱参数】对话框，设置柱子的参数，如图3-15所示。

07 单击【确定】按钮关闭对话框，角柱的创建结果如图3-16所示。

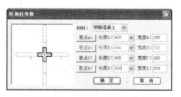

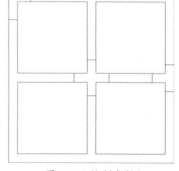

图3-15　设置角柱参数　　　　图3-16　绘制角柱

【转角柱参数】对话框功能选项的含义如下。

● 【取点A】：单击该按钮，可在对话框左侧预览窗口中的a墙体上点取该段角柱的长度。

● 【取点B】：单击该按钮，可在对话框左侧预览窗口中的b墙体上点取该段角柱的长度。

3.1.3　构造柱

　　为提高多层建筑砌体结构的抗震性能，规范要求应在房屋的砌体内适宜部位设置钢筋混凝土柱并与圈梁连接，共同加强建筑物的稳定性。这种钢筋混凝土柱通常就被称为构造柱，如图3-17所示。构造柱主要不是承担竖向荷载的，而是抗击剪力、抗震等横向荷载。构造柱通常设置在楼梯间的休息平台处、纵横墙交接处和墙的转角处，墙长达到5m的中间部位要设构造柱。

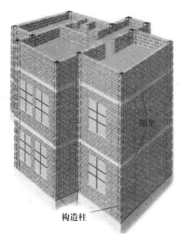
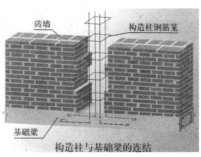

砖墙　　　　　构造柱钢筋笼

构造柱　　　　基础梁

构造柱与基础梁的连结

图3-17　构造柱

　　【构造柱】命令可在墙角交点处或墙体内插入构造柱，但是柱子的宽度不能超过墙体宽度。使用【构造柱】命令绘制的构造柱，是专门用于施工图设计的，对三维模型是不起作用的。

　　调用【构造柱】命令的方法有：

● 屏幕菜单：【轴网柱子】|【构造柱】命令
● 命令行：GZZ

【课堂举例3-3】绘制构造柱

01　按快捷键Ctrl+O，打开配套光盘提供的"第3课/3.1.3构造柱.dwg"文件，如图3-18所示。

02　执行【轴网柱子】|【构造柱】命令，在墙体上任意点取一点，系统弹出【构造柱参数】对话框，设置柱子参数，如图3-19所示。

03　单击【确定】按钮关闭对话框，构造柱的创建结果，如图3-20所示。

图3-18　打开素材　　　　　图3-19　设置参数　　　　　图3-20　创建构造柱

注意

构造柱的宽度一般是取值于墙体厚度。因为构造柱不需要承受荷载，所以不用做得过大。也不能太小，不得小于240mm×180mm。

3.2 编辑柱子

　　对于已经绘制好的柱子，用户可使用柱子替换功能或特性编辑功能成批修改，也可以利用夹点编辑和对象编辑功能单个修改。

3.2.1 柱子替换

执行【标准柱】命令，在弹出的【标准柱】对话框中，输入新柱子数据，然后选择插入方式为"替换图中已插入的柱子"，如图3-21所示。选择需要替换的柱子按空格键确定，即可完成柱子的替换。

还可以在绘图区中双击需替换的柱子，在弹出的【标准柱】对话框中修改参数，单击【确定】按钮关闭对话框，即可完成柱子的替换操作。

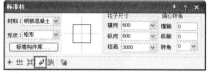

图3-21 选择插入方式

【课堂举例3-4】替换柱子

01 按快捷键Ctrl+O，打开配套光盘提供的"第3课/3.2.1替换柱子.dwg"文件，如图3-22所示。

02 执行【轴网柱子】|【标准柱】命令，在弹出的【标准柱】对话框中修改柱子的形状参数、横向及纵向的尺寸参数，如图3-23所示。

03 在绘图区中点取需要替换的柱子，按空格键确定，替换结果如图3-24所示。

图3-22 打开素材　　　　图3-23 修改参数　　　　图3-24 替换柱子

3.2.2 柱子特性编辑

在绘图区中选择要修改特性的柱子，按快捷键Ctrl+1，打开【特性】面板，即可在其中修改柱子的参数，如图3-25所示。

图3-25 【特性】面板

3.2.3 柱齐墙边

【柱齐墙边】命令可以将柱子和指定的墙边对齐，可一次选多个柱子一起完成墙边对齐。前提条件是各个柱子都在同一墙段上,且与对齐方向的柱子尺寸相同。

执行【柱齐墙边】命令的方法有:

● 屏幕菜单:【轴网柱子】|【柱齐墙边】命令

● 命令行:ZQQB

【课堂举例3-5】柱齐墙边

01 按快捷键Ctrl+O,打开配套光盘提供的"第3课/3.2.3柱齐墙边.dwg"文件,如图3-26所示。

02 执行【轴网柱子】|【柱齐墙边】命令,点取墙边,如图3-27所示。

03 点取需要进行对齐操作的柱子,按空格键确定,如图3-28所示。

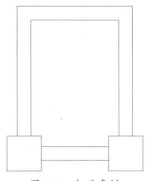

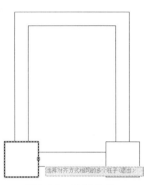

图3-26 打开素材   图3-27 选择墙边   图3-28 选择柱子

04 点取需要对齐的柱边,按Enter键,如图3-29所示。

05 柱齐墙边的操作结果,如图3-30所示。

06 重复02~05步的操作,使柱子的另一边也与墙边对齐,结果如图3-31所示。

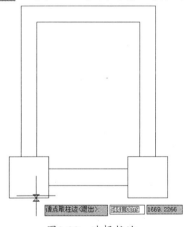

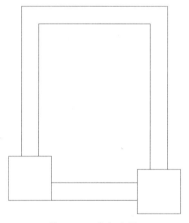

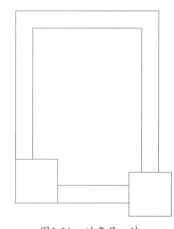

图3-29 选择柱边   图3-30 对齐结果   图3-31 对齐另一边

3.3 实例应用

柱子是房屋建筑中不可缺少的一部分,是房屋的承重构件。本节通过办公楼和别墅案例,介绍办公类建筑和住宅建筑柱子的创建方法。

3.3.1 绘制办公楼柱子

本小节以办公类建筑为例,学习在实际应用中柱子的绘制方法。

01 按快捷键Ctrl+O，打开配套光盘提供的"第3课/3.3.1办公楼柱子.dwg"文件，如图3-32所示。

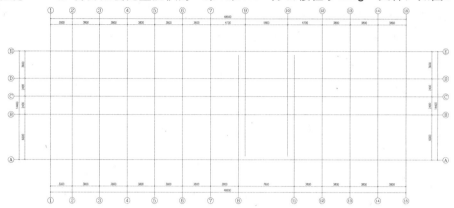

图3-32　打开文件

02 执行BZZ【标准柱】命令，在弹出【标准柱】对话框中设置参数，如图3-33所示。

图3-33　设置参数

03 在对话框中单击【沿着一根轴线布置柱子】按钮，在绘图区中点取A、B、C、E轴线，插入柱子，结果如图3-34所示。

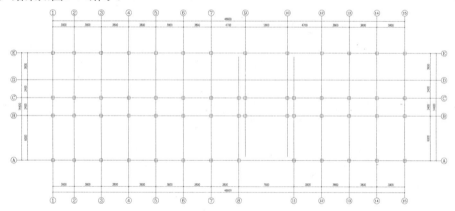

图3-34　插入柱子

04 执行E【删除】命令，删除不需要的柱子，结果如图3-35所示。

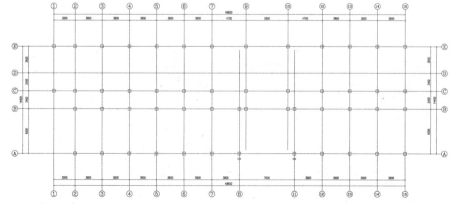

图3-35　删除柱子

05 执行M【移动】命令，移动部分柱子，移动距离为100，结果如图3-36所示。

06 执行BZZ【标准柱】命令，在【标准柱】对话框中改变参数，横向为400、纵向为200，插入柱子，结果如图3-37所示。

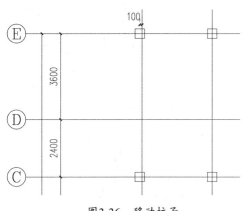

图3-36 移动柱子

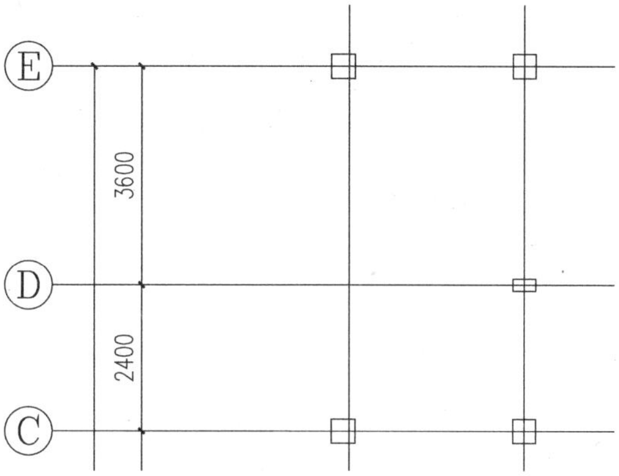

图3-37 插入柱子

07 按空格键，重复执行【标准柱】命令，改变参数，横向为300、纵向为200，插入柱子，再执行M【移动】命令，移动柱子，向左为50，结果如图3-38所示。

08 执行CO【复制】命令，复制柱子，结果如图3-39所示。

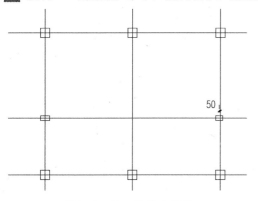

图3-38 插入并移动柱子

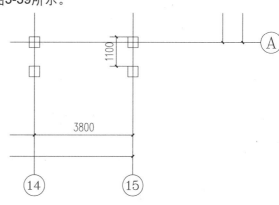

图3-39 复制柱子

09 执行BZZ【标准柱】命令，在【标准柱】对话框中改变参数，横向为400、纵向为200，插入柱子，结果如图3-40所示。

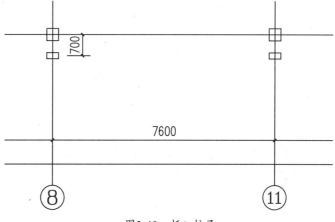

图3-40 插入柱子

10 执行TZXX【天正选项】命令，进入【加粗填充】选项卡，勾选【对墙柱进行图案填充】选项，结果如图3-41所示。

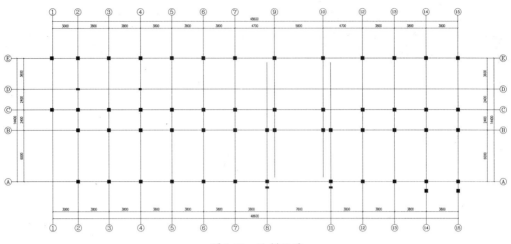

图3-41 绘制结果

3.3.2 绘制别墅柱子

本小节以别墅为例，学习标准柱在别墅建筑中的绘制方法。

01 按快捷键Ctrl+O，打开配套光盘提供的"第3课/3.3.2别墅柱子.dwg"文件，结果如图3-42
所示。

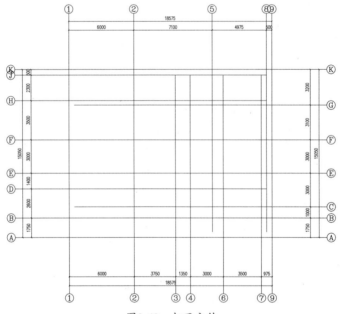

图3-42 打开文件

02 执行BZZ【标准柱】命令，在弹出【标准柱】对话框中设置参数，如图3-43所示。

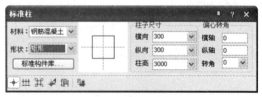

图3-43 设置参数

03 在对话框中单击【点选插入柱子】按钮，在绘图区中点取轴线的交点为标准柱的插入点，结果如图3-44所示。

04 执行TZXX【天正选项】命令，进入【加粗填充】选项卡，勾选【对墙柱进行图案填充】选项，效果如图3-45所示。

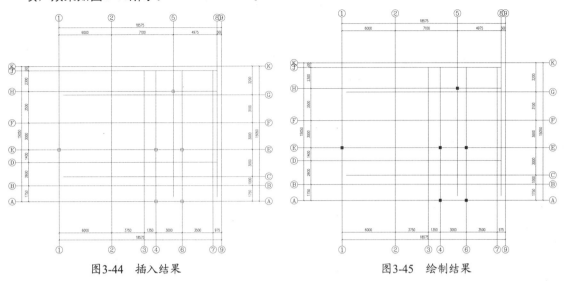

图3-44　插入结果　　　　　　　　　　　　　图3-45　绘制结果

3.4 拓展训练

本节结合上述学习的内容，通过绘制建筑的柱子和对已有柱子的编辑来巩固之前的知识。

3.4.1　绘制柱子

本小节通过绘制如图3-46所示图形，练习各种柱子的绘制。

01 执行HZZW【绘制轴网】命令绘制轴网，如图3-47所示。

02 执行HZQT【绘制墙体】命令根据轴网绘制墙体，如图3-48所示。

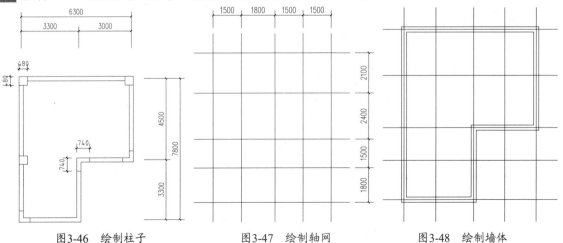

图3-46　绘制柱子　　　　　图3-47　绘制轴网　　　　　图3-48　绘制墙体

03 执行BZZ【标准柱】命令在墙体内插入标准柱，如图3-49所示。

04 隐藏轴网，执行JZ【角柱】命令在墙内插入角柱，如图3-50所示。

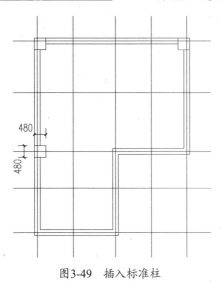

图3-49　插入标准柱　　　　　　　　　图3-50　插入角柱

3.4.2　编辑柱子

本小节通过对已有柱子修改为如图3-51所示的图形，练习对柱子的替换和编辑。

01 继续上一个实例的操作，执行BZZ【标准柱】命令，在【标准柱】对话框中进行设置，如图3-52所示。

02 将部分矩形柱替换为圆形柱，如图3-53所示。

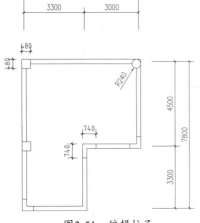

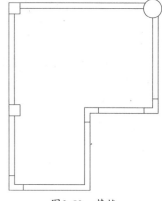

图3-51　编辑柱子　　　　图3-52　绘制圆柱　　　　图3-53　替换

03 双击圆柱对数据进行修改，如图3-54所示。

04 最终效果，如图3-55所示。

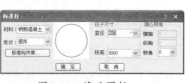

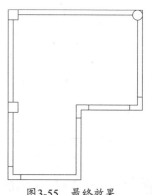

图3-54　修改圆柱　　　　　　　图3-55　最终效果

第4课
墙体

墙体是TArch 2013中的核心对象，通过模拟实际墙体的专业特性构建而成，可以实现对墙角自动修剪等智能特性。对绘制完成的墙体图形，TArch 2013提供了一系列编辑墙体图形的工具，例如等分加墙、墙体分段、倒墙角、倒斜角等，可以便捷地对墙体进行修改。

本课首先介绍了墙体的创建方法，然后通过一些具体实例讲解了墙体的各种编辑和设置方法，最后通过2个大型实例，对前面所学的内容进行综合练习，以达到巩固、提高的目的。

【本课知识要点】

掌握绘制墙体的方法。

掌握墙体的编辑。

掌握墙体工具的使用。

学习使用墙体立面生成工具。

学习如何识别内外墙。

4.1 创建墙体

墙体可执行【绘制墙体】命令创建或由【单线变墙】命令从直线、圆弧或轴网转换而成。本节会着重介绍这两种主要的绘制墙体的方法。

4.1.1 绘制墙体

【绘制墙体】命令可以设定墙体参数并使用各种方式直接绘制墙体。墙线相交处自动处理，墙款随时定义、墙高随时改变，在绘制过程中墙端点可以回退。

调用【绘制墙体】命令的方法有：

● 屏幕菜单：【墙体】|【绘制墙体】命令
● 命令行：HZQT

【课堂举例4-1】绘制墙体

01 按快捷键Ctrl+O，打开配套光盘提供的"第4课/4.1.1绘制墙体.dwg"文件，如图4-1所示。

02 执行【墙体】|【绘制墙体】命令，在弹出的【绘制墙体】对话框中设置参数，如图4-2所示。

03 参数设置完成后，在状态栏中开启【对象捕捉】功能，根据命令行的提示，分别拾取直墙的起点和下一点。绘制墙体的图形，如图4-3所示。

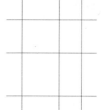
图4-1 打开素材

图4-2 【绘制墙体】对话框

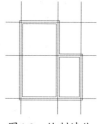
图4-3 绘制墙体

【绘制墙体】对话框功能选项的含义如下。

● 【绘制直墙】▤：单击此按钮，可以绘制水平或垂直的直墙。
● 【绘制弧墙】▧：单击此按钮，可以绘制有弧度的弧墙。
● 【矩形绘墙】▢：单击此按钮，单击指定对角点，可以绘制矩形墙。
● 【拾取墙体参数】✐：单击此按钮，可以拾取已绘制完成的墙体参数，为绘制新的墙体提供参考。
● 【底高】：设置墙体的底高参数。
● 【材料】：在其下拉列表中提供了多种墙体材料以供选择。
● 【用途】：在其下拉列表中提供了多种墙体用途以供选择，一般选择"一般墙"选项。
● 【自动捕捉】⊞：选中此选项，在绘制墙体时自动捕捉轴网交点。
● 【模数开关】Ⓜ：选中此选项，墙的拖曳长度按"自定义/操作设置"页面中的模数变化。

> **技巧** 为了准确拾取墙体端点的位置，TArch 2013提供了墙基线、轴线的捕捉功能。用户也可以按下F3键打开捕捉功能，或者按下F8键打开正交模式。

4.1.2 等分加墙

【等分加墙】命令用于在已有的大房间按等分的原则划分出多个小房间。

执行【等分加墙】命令的方法有：

● 屏幕菜单：【墙体】|【等分加墙】命令
● 命令行：DFJQ

【课堂举例4-2】绘制等分加墙

01 按快捷键 Ctrl+O,打开配套光盘提供的"第 4 课 /4.1.2 绘制等分加墙 .dwg"文件,如图4-4 所示。

02 执行【墙体】|【等分加墙】命令,选择等分所参照的墙段B墙。

03 在弹出的【等分加墙】对话框中设置参数,如图4-5所示。

04 选择作为另一边界的墙段A墙,等分加墙的操作结果,如图4-6所示。

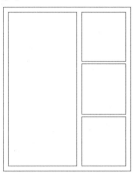

图4-4　打开素材　　　　图4-5　【等分加墙】对话框　　　图4-6　等分加墙

【等分加墙】对话框主要功能选项含义如下。

● 【等分数】:指定等分墙体的数量。

● 【墙厚】:在其下拉列表中可以选定墙体的厚度参数,该参数则是等分加墙后墙体的宽度参数。

4.1.3　单线变墙

【单线变墙】命令有两种功能。一是将直线绘制的单线转为天正墙体对象,并删除选中单线,生成墙体的基线与对应的单线相重合;二是在基于设计好的轴网创建墙体,然后进行编辑,创建后仍然保留轴线。

执行【单线变墙】命令的方法有:

● 屏幕菜单:【墙体】|【单线变墙】命令

● 命令行:DXBQ

【课堂举例4-3】绘制单线变墙

01 按快捷键Ctrl+O,打开配套光盘提供的"第4课/4.1.3单线变墙.dwg"文件,如图4-7所示。

02 执行【墙体】|【单线变墙】命令,在弹出的【单线变墙】对话框中设置参数,选中【轴网生墙】选项,如图4-8所示。

03 框选直线轴网,按Enter键,即可完成轴网生墙的操作,结果如图4-9所示。

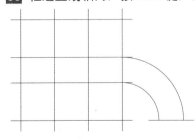

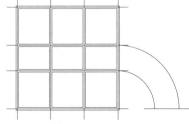

图4-7　打开素材　　　　图4-8　【单线变墙】对话框　　　图4-9　轴网生墙

04 按空格键,重复执行【单线变墙】命令,在弹出的【单线变墙】对话框中设置参数,选择【单线变墙】选项,如图4-10所示。

05 点取圆弧轴线,按Enter键,完成单线变墙的操作,结果如图4-11所示。

图4-10 【单线变墙】对话框

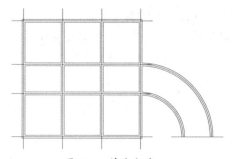

图4-11 单线变墙

【单线变墙】对话框主要功能选项的含义如下。

● 【外侧宽】：以轴线为基线，设定外墙体的外侧宽度参数。

● 【内侧宽】：以轴线为基线，设定外墙体的内侧宽度参数。

● 【内墙宽】：指定内墙的宽度参数。

● 【轴网生墙】：在有轴网的基础上选择此选项，框选轴网即可生成墙体。

● 【单线变墙】：选择此选项后，选择直线或弧线可生成墙体。

● 【保留基线】：此选项与【单线变墙】选项配合使用，勾选此选项，则保留生成墙体的基线，反之亦然。

4.1.4 墙体分段

【墙体分段】命令将原来的一段墙按给定的两点分为两段或者三段，两点间的墙段按新给定的材料和左右墙宽重新设置。

执行【墙体分段】命令的方法有：

● 屏幕菜单：【墙体】|【墙体分段】命令

● 命令行：QTFD

【课堂举例4-4】绘制墙体分段

01 按快捷键Ctrl+O，打开配套光盘提供的"第4课/4.1.4墙体分段.dwg"文件。

02 执行【墙体】|【墙体分段】命令，在弹出的【墙体分段设置】对话框中设置参数，如图4-12所示。

03 选择要进行墙体分段的墙体，分别点取起点A和终点B，如图4-13所示。

04 在对话框中单击【确定】按钮，完成墙体分段的操作结果，如图4-14所示。

图4-12 【墙体分段设置】对话框

图4-13 选取起点和终点

图4-14 墙体分段

技巧

在【墙体编辑】对话框中设置墙体的各项参数后，单击【确定】按钮可完成修改；如若不满意所做的修改，可以重复此操作。

4.1.5 幕墙转换

【幕墙转换】命令可以把示意幕墙在内的墙体对象转换为玻璃幕墙，且能用于节能分析。

执行【转为幕墙】命令的方法有：

● 屏幕菜单：【墙体】|【幕墙转换】命令

● 命令行：MQZH

【课堂举例4-5】绘制幕墙转换

01 按快捷键 Ctrl+O，打开配套光盘提供的"第 4 课 /4.1.5 幕墙转换 .dwg"文件，如图 4-15 所示。

02 执行【墙体】|【幕墙转换】命令，选择要转化为玻璃幕墙的墙体。

03 按Enter键，完成操作，转化结果如图4-16所示。

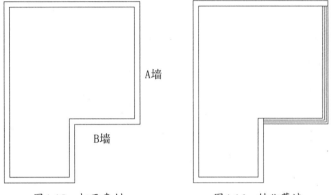

图4-15 打开素材 　　　　　　图4-16 转化幕墙

4.2 墙体编辑

创建完成的墙体，需要根据实际的使用情况来对其进行编辑修改。TArch 2013为用户量身定做了一系列墙体编辑工具，以在绘图过程中减少繁琐的修改编辑工作，达到高效、快速地编辑图形的目的。

4.2.1 倒墙角

【倒墙角】命令与AutoCAD里的【圆角】命令相似，专门用于处理两段不平行墙体的端头交点，使两段墙以指定倒角半径进行连接，倒角距离按墙中线计算。

执行【倒墙角】命令的方法有：

● 屏幕菜单：【墙体】|【倒墙角】命令

● 命令行：DQJ

【课堂举例4-6】绘制倒墙角

01 按快捷键Ctrl+O，打开配套光盘提供的"第4课/4.2.1倒墙角.dwg"文件，如图4-17所示。

02 执行【墙体】|【倒墙角】命令，根据命令行的提示，设置【圆角半径】为2000。

03 选择需要倒墙角的墙体A和B，倒角结果如图4-18所示。

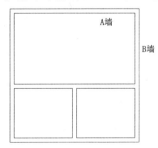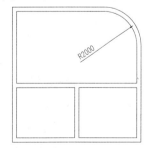

图4-17 打开素材 　　　　　　图4-18 倒墙角结果

4.2.2 倒斜角

【倒斜角】命令与AutoCAD的【倒角】命令相似，专门处理两段不平行墙体的端头交角，使两段墙以指定倒角长度进行连接，倒角距离按墙中线计算。

执行【倒斜角】命令的方法有：

● 屏幕菜单：【墙体】|【倒斜角】命令

● 命令行：DXJ

【课堂举例4-7】绘制倒斜角

01 按快捷键Ctrl+O，打开配套光盘提供的"第4课/4.2.2倒斜角.dwg"文件，如图4-19所示。

02 执行【墙体】|【倒斜角】命令，根据命令行的提示指定第一个倒角距离为1500，指定第二个倒角距离为700。

03 分别选择需要的两段墙体，结果如图4-20所示。

图4-19 打开素材

图4-20 倒墙角

4.2.3 修墙角

【修墙角】命令可以将未按要求修剪的墙角相交处进行清理，也可以更新墙体的裁剪关系。

执行【修墙角】命令的方法有：

● 屏幕菜单：【墙体】|【修墙角】命令

● 命令行：XQJ

【课堂举例4-8】绘制修墙角

01 按快捷键Ctrl+O，打开配套光盘提供的"第4课/4.2.3修墙角.dwg"文件，如图4-21所示。

02 执行【墙体】|【修墙角】命令，根据命令行的提示点取第一个角点和第二个角点，框选墙角，如图4-22所示。

03 修墙角的结果，如图4-23所示。

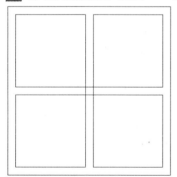

图4-21 打开素材

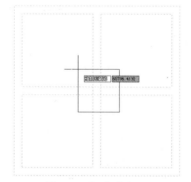

图4-22 框选墙角

图4-23 修墙角

4.2.4 基线对齐

【基线对齐】命令用于纠正基线不对齐，或不精确对齐而导致墙体显示或搜索房间出错的问题，以及因短墙存在而造成墙体显示不正确的情况。

执行【基线对齐】命令的方法有：

● 屏幕菜单：【墙体】|【基线对齐】命令
● 命令行：JXDQ

4.2.5 边线对齐

【边线对齐】命令用来保持墙基线不变的情况下对齐墙边。

执行【边线对齐】命令的方法有：

● 屏幕菜单：【墙体】|【边线对齐】命令
● 命令行：BXDQ

【课堂举例4-9】边线对齐操作

01 按快捷键Ctrl+O，打开配套光盘提供的"第4课/4.2.5边线对齐.dwg"文件，如图4-24所示。

02 执行【墙体】|【边线对齐】命令，点取轴线交点为"墙边应通过的点"，如图4-25所示。

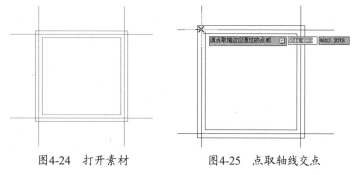

图4-24 打开素材　　图4-25 点取轴线交点

03 点取左边墙体的外边线，如图4-26所示。

04 边线对齐的结果，如图4-27所示。

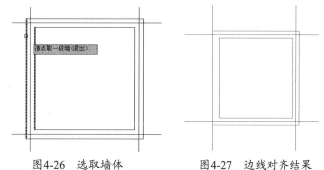

图4-26 选取墙体　　图4-27 边线对齐结果

4.2.6 净距偏移

【净距偏移】命令类似于AutoCAD上的【偏移】命令，用于将墙体按给定距离偏移复制。

执行【净距偏移】命令的方法有：

● 屏幕菜单：【墙体】|【净距偏移】命令
● 命令行：JJPY

【课堂举例4-10】净距偏移操作

01 按快捷键Ctrl+O，打开配套光盘提供的"第4课/4.2.6净距偏移.dwg"文件，如图4-28所示。

02 执行【墙体】|【净距偏移】命令，输入偏移距离为1500，按空格键确定。

03 点取墙体的内侧边线A，按空格键确定，净距偏移的结果，如图4-29所示。

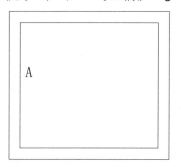
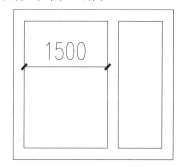

图4-28 打开素材　　　　图4-29 净距偏移

4.2.7 墙柱保温

在严寒的北方地区，通常会为墙体增设保温层，用来抵御风雪的侵袭，以确保室内的温度。

【墙柱保温】命令可在已有的墙段上加入或删除保温层线，遇到门该线会自动打断，遇窗会自动增加窗厚度。

执行【墙柱保温】命令的方法有：

● 屏幕菜单：【墙体】|【墙柱保温】命令
● 命令行：QZBW

【课堂举例4-11】墙柱保温操作

01 按快捷键Ctrl+O，打开配套光盘提供的"第4课/4.2.7墙柱保温.dwg"文件，如图4-30所示。

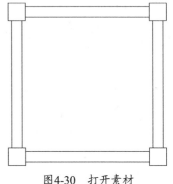

图4-30 打开素材

02 执行【墙体】|【墙柱保温】命令，增加保温层，命令行操作如下。

命令: T91_TADDINSULATE✓	//执行【墙柱保温】命令
指定墙、柱、墙体造型保温一侧或 [内保温(I)/外保温(E)/消保温层(D)/保温层厚(当前=80)(T)]<退出>:T✓	
	//激活【保温层厚(当前=80)(T)】选项
保温层厚<80>:100✓	//输入保温层厚度
指定墙、柱、墙体造型保温一侧或 [内保温(I)/外保温(E)/消保温层(D)/保温层厚(当前=100)(T)]<退出>:	
	//指定添加保温层的墙体和柱体

03 添加保温层的结果，如图4-31所示。

04 保温层不能直接删减，否则会连带墙体一同删除。执行【墙体】|【墙柱保温】命令，根据命令行的提示操作即可，如图4-32所示。命令行操作如下。

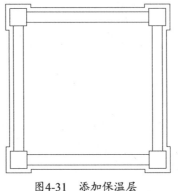

图4-31 添加保温层

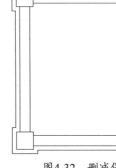

图4-32 删减保温层

命令: T91_TAddInsulate✓	//执行【墙柱保温】命令
指定墙、柱、墙体造型保温一侧或 [内保温(I)/外保温(E)/消保温层(D)/保温层厚(当前=100)(T)]<退出>:D	
	//激活【消保温层(D)】选项
选择墙、柱、墙体造型:	//选择要删除的保温层按Enter键即可

【墙柱保温】命令行选项含义如下。

● 内保温：添加的保温层在墙体内部。
● 外保温：添加的保温层在墙体外部。
● 消保温层：删除保温层。
● 保温层厚：改变保温层厚度。

4.2.8 墙体造型

在建筑物的内部和外部，有时候会有内凹或外凸的墙体造型，使用【墙体造型】命令，可以快速地绘制墙体造型，并使造型和墙体成一个整体，包括，墙垛、壁炉、烟道等与墙连通的建筑构造。

执行【墙体造型】命令的方法有：

● 屏幕菜单：【墙体】|【墙体造型】命令
● 命令行：QTZX

【课堂举例4-12】绘制墙体造型

01 按快捷键Ctrl+O，打开配套光盘提供的"第4课/4.2.8墙体造型.dwg"文件，如图4-33所示。

02 执行【墙体】|【墙体造型】命令，根据命令行的提示选择"外凸造型"选项。

03 指定墙体造型轮廓线的起点，如图4-34所示。

04 依次指定墙体造型轮廓线的其他端点和终点，如图4-35所示。

图4-33 打开素材

图4-34 指定起点

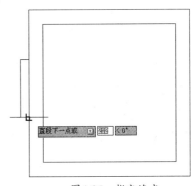

图4-35 指定终点

05 按空格键确定，墙体造型的绘制结果，如图4-36所示。

06 执行【墙体】|【墙体造型】命令，根据命令行的提示选择"内凹造型"选项。

07 指定墙体造型轮廓线的各个端点，按空格键确定，墙体内凹造型的绘制结果，如图4-37所示。

图4-36 外凸造型

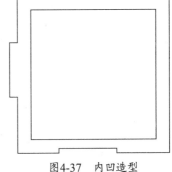

图4-37 内凹造型

技巧

选择命令行中的"点取图中曲线（P）"选项，选择需要生成墙体造型的曲线，可按照曲线形状快速生成墙体造型。

4.2.9 墙齐屋顶

【墙齐屋顶】命令可以向上延伸墙和柱子，使原来水平的墙顶成为与屋顶一样的斜面，解决了坡屋顶在建模时的繁琐与困难。

执行【墙齐屋顶】命令的方法有：

● 屏幕菜单：【墙体】|【墙齐屋顶】命令

● 命令行：QQWD

【课堂举例4-13】墙齐屋顶操作

01 按快捷键Ctrl+O，打开配套光盘提供的"第4课/4.2.9墙齐屋顶.dwg"文件，如图4-38所示。

02 执行【墙体】|【墙齐屋顶】命令，选择屋顶图形并按Enter键，再选择墙体图形，按Enter键，墙齐屋顶的结果，如图4-39所示。

图4-38 打开素材 　　　　图4-39 墙齐屋顶

4.3 墙体工具

墙体对象支持AutoCAD的通用编辑命令，包括偏移（OFFSET）、修剪（TRIM）、延伸（EXTEND）和删除（ERASE）等。此外，TArch 2013还提供了专用编辑命令对墙体进行编辑，简单的参数编辑只需要双击墙体即可进入对象编辑对话框，拖曳墙体的不同夹点可改变长度和位置。

4.3.1 改墙厚

【改墙厚】命令用于批量修改墙厚，墙基线保持不变，墙线一律改为居中。此命令不适合修改偏心墙。

执行【改墙厚】命令的方法有：

● 屏幕菜单：【墙体】|【墙体工具】|【改墙厚】命令

● 命令行：GQH

【课堂举例4-14】改墙厚操作

01 按快捷键Ctrl+O，打开配套光盘提供的"第4课/4.3.1改墙厚.dwg"文件，如图4-40所示。

02 执行【墙体】|【墙体工具】|【改墙厚】命令，选择需要修改厚度的A墙，按空格键确定。

03 输入新的厚度为500，按Enter键完成操作，结果如图4-41所示。

图4-40 打开素材 　　　　图4-41 改墙厚

4.3.2 改外墙厚

建筑物的外墙和内墙的尺寸有时候是不一致的，在使用相同的尺寸绘制墙体后，就需要对外墙或内墙的尺寸进行修改，以符合实际的情况。

【改外墙厚】命令用于修改外墙厚度，执行前需要先识别外墙。

执行【改外墙厚】命令的方法有：

● 屏幕菜单：【墙体】|【墙体工具】|【改外墙厚】命令

● 命令行：GWQH

【课堂举例4-15】改外墙厚操作

01 按快捷键Ctrl+O，打开配套光盘提供的"第4课/4.3.2改外墙厚.dwg"文件，如图4-42所示，该素材已进行【指定外墙】的操作。

02 执行【墙体】|【墙体工具】|【改外墙厚】命令，框选所有墙体，按空格键确定。

03 指定墙内侧的宽度为120，指定墙外侧的宽度为240，按 Enter 键结束绘制，结果如图 4-43 所示。

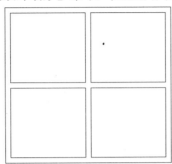 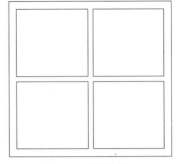

图4-42 打开素材 图4-43 改外墙厚

4.3.3 改高度

【改高度】命令可以对选中的柱、墙体的高度和底标高进行成批的修改。

执行【改高度】命令的方法有：

● 屏幕菜单：【墙体】|【墙体工具】|【改高度】命令

● 命令行：GGD

【课堂举例4-16】改高度操作

01 按快捷键Ctrl+O，打开配套光盘提供的"第4课/4.3.3改高度.dwg"文件，如图4-44所示。

02 执行【墙体】|【墙体工具】|【改高度】命令，选择A标准柱，按空格键确定。

03 根据命令行的提示输入新的高度为3200，输入新的标高为300，按Enter键其他数值保持默认，结果如图4-45所示。

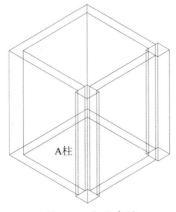 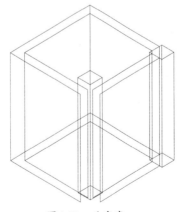

图4-44 打开素材 图4-45 改高度

4.3.4 改外墙高

【改外墙高】命令与【改高度】命令类似，仅对外墙有效。

执行【外墙高】命令的方法有：

● 屏幕菜单：【墙体】|【墙体工具】|【改外墙高】命令

● 命令行：GWQG

【课堂举例4-17】改外墙高操作

01 按快捷键Ctrl+O，打开配套光盘提供的"第4课/4.3.4外墙高.dwg"文件，如图4-46所示。

02 执行【墙体】|【墙体工具】|【改外墙高】命令，框选所有墙体，输入新的高度为3500，按Enter键，结果如图4-47所示。

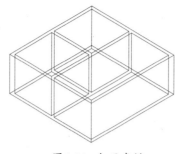

图4-46 打开素材　　　　　图4-47 改外墙高

4.3.5 平行生线

【平行生线】命令类似于AutoCAD的【偏移】命令，能生成一条与墙线平行的多段线，也可以用于柱子，生成与柱子周边平行的一圈粉刷线。

执行【平行生线】命令的方法有：

● 屏幕菜单：【墙体】|【墙体工具】|【平行生线】命令

● 命令行：PXSX

【课堂举例4-18】平行生线操作

01 按快捷键Ctrl+O，打开配套光盘提供的"第4课/4.3.5平行生线.dwg"文件，如图4-48所示。

02 执行【墙体】|【墙体工具】|【平行生线】命令，点取右边墙体内侧，输入偏移距离为500，按Enter键，平行生线的操作结果，如图4-49所示。

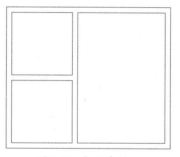
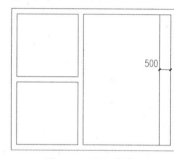

图4-48 打开素材　　　　　图4-49 平行生线

技巧

【平行生线】命令还可以用来生成依靠墙边或柱边定位的辅助线，如粉刷线、勒脚线等。

4.3.6 墙端封口

【墙端封口】命令用于改变墙体对象自由端的二维显示形式，能使其在封闭和开口两种形式之间互相转换。

执行【墙端封口】命令的方法有：

● 屏幕菜单：【墙体】|【墙体工具】|【墙端封口】命令

● 命令行：QDFK

【课堂举例4-19】墙端封口操作

01 按快捷键Ctrl+O，打开配套光盘提供的"第4课/4.3.6墙端封口.dwg"文件，如图4-50所示。

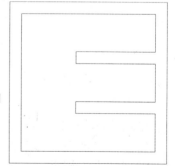

图4-50 打开素材

02 执行【墙体】|【墙体工具】|【墙端封口】命令，选择内部墙体，按Enter键，将封闭的墙体切换为不封闭的墙体，结果如图4-51所示。

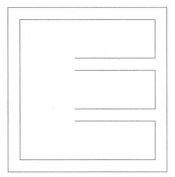

图4-51 墙端不封口

4.4 墙体立面

【墙体立面】工具不是在立面施工图上执行命令，而是在平面图绘制时，为立面或三维建模做准备而编制的几个墙体立面设计命令。

4.4.1 墙面UCS

为了更好地辅助绘图，经常需要修改坐标系的原点位置和坐标方向，这就需要使用可变的用户坐标系统（User Coordinate System，简称USC）。

为了构造异型洞口或构造异型墙立面，必须在墙体立面上定位和绘制图元，需要把UCS设置到墙面上，本命令临时定义一个基于所选墙面的UCS用户坐标系，在指定视口转为立面显示。

执行【墙面UCS】命令的方法有：

● 屏幕菜单：【墙体】|【墙体立面】|【墙面UCS】命令
● 命令行：QMUCS

【课堂举例4-20】墙面UCS操作

01 按快捷键Ctrl+O，打开配套光盘提供的"第4课/4.4.1墙面UCS.dwg"文件，如图4-52所示。

02 执行【墙体】|【墙体立面】|【墙面UCS】命令，点取墙体的一侧，如图4-53所示。

03 此时UCS自动切换至墙体所在平面，并以该平面为显示平面，如图4-54所示。

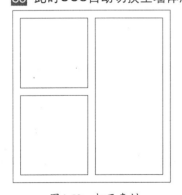

图4-52 打开素材

图4-53 点取墙体

图4-54 墙面UCS

4.4.2 异形立面

【异形立面】命令通过对矩形立面墙的适当裁剪，构造不规则立面形状的特殊墙体，如创建双坡或单坡山墙与坡屋顶底面相交。

执行【异形立面】命令的方法有：
- 屏幕菜单：【墙体】|【墙体立面】|【异形立面】命令
- 命令行：YXLM

【课堂举例4-21】异形立面操作

01 按快捷键Ctrl+O，打开配套光盘提供的"第4课/4.4.2异形立面.dwg"文件，如图4-55所示。

02 执行【墙体】|【墙体立面】|【异形立面】命令，选择多段线，如图4-56所示。

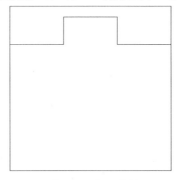

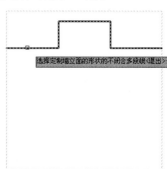

图4-55　打开素材　　　　　　图4-56　选择多段线

03 选择墙体，如图4-57所示。

04 按Enter键结束绘制，系统自动以指定的多段线对墙体进行裁剪，结果如图4-58所示。

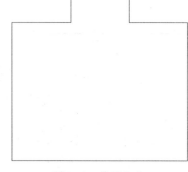

图4-57　选择墙体　　　　　　图4-58　异形立面

4.4.3　矩形立面

【矩形立面】命令为【异型立面】的逆命令，可将异型立面墙恢复为标准的矩形立面墙。

执行【矩形立面】命令的方法有：
- 屏幕菜单：【墙体】|【墙体立面】|【矩形立面】命令
- 命令行：JXLM

【课堂举例4-22】矩形立面操作

01 按快捷键Ctrl+O，打开配套光盘提供的"第4课/4.4.3矩形立面.dwg"文件，如图4-59所示。

02 执行【墙体】|【墙体立面】|【矩形立面】命令，选择墙体按Enter键结束绘制，结果如图4-60所示。

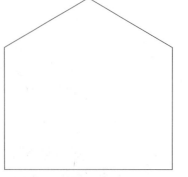

图4-59　打开素材　　　　　　图4-60　矩形立面

4.5 识别内外墙

建筑物内外墙的属性是不一样的，所以在绘制的过程中，内外墙要区分开来，以方便对其进行表示和编辑。

4.5.1 识别内外

使用TArch 2013绘制建筑图，要对所绘制的墙体进行内外墙的识别，才能分别对内墙和外墙进行编辑修改。【识别内外】命令能同时自动识别内、外墙并同时设置墙体的内外特征，节能设计中要使用外墙的内外特征。

执行【识别内外】命令的方法有：

● 屏幕菜单：【墙体】|【识别内外】|【识别内外】命令
● 命令行：SBNW

【课堂举例4-23】识别内外操作

01 按快捷键Ctrl+O，打开配套光盘提供的"第4课/4.5.1识别内外.dwg"文件，如图4-61所示。

02 执行【墙体】|【识别内外】|【识别内外】命令，框选所有墙体按Enter键，指定的外墙则以红色的虚线显示，如图4-62所示。

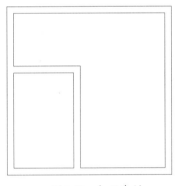 

图4-61 打开素材　　　　图4-62 红色显亮

4.5.2 指定内墙

【指定内墙】命令用手动选取方式将选中的墙体置为内墙，在三维组合时不参与建模，可以减少三维渲染的大小和内存消耗。

执行【指定内墙】命令的方法有：

● 屏幕菜单：【墙体】|【识别内外】|【指定内墙】命令
● 命令行：ZDNQ

4.5.3 指定外墙

【指定外墙】命令可将选中的普通墙体内外特性设置为外墙，除了把墙指定为外墙外，还能指定墙体的内外特性用于节能计算。

执行【指定外墙】命令的方法有：

● 屏幕菜单：【墙体】|【识别内外】|【指定外墙】命令
● 命令行：ZDWQ

4.5.4 加亮外墙

【加亮外墙】命令可以将所有外墙的外边线用红色虚线显示。

执行【加亮外墙】命令的方法有：

● 屏幕菜单：【墙体】|【识别内外】|【加亮外墙】命令
● 命令行：JLWQ

4.6 实例应用

　　墙是建筑的主体，建筑外墙起到与外界的隔绝作用，而内墙则在划分内部各功能空间上起分隔作用。承重墙与内部的轻质隔墙的材料属性及厚度是不一样的，因为承重墙起到承担及分散建筑物重量的作用，不可随意更改位置或进行拆除，而内部的轻质隔墙只起到分隔作用，可以随意更改位置及拆除。

4.6.1 绘制办公楼墙体平面图

01 按快捷键Ctrl+O，打开配套光盘提供的"第4课/4.6.1绘制办公楼墙体平面图.dwg"文件，如图4-63所示。

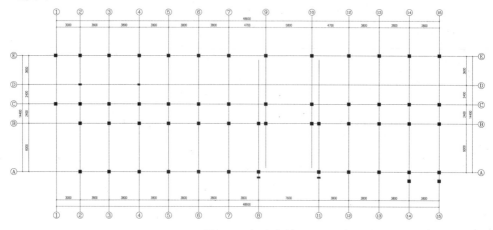

图4-63　打开素材

02 执行HZQT【绘制墙体】命令，在弹出的【绘制墙体】对话框中设置参数，结果如图4-64所示。

图4-64　设置参数

03 根据命令行的提示，分别点取直墙的起点和终点，按逆时针走向绘制外墙的结果，如图4-65所示。

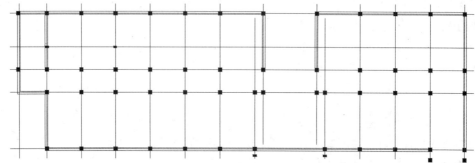

图4-65　绘制外墙

04 执行BXDQ【边线对齐】命令和DXJ【倒斜角】命令，修改墙体（倒斜角尺寸为3000、1500），结果如图4-66所示。

05 执行HZQT【绘制墙体】命令，绘制墙体，如图4-67所示。

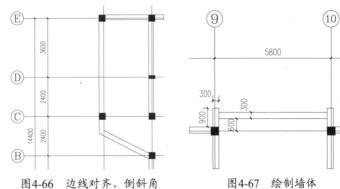

图4-66 边线对齐、倒斜角　　图4-67 绘制墙体

06 继续执行HZQT【绘制墙体】命令和BXDQ【边线对齐】命令，绘制墙体，如图4-68所示。

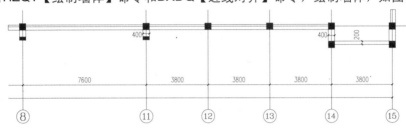

图4-68 绘制墙体

07 执行HZQT【绘制墙体】命令，替换墙体厚度为200，再执行BXDQ【边线对齐】命令，修改部分墙体，结果如图4-69所示。

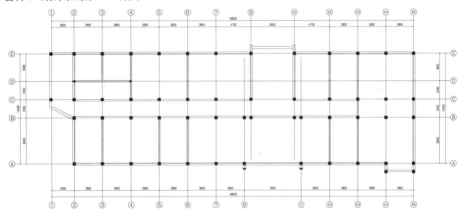

图4-69 绘制墙体、边线对齐

08 执行HZQT【绘制墙体】命令和BXDQ【边线对齐】命令，墙体厚度为250，绘制隔墙的结果，如图4-70所示。

09 执行JJPY【净距偏移】命令，偏移墙体，结果如图4-71所示。

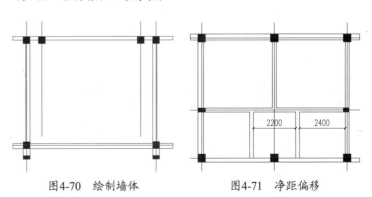

图4-70 绘制墙体　　图4-71 净距偏移

10 绘制墙体的最终结果，如图4-72所示。

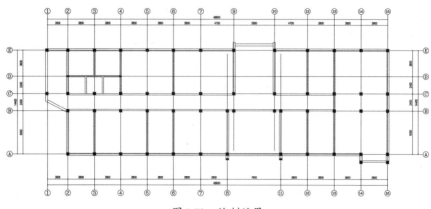

图4-72　绘制结果

4.6.2　绘制别墅墙体平面图

01 按快捷键Ctrl+O，打开配套光盘提供的"第4课/4.6.2绘制别墅墙体平面图.dwg"文件，如图4-73所示。

02 执行HZQT【绘制墙体】命令，在弹出的【绘制墙体】对话框中设置参数，结果如图4-74所示。

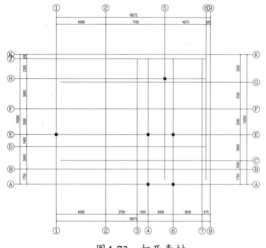

图4-73　打开素材　　　　　　　　　　图4-74　设置参数

03 根据命令行的提示，分别点取直墙的起点和终点，绘制外墙的结果，如图4-75所示。

04 继续执行HZQT【绘制墙体】命令，绘制出室内墙，如图4-76所示。

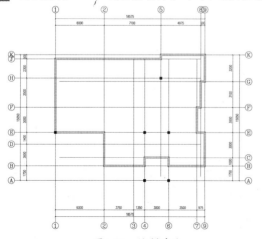

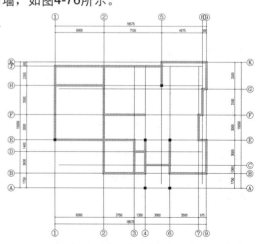

图4-75　绘制墙体　　　　　　　　　　图4-76　绘制室内墙

05 执行JZ【角柱】命令，选取要插入的墙角，在弹出的对话框中设置数据，如图4-77所示。

06 重复上述操作，结果如图4-78所示。

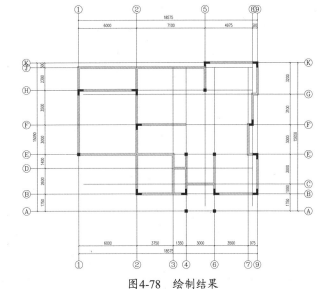

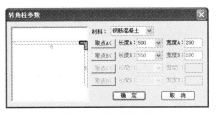

图4-77 设置角柱

图4-78 绘制结果

4.7 拓展训练

4.7.1 绘制套间墙体

本小节通过绘制如图4-79所示的图形，练习墙体的绘制方法。

01 执行HZZW【绘制轴网】命令绘制轴网，如图4-80所示。

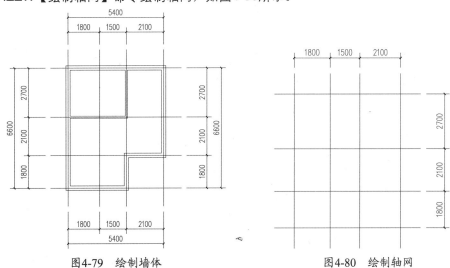

图4-79 绘制墙体

图4-80 绘制轴网

02 执行HZQT【绘制墙体】命令绘制外墙，如图4-81所示。

03 执行HZQT【绘制墙体】命令绘制内墙，如图4-82所示。

04 执行MQZH【幕墙转换】命令，将墙体转换为玻璃幕墙，如图4-83所示。

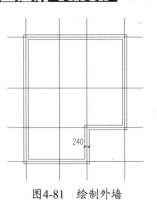

图4-81 绘制外墙

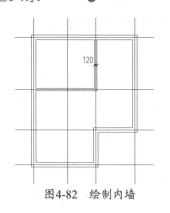

图4-82 绘制内墙

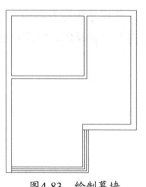

图4-83 绘制幕墙

4.7.2 绘制办公室墙体

本小节通过绘制如图4-84所示的图形，练习墙体的绘制方法。

01 执行HZZW【绘制轴网】命令绘制轴网，如图4-85所示。

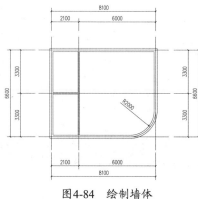

图4-84 绘制墙体

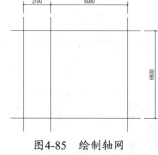

图4-85 绘制轴网

02 执行DXBQ【单线变墙】命令，打开【单线变墙】对话框设置参数，如图4-86所示。完成效果如图4-87所示。

03 执行DFJQ【等分加墙】命令，对墙体进行等分加墙，如图4-88所示。

图4-86 设置数据

图4-87 轴网生墙

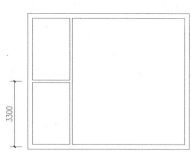

图4-88 等分加墙

04 执行DQJ【倒墙角】命令，对墙体进行倒墙角，如图4-89所示。

05 执行MQZH【幕墙转换】命令，将墙体转换为幕墙，如图4-90所示。

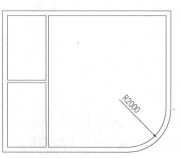

图4-89 倒墙角

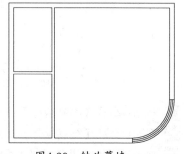

图4-90 转为幕墙

第5课
门窗

门窗是组成建筑物的重要构件，是建筑设计中仅次于墙体的重要对象，在建筑立面中起着建筑维护及装饰作用。TArch中的门窗是一种附属于墙体，且带有编号的自定义对象，包括通透和不通透墙体。门窗插入墙体后，墙体尺寸不变，但墙体的面积和开洞面积会联动更新。

本课首先介绍了各类型门窗的创建方法，然后详细讲解了门窗的编辑方法，最后介绍门窗编号的设置和统计方法。

【本课知识要点】

掌握创建门窗的方法。
掌握门窗的编辑。
掌握门窗编号方法。
掌握门窗表的绘制方法。

5.1 创建门窗

本节介绍创建门窗的方法。TArch 2013的绘制门窗命令可以绘制多种在建筑中常见的门窗，例如，普通门窗、组合门窗、转角窗等的绘制，以下将一一进行介绍。

5.1.1 普通门窗

【门窗】命令可以自定义门窗参数，在墙上插入各种门窗，包括，平开窗、凸窗、平开门、子母门等常见的门窗类型。

执行【门窗】命令的方法有：

● 屏幕菜单：【门窗】|【门窗】命令
● 命令行：MC

【课堂举例5-1】绘制门窗

01 按快捷键Ctrl+O，打开配套光盘提供的"第5课/5.1.1绘制门窗.dwg"文件，如图5-1所示。

02 执行【门窗】|【门窗】命令，弹出如图5-2所示的【门】对话框。

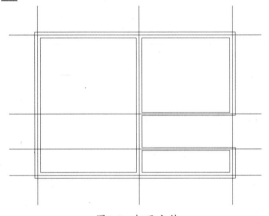

图5-1　打开文件　　　　　　　　　　　图5-2　【门】对话框

03 单击对话框左侧的预览窗口，在打开【天正图库管理系统】对话框中选择的门平面样式，如图5-3所示。

04 双击门样式图标，返回【门】对话框；单击对话框右侧的预览窗口，在打开的【天正图库管理系统】对话框中选择门的立面样式，如图5-4所示。

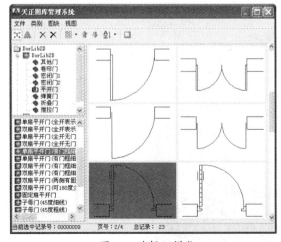

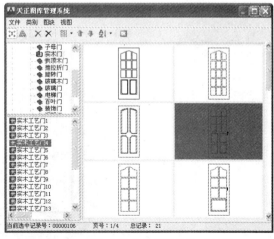

图5-3　选择门样式　　　　　　　　图5-4　【天正图库管理系统】对话框

05 双击门样式图标，返回【门】对话框，设置单开门的参数，如图5-5所示。

06 在对话框中单击【自由插入，左鼠标点取的墙段位置插入】按钮，将光标移至需要插入门窗的墙端上，如图5-6所示。

图5-5 设置参数

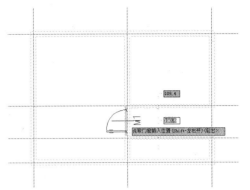

图5-6 移动光标

07 按Shift键，改变方向，再输入距上方轴线的距离为500，如图5-7所示。

08 插入门的结果，如图5-8所示。

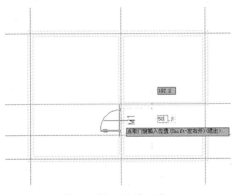

图5-7 输入偏移距离

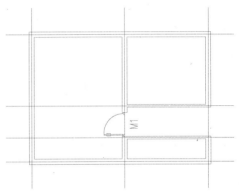

图5-8 插入门结果

09 在命令行中输入MC，弹出的【门】对话框中，设置参数，单击【垛宽定距插入】按钮，如图5-9所示。

10 将光标移至墙段上，按Shift键改变方向，插入门，结果如图5-10所示。

图5-9 设置参数

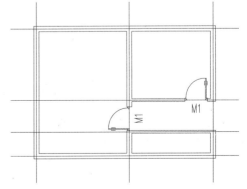

图5-10 插入门

11 在【门】对话框中分别选择双扇推拉门的二维样式和三维样式，并在对话框中设置门参数，如图5-11所示；单击【在点取的墙段上等分插入】按钮，在绘图区中插入，结果如图5-12所示。

图5-11 设置参数

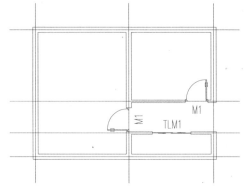

图5-12 插入推拉门

12 在【门】对话框中单击【插窗】按钮 ▦，在弹出的【窗】对话框中设置参数，如图 5-13 所示。

13 在对话框中单击【在点取的墙段上等分插入】按钮 ▥，在绘图区中点取窗的位置和开向，插入窗图形的结果，如图5-14所示。

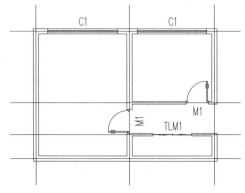

图5-14 插入窗

图5-13 设置参数

【门/窗】对话框功能选项的含义如下。

● 【自由插入】▦：自定义门窗的插入位置，并可以按Shift键切换门的开启方向。

● 【沿墙顺序插入】▦：选择要插入门窗的墙体，指定门窗的离墙间距，单击鼠标即可插入门窗图形。

● 【依据点取位置两侧的轴线进行等分插入】▦：点取门窗的插入位置，按命令行的提示选择参考轴线，以轴线为中线插入门窗图形。

● 【在点取的墙段上等分插入】▦：可以在点取的墙段上等分插入门窗图形，门窗距左右或上下两边的墙距离相等。

● 【垛宽定距插入】▦：通过指定门窗图形距某一边墙体的距离参数来插入图形。

● 【轴线定距插入】▦：通过指定轴线与门窗图形之间的距离参数来插入图形。

● 【按角度插入弧墙上的门窗】▨：单击此按钮，可以在所选择的弧墙上插入门窗。

● 【充满整个墙段插入门窗】▦：单击此按钮，门窗的插入将填满整段墙。

5.1.2 组合门窗

【组合门窗】命令可以将已经插入两个以上的普通门窗组合为一个综合门窗。

执行【组合门窗】命令的方法有：

● 屏幕菜单：【门窗】|【组合门窗】命令

● 命令行：ZHMC

【课堂举例5-2】组合门窗

01 按快捷键Ctrl+O，打开配套光盘提供的"第5课/5.1.2组合门窗.dwg"文件，如图5-15所示。

02 执行【门窗】|【组合门窗】命令，选择门窗图形，按空格键确定，如图5-16所示。

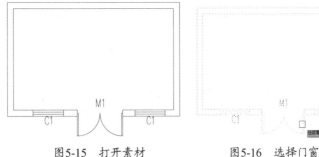

图5-15　打开素材　　　　　图5-16　选择门窗图形

03 输入新的编号名称，如图5-17所示。

04 按Enter键完成门窗组合，结果如图5-18所示。

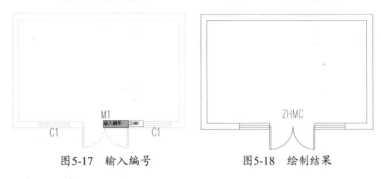

图5-17　输入编号　　　　　图5-18　绘制结果

5.1.3　带形窗

带形窗是跨越多段墙体的多扇普通窗的组合。

【带形窗】命令可以在一段或多段墙上插入带形窗。各扇窗共用一个编号，窗的宽度与墙体的宽度相同。

执行【带形窗】命令的方法有：

● 屏幕菜单：【门窗】|【带形窗】命令

● 命令行：DXC

【课堂举例5-3】绘制带形窗

01 按快捷键Ctrl+O，打开配套光盘提供的"第5课/5.1.3带形窗.dwg"文件，如图5-19所示。

02 执行【门窗】|【带形窗】命令，在弹出的【带形窗】对话框中设置窗户的参数，结果如图5-20所示。

03 分别指定带形窗的起点和终点，再选择窗户所经过的墙体，按Enter键完成绘制，如图5-21所示。

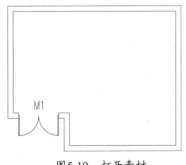

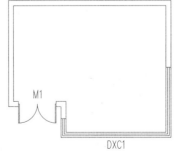

图5-19　打开素材　　　图5-20　【带形窗】对话框　　　图5-21　绘制效果

5.1.4　转角窗

【转角窗】命令可以在墙角插入转角窗或转角凸窗，两侧可以有挡板。转角窗指跨越两段相邻转角墙体的平窗或凸窗。

执行【转角窗】命令的方法有：

● 屏幕菜单：【门窗】|【转角窗】命令

● 命令行：ZJC

【课堂举例5-4】绘制转角窗

01 按快捷键Ctrl+O，打开配套光盘提供的"第5课/5.1.4转角窗.dwg"文件，如图5-22所示。

02 执行【门窗】|【转角窗】命令，在弹出的【绘制角窗】对话框中设置参数，如图5-23所示。

03 勾选【凸窗】复选框，单击"红色三角形"按钮，展开更多参数，设置参数如图5-24所示。

图5-22 打开素材　　　图5-23 【绘制角窗】对话框　　　图5-24 设置参数

04 按照命令行提示点取内墙角并指定第一和第二转角距离，按 Enter 完成绘制，结果如图 5-25 所示。

05 转角凸窗的三维效果，如图5-26所示。

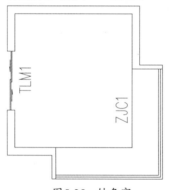

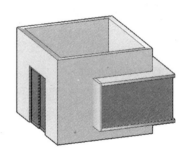

图5-25 转角窗　　　　　图5-26 三维效果

5.1.5 异形洞

　　【异形洞】命令可以在墙面按给定的闭合多段线生成任意形状的洞口，如图5-27所示。

　　执行【异形洞】命令的方法有：

　　● 屏幕菜单：【门窗】|【异形洞】命令

　　● 命令行：YXD

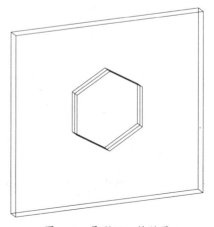

图5-27 异形洞三维效果

5.2 门窗编辑和工具

TArch 2.13可以通过编辑门窗夹点编辑门窗，不需要任何命令。还可以通过专门的命令进行反转。

5.2.1 门窗规整

【门窗规整】命令可以使门窗按照指定的规则整理获得正确的门窗位置。

执行【门窗规整】命令的方法有：

● 屏幕菜单：【门窗】|【门窗规整】命令

● 命令行：MCGZ

如图5-28所示为【门窗规整】对话框。

图5-28 【门窗规整】对话框

5.2.2 门窗填墙

【门窗填墙】命令可以在删除选择的门窗后填补上指定材料的墙体。带型窗、转角窗和老虎窗不能适用于该命令。

执行【门窗填墙】命令的方法有：

● 屏幕菜单：【门窗】|【门窗填墙】命令

● 命令行：MCTQ

如图5-29所示为门窗填墙前的状态，如图5-30所示为门窗填墙后的状态。

图5-29 门窗填墙前

图5-30 门窗填墙后

5.2.3 内外翻转

【内外翻转】命令选择需要反转的门窗对象，统一以墙中为轴线进行翻转。

执行【内外翻转】命令的方法有：

● 屏幕菜单：【门窗】|【内外翻转】命令

● 命令行：NWFZ

【课堂举例5-5】内外翻转

01 按快捷键Ctrl+O，打开配套光盘提供的"第5课/5.2.1内外翻转.dwg"文件，如图5-31所示。

02 执行【门窗】|【内外翻转】命令，框选门窗。

03 按Enter键结束操作，内外翻转的操作结果如图5-32所示。

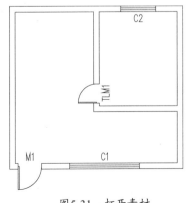

图5-31 打开素材

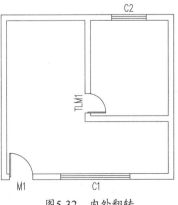

图5-32 内外翻转

5.2.4 左右翻转

【左右翻转】命令可以选择需要反转的门窗对象，统一以门窗中垂线为轴线进行翻转。

执行【左右翻转】命令的方法有：

● 屏幕菜单：【门窗】|【左右翻转】命令

【课堂举例5-6】左右翻转

01 按快捷键 Ctrl+O，打开配套光盘提供的"第 5 课 /5.2.2 左右翻转 .dwg"素材文件，如图 5-33 所示。

02 执行【门窗】|【左右翻转】命令，选择门窗图形，按Enter键结束操作，左右翻转的操作结果，如图5-34所示。

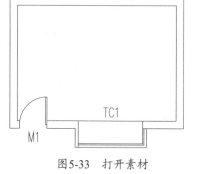

图5-33 打开素材

图5-34 左右翻转

5.2.5 添加门窗套

【门窗套】命令可以在门窗两侧加墙垛，三维显示为周围加全门窗框套。

执行【门窗套】命令的方法有：

● 屏幕菜单：【门窗】|【门窗工具】|【门窗套】命令

● 命令行：MCT

【课堂举例5-7】添加门窗套

01 按快捷键Ctrl+O，打开配套光盘提供的"第5课/5.2.3门窗套.dwg"文件，如图5-35所示。

02 执行【门窗】|【门窗工具】|【门窗套】命令，在弹出的【门窗套】对话框中设置参数，如图5-36所示。

03 选择外墙上的门窗按空格键确定，点取门窗套所在的一侧，添加门窗套的结果，如图5-37所示。

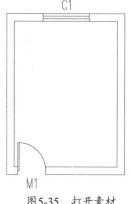

图5-35 打开素材

图5-36 【门窗套】对话框

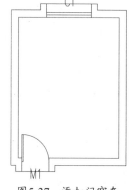

图5-37 添加门窗套

5.2.6 添加门口线

【门口线】命令可以在平面图上指定的一个或多个门的某一侧添加门口线，也可以一次为门加双侧门口线。

执行【门口线】命令的方法有：

● 屏幕菜单：【门窗】|【门窗工具】|【门口线】命令

● 命令行：MKX

【课堂举例5-8】添加门口线

01 按快捷键Ctrl+O，打开配套光盘提供的"第5课/5.2.4添加门口线.dwg"文件，如图5-38所示。

02 执行【门窗】|【门窗工具】|【门口线】命令，在弹出的【门口线】对话框中设置参数，如图5-39所示。

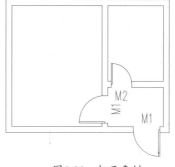

图5-38 打开素材

图5-39 【门口线】对话框

03 选择左侧的M1门，在门图形的下方单击指定门口线的添加位置，添加单侧门口线的结果，如图5-40所示。

04 在【门口线】对话框中选择"居中"选项，为M2门添加门口线的结果，如图5-41所示。

05 在【门口线】对话框中选择"双侧"选项，为下方M1门添加门口线的结果，如图5-42所示。

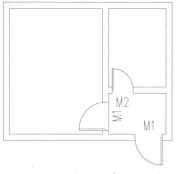

图5-40 添加单侧门口线

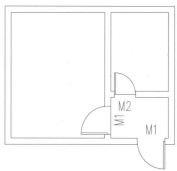

图5-41 添加居中门口线

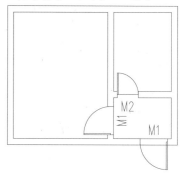

图5-42 添加双侧门口线

技巧

在【门口线】对话框中选择"消门口线"选项，在图形中选择已添加门口线的门图形，即可将门口线消除。

5.2.7 添加装饰套

【加装饰套】命令可为选定的门窗添加各种装饰风格和参数的三维门窗套。

执行【装饰套】命令的方法有：

● 屏幕菜单：【门窗】|【门窗工具】|【加装饰套】命令

● 命令行：JZST

【课堂举例5-9】加装饰套

01 按快捷键Ctrl+O，打开配套光盘提供的"第5课/5.2.7加装饰套.dwg"文件，如图5-43所示。

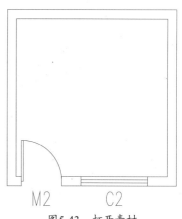

图5-43 打开素材

02 执行【门窗】|【门窗工具】|【加装饰套】命令，弹出【门窗套设计】对话框，单击"取自截面库"按钮，如图5-44所示。

03 在弹出的【天正图库管理系统】对话框中选择门套线的截面图形，如图5-45所示。

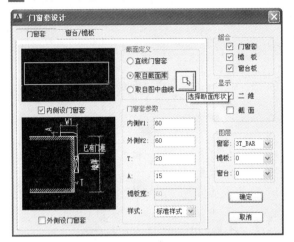

图5-44 【门窗套设计】对话框

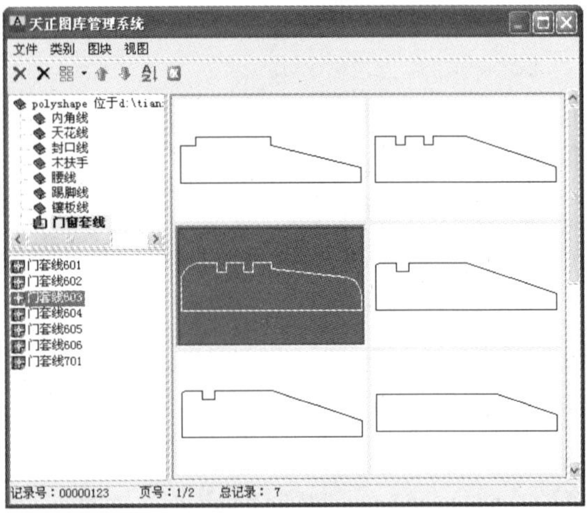

图5-45 选择图形

04 双击截面图形，返回【门窗套设计】对话框；单击【确定】按钮关闭对话框，在绘图区中选择需要添加装饰套的门窗图形，指定添加位置，结果如图5-46所示。

05 装饰套的三维显示效果，如图5-47所示。

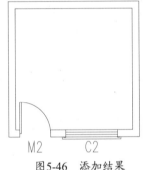

图5-46 添加结果

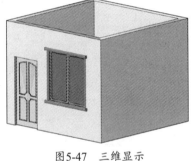

图5-47 三维显示

5.2.8 窗棂展开

【窗棂展开】命令可以把窗玻璃在图上按立面尺寸展开，用户可以以直线和圆弧线添加窗棂分割线。

执行【窗棂展开】命令的方法有：

● 屏幕菜单：【门窗】|【门窗工具】|【窗棂展开】命令

● 命令行：CLZK

【课堂举例5-10】窗棂展开

01 按快捷键Ctrl+O，打开配套光盘提供的"第5课/5.2.6窗棂展开.dwg"文件，如图5-48所示。

02 执行【门窗】|【门窗工具】|【窗棂展开】命令，选择ZJC1窗图形，单击点取展开位置，窗棂展开的结果，如图5-49所示。

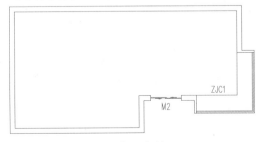

图5-48 打开素材

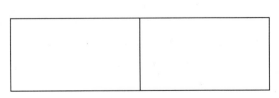

图5-49 窗棂展开

5.2.9 窗棂映射

【窗棂映射】命令可以把门窗立面展开图上由用户定义的立面窗棂分格线，在目标门窗上按默认尺寸映射。

执行【窗棂映射】命令的方法有：

● 屏幕菜单：【门窗】|【门窗工具】|【窗棂映射】命令
● 命令行：CLYS

【课堂举例5-11】窗棂映射

01 执行 L【直线】命令，在图 5-49 窗棂展开操作得到的窗立面图上添加窗棂分格线，如图 5-50 所示。

02 执行【门窗】|【门窗工具】|【窗棂映射】命令，选择待映射的窗，按空格键确定，如图5-51所示。

图5-50 添加窗棂分格线

图5-51 选择待映射的窗

03 选择待映射的棱线，按空格键确定，如图5-52所示。

04 单击选定基点，如图5-53所示。

图5-52 选择窗图形

图5-53 选择待映射的窗

05 如图5-54所示为进行窗棂映射前后，窗图形的对比。

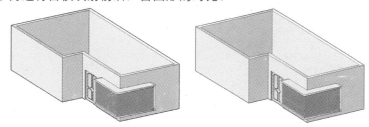

图5-54 映射前后对比

5.3 门窗编号和门窗表

对绘制完成的门窗进行编号，以方便查看、更改数据。TArch 2013提供了门窗编号和创建门窗表的工具，帮助用户快速地创建门窗编号及门窗表，在绘制繁杂的建筑图纸时，该工具尤其能发挥大用处。

本节介绍创建门窗编号和门窗表的方法。

5.3.1　编号设置

【编号设置】命令用于设置门窗自动编号的编号规则。

执行【编号设置】命令的方法有：

● 屏幕菜单：【门窗】|【编号设置】命令

● 命令行：BHSZ

如图5-55所示为【编号设置】对话框。

图5-55　【编号设置】对话框

5.3.2　门窗编号

【门窗编号】命令可以生成或修改门窗编号，也可以根据普通门窗的门洞尺寸编号，还能删除已经编号的门窗。

执行【门窗编号】命令的方法有：

● 屏幕菜单：【门窗】|【门窗编号】命令

● 命令行：MCBH

【课堂举例5-12】门窗编号

01 按快捷键Ctrl+O，打开配套光盘提供的"第5课/5.3.1门窗编号.dwg"文件，如图5-56所示。

02 执行【门窗】|【门窗编号】命令，选择需编号的门窗，根据命令行的提示输入S，选择"自动编号"选项，即可完成门窗编号的操作，结果如图5-57所示。

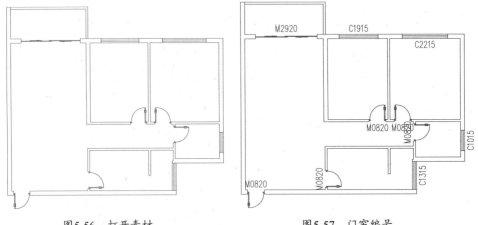

图5-56　打开素材　　　　　　　　图5-57　门窗编号

技巧

选择"自动编号"选项，系统会自动将尺寸相同的门窗赋予同样的编号。

5.3.3　门窗检查

【门窗检查】命令可以使用电子表格检查当前图中已插入的门窗数据。

执行【门窗检查】命令的方法有：

● 屏幕菜单：【门窗】|【门窗检查】命令

● 命令行：MCJC

如图5-58所示为提取的例5-12中的门窗检查表。

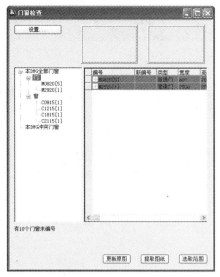

图5-58　门窗检查表

5.3.4　门窗表

【门窗表】命令用于统计本工程中本图或多个平面图的门窗编号，并生成门窗表。

执行【门窗表】命令的方法有：

● 屏幕菜单：【门窗】|
【门窗表】命令

● 命令行：MCB

如图5-59所示为生成的门窗表。

门窗表

类型	设计编号	洞口尺寸(mm)	数量	图集名称	页次	适用型号	备注
普通门	M0820	800X2000	2				
	M1120	1100X2000	1				
	M2020	2000X2000	1				
普通窗	C1515	1500X1500	3				
	C2015	2000X1500	3				

图5-59　门窗表

> **注意**
> 【门窗表】命令只能按Enter键确认，按空格键无效。

5.3.5　门窗总表

【门窗总表】命令可以统计本工程中多个平面图所使用的门窗参数，检查后生成门窗总表。

在TArch 2013中执行【门窗总表】命令，可以在命令行中输入MCZB，单击鼠标右键即可完成创作门窗总表的操作。

执行【门窗总表】命令的方法有：

● 菜单栏：【门窗】|【门窗总表】命令

● 命令行：MCZB

如图5-60所示为生成的门窗总表。

门窗表

类型	设计编号	洞口尺寸(mm)	数量				图集选用			备注
			1	2	3	合计	图集名称	页次	适用型号	
普通门	M0820	800X2000	2	2	2	6				
	M1120	1100X2000	1	1	1	3				
	M2020	2000X2000	1	1	1	3				
普通窗	C1515	1500X1500	3	3	3	9				
	C2015	2000X1500	3	3	3	9				

图5-60　门窗总表

> **注意**
> 在创建门窗总表前，要先新建工程创建楼层表，否则不能提取门窗总表。新建工程的方法和步骤在后面的课节会有详细介绍，在此不做重复介绍。

5.4 实例应用

门窗按其所处的位置不同分为围护构件或分隔构件，有不同的设计要求要分别具有保温、隔热、隔声、防水、防火等功能。门和窗是建筑物围护结构系统中重要的组成部分。本节通过绘制办公类和别墅类建筑，巩固之前学习的知识。

5.4.1 绘制办公楼平面图中的门窗图形

在完成了门窗的创建及编辑的基本知识的学习后，本节以办公楼门窗图形的绘制为例，介绍在实际绘图中门窗创建和编辑的方法。

01 按快捷键Ctrl+O，打开配套光盘提供的"第5课/5.4.1绘制办公楼平面图门窗图形.dwg"文件，如图5-61所示。

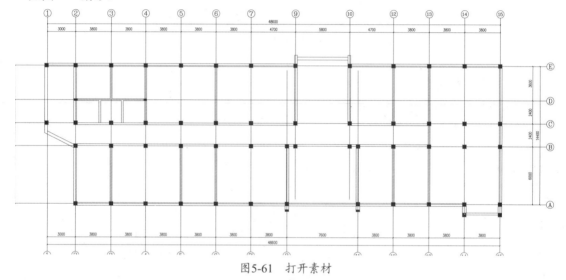

图5-61 打开素材

02 执行MC【门窗】命令，弹出【门】对话框，设置参数如图5-62所示。

03 单击【垛宽定距插入】按钮，在绘图区中点取门的插入位置和开启方向，插入卫生间门图形的结果，如图5-63所示。

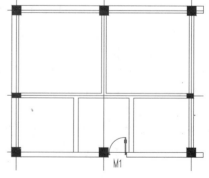

图5-63 插入门图形

图5-62 设置参数

04 执行 MC【门窗】命令，弹出【门】对话框，单击【插门连窗】按钮，设置参数如图 5-64 所示。

05 单击【垛宽定距插入】按钮，在绘图区中点取门的插入位置和开启方向，插入卫生间门图形的结果，如图5-65所示。

图5-64 设置参数

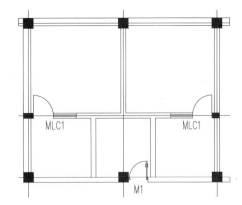

图5-65 插入门图形

06 执行MC【门窗】命令,设置参数,如图5-66所示。

07 单击【在点取的墙段上等分插入】按钮,在绘图区中点取门的插入位置和开启方向,插入卫生间门图形的结果,如图5-67所示。

图5-66 设置参数

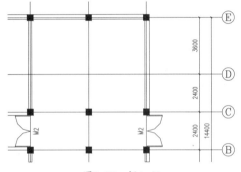

图5-67 插入门

08 执行MC【门窗】命令,弹出【门】对话框,设置参数,如图5-68所示。

图5-68 设置参数

09 单击【垛宽定距插入】按钮,在绘图区中点取门的插入位置和开启方向,插入门图形的结果,如图5-69所示。

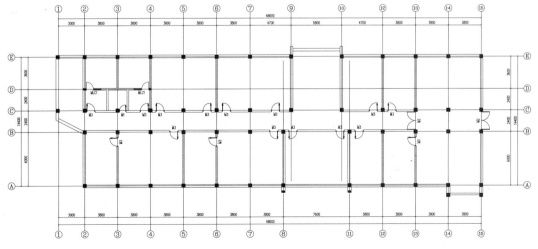

图5-69 插入门

10 继续执行MC【门窗】命令，参数不变，单击【自由插入】按钮，在绘图区中点取门的插入位置和开启方向，插入门图形的结果，如图5-70所示。

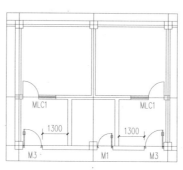
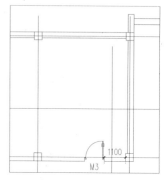

图5-70 插入图形

11 继续执行MC【门窗】命令，选择【插窗】按钮，设置参数，如图5-71所示。

12 单击【自由插入】按钮，在绘图区中点取门的插入位置和开启方向，插入门图形的结果，如图5-72所示。

图5-71 设置参数

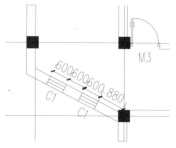

图5-72 插入窗

13 继续执行MC【门窗】命令，选择【插窗】，设置参数，如图5-73所示。

14 单击【垛宽定距插入】按钮，在绘图区中点取门的插入位置和开启方向，插入门图形的结果，如图5-74所示。

图5-73 设置参数

图5-74 插入窗

15 单击【在点取的墙段上等分插入】按钮，在绘图区中点取窗的插入位置和开启方向，插入窗的结果，如图5-75所示。

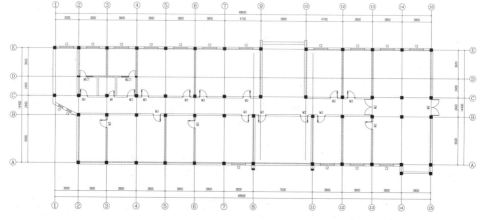

图5-75 插入窗

16 继续执行MC【门窗】命令，改变"窗宽"为3000，其他参数不变，单击【在点取的墙段上等分插入】按钮，并插入窗。然后再将窗宽设为5400，并插入窗，最终结果如图5-76所示。

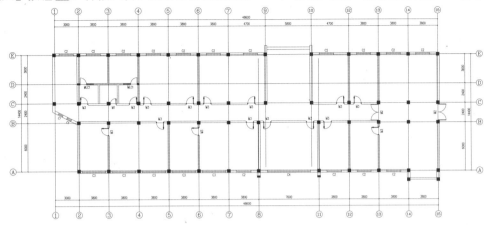

图5-76 插入窗

5.4.2 绘制别墅平面图门窗图形

01 按快捷键Ctrl+O，打开配套光盘提供的"5.4.2 绘制别墅平面图门窗.dwg"文件，如图5-77所示。

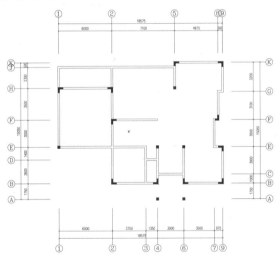

图5-77 素材图形

02 执行MC【门窗】命令，弹出【门】对话框。在【门】对话框中单击【插窗】按钮，在弹出的【窗】对话框中设置参数，如图5-78所示。

图5-78 设置参数

03 在对话框中单击【垛宽定距插入】按钮，在绘图区中点取窗的位置和开向，插入窗图形的结果，如图5-79所示。

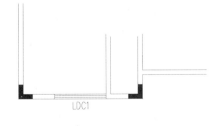

图5-79 插入结果

04 在【窗】对话框中设置垛宽定距为800，如图5-80所示。

图5-80　设置参数

05 在绘图区中点取窗的插入位置和开启方向，插入窗图形的结果，如图5-81所示。

06 单击【在点取的墙段上等分插入】按钮，在绘图区中插入窗图形，结果如图5-82所示。

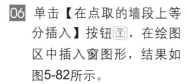

图5-81　插入窗图形　　　图5-82　插入图形

07 继续执行MC【门窗】命令，在【窗】对话框中设置参数，如图5-83所示。

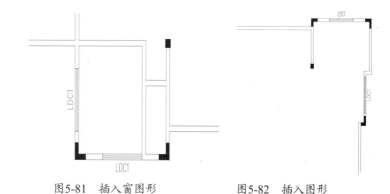

图5-83　设置参数

08 单击【在点取的墙段上等分插入】按钮，在绘图区中插入窗图形，如图5-84所示。

09 执行MC【门窗】命令，设置参数，如图5-85所示。

图5-84　插入图形

图5-85　设置参数

10 按照上述方式插入窗图形，如图5-86所示。

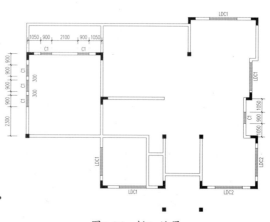

图5-86　插入结果

11 在【窗】对话框中单击"插门"按钮，在【门】对话框中设置参数，如图5-87所示。

图5-87 设置门参数

12 单击【在点取的墙段上等分插入】按钮，在绘图区中插入门图形，如图5-88所示。

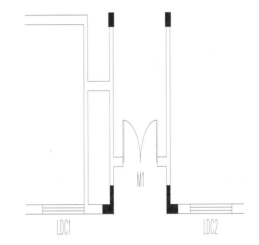

图5-88 绘制结果

13 继续执行MC【门窗】命令，在【门】对话框中设置参数，如图5-89所示。

图5-89 设置门参数

14 按上述方式插入图块，如图5-90所示。

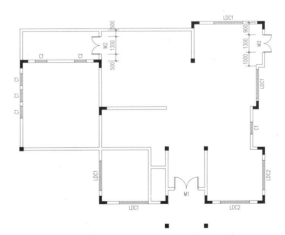

图5-90 绘制结果

15 执行MC【门窗】命令，在【门】对话框中设置参数，如图5-91所示。

图5-91 设置门参数

16 按上述方式插入门图块，结果如图5-92所示。

17 别墅平面图中门窗图形的结果，如图5-93所示。

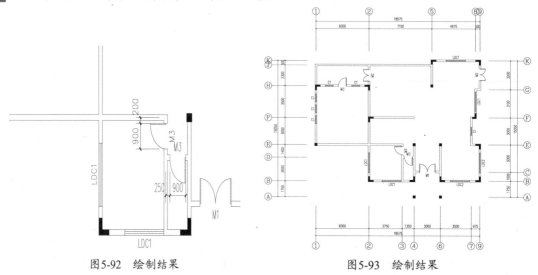

图5-92 绘制结果

图5-93 绘制结果

5.5 拓展训练

5.5.1 绘制居民楼平面图

本节通过对如图5-94所示平面图的绘制，练习在建筑平面图中门窗的绘制方法。

01 打开配套光盘提供的"第5课/5.5.1.dwg"素材文件，如图5-95所示。

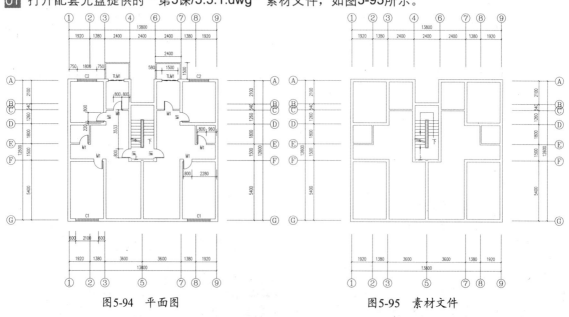

图5-94 平面图

图5-95 素材文件

02 执行MC【门窗】命令，插入窗户，如图5-96所示和图5-97所示。

03 执行MC【门窗】命令，插入平开门，如图5-98所示。

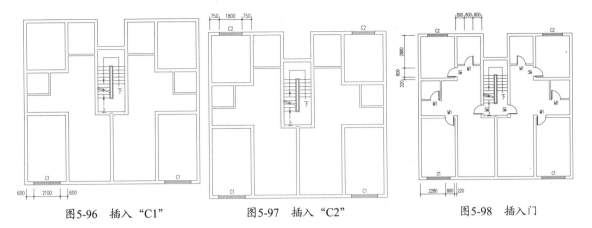

图5-96　插入 "C1"　　　　图5-97　插入 "C2"　　　　图5-98　插入门

04 执行MC【门窗】命令，插入推拉门，如图5-99所示。

05 执行YT【阳台】命令，绘制阳台，如图5-100所示。

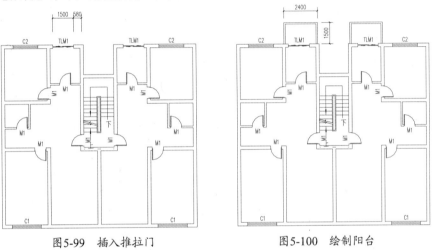

图5-99　插入推拉门　　　　　　图5-100　绘制阳台

5.5.2　修改户型门窗

本节通过如图5-101所示图形的绘制，练习对已有门窗的编辑与修改。

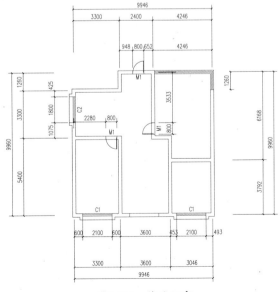

图5-101　修改门窗

01　打开配套光盘提供的"第5课/5.5.2.dwg"素材文件，如图5-102所示。

02　执行MCTQ【门窗填墙】命令，将不需要的窗户填墙，如图5-103所示。

03　执行MCT【门窗套】命令，为窗户加窗套，如图5-104所示。

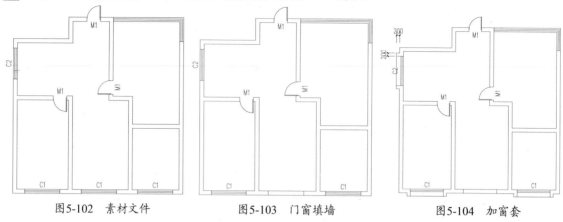

图5-102　素材文件　　　　图5-103　门窗填墙　　　　图5-104　加窗套

04　执行NWFZ【内外翻转】命令，内外翻转窗户，如图5-105所示。

05　执行MKX【门口线】命令，为门添加门口线，如图5-106所示。

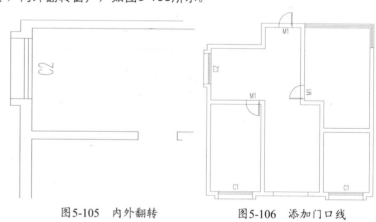

图5-105　内外翻转　　　　图5-106　添加门口线

第6课
室内外设施

室内外构件是附属于建筑中并依靠建筑而存在的建筑构件，用户在创建完墙体、门窗等对象后，还需要对室内外构件进行布置。室内构件包括，楼梯、电梯、扶手和栏杆等；而室外构件包括，阳台、台阶、坡道和散水等。

本课详细讲解了使用TArch 2013创建各种室内外设施的方法。

【本课知识要点】

掌握创建楼梯的方法。
掌握室外设施的方法。

6.1 创建楼梯

TArch 2013提供了由自定义对象建立的基本梯段对象，包括：直线、圆弧、任意梯段、双跑楼梯、多跑楼梯。各种楼梯与柱子在平面相交时，楼梯可以被柱子自动裁剪。

本节将向读者介绍创建楼梯的方法，包括，梯段、楼梯、电梯、自动扶梯等的绘制方法。

▌6.1.1 直线梯段

直线梯段是最常见的楼梯样式之一，也是TArch 2013中最基本的楼梯样式。

【直线梯段】命令可以在对话框中输入楼梯参数绘制直线梯段，可以单独使用或用于组合复杂楼梯与坡道。

执行【直线梯段】命令的方法有：

● 屏幕菜单：【楼梯其他】|【直线梯段】命令
● 命令行：ZXTD

【课堂举例6-1】创建直线梯段

01 执行【楼梯其他】|【直线梯段】命令，在弹出的【直线梯段】对话框中设置参数，如图 6-1 所示。

02 在绘图区中点取插入位置，即可完成梯段的创建，如图6-2所示。

03 直线梯段三维效果，如图6-3所示。

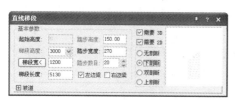
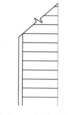

图6-1 【直线梯段】对话框　　　　图6-2 直线梯段　　图6-3 直线梯段三维效果

▌6.1.2 圆弧梯段

圆弧梯段在居住建筑方面多用于别墅，而在公共建筑方面，则多用于商场、酒店等人流量比较密集的场所。圆弧梯段不仅可以有助于疏散人流，其建筑外形的美观大方也是建筑师所追求的目的之一。

【圆弧梯段】命令用于创建单段弧线型梯段，适合单独的圆弧楼梯，也可以与直线楼梯组合。

执行【圆弧梯段】命令的方法有：

● 屏幕菜单：【楼梯其他】|【圆弧梯段】命令
● 命令行：YHTD

【课堂举例6-2】创建圆弧梯段

01 执行【楼梯其他】|【圆弧梯段】命令，在弹出的【圆弧梯段】对话框中设置参数，如图 6-4 所示。

02 在绘图区中点取插入位置，即可完成梯段的创建，如图6-5所示。

03 圆弧梯段三维效果，如图6-6所示。

图6-4 【圆弧梯段】对话框　　　　图6-5 圆弧梯段　　图6-6 圆弧梯段三维效果

【圆弧楼梯】对话框中的功能选项的含义如下。

- 【内圆半径】：可以自定义圆弧梯段的内圆半径参数，要注意不能大于外圆的半径参数。
- 【外圆半径】：自定义圆弧梯段的外圆半径参数。
- 【起始角】：输入角度参数，可以改变圆弧梯段插入的起始角。
- 【圆心角】：设置圆弧梯段的圆心角参数，注意参数不能太小，而最大值则为350°。
- 【左边梁】：勾选此项，可以在梯段的左边添加扶手。
- 【右边梁】：勾选此项，可以在梯段的右边添加扶手。

6.1.3 任意梯段

【任意梯段】命令能以用户预先绘制的直线或弧线作为梯段两侧边界，创建形状多变的梯段。

执行【任意梯段】命令的方法有：

- 屏幕菜单：【楼梯其他】|【任意梯段】命令
- 命令行：RYTD

【课堂举例6-3】创建任意梯段

01 按快捷键Ctrl+O，打开配套光盘提供的"第6课/6.1.3绘制任意梯段素材.dwg"文件，如图6-7所示。

02 执行【楼梯其他】|【任意梯段】命令，分别点取左侧边线及右侧边线，在弹出的【任意梯段】对话框中设置参数，如图6-8所示。

03 在对话框中单击【确定】按钮，即可完成任意梯段的创建，结果如图6-9所示。

04 任意楼梯三维效果，如图6-10所示。

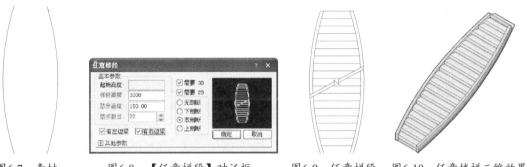

图6-7 素材　　　图6-8 【任意梯段】对话框　　　图6-9 任意梯段　　图6-10 任意楼梯三维效果

6.1.4 双跑楼梯

双跑楼梯由两跑直线梯段、一个休息平台、一或两个扶手和一组或两组栏杆构成的自定义对象。

【双跑楼梯】命令可以在对话框中输入楼梯参数，直接绘制双跑楼梯。

执行【双跑楼梯】命令的方法有：

- 屏幕菜单：【楼梯其他】|【双跑楼梯】命令
- 命令行：SPLT

【课堂举例6-4】创建双跑楼梯

01 执行【楼梯其他】|【双跑楼梯】命令，在弹出的【双跑楼梯】对话框中设置参数，结果如图6-11所示。

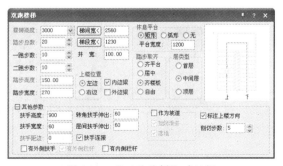

图6-11 【双跑楼梯】对话框

02 在绘图区中点取楼梯的插入位置，即可完成双跑楼梯的创建，结果如图6-12所示。

03 双跑楼梯三维效果，如图6-13所示。

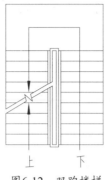

图6-12　双跑楼梯

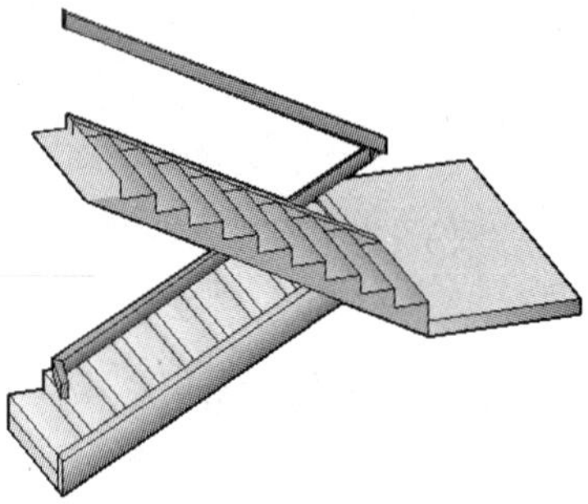

图6-13　双跑楼梯的三维效果

【双跑楼梯】对话框中的功能选项的含义如下。

- 【一跑步数】：即上楼的步数参数。
- 【二跑步数】：即下楼的步数参数。
- 【梯间宽】：即梯段宽和井宽的宽度总和。
- 【梯段宽】：单个上楼梯段或下楼梯段的宽度参数。
- 【左边】：勾选此项，即上楼梯段在左边。
- 【右边】：勾选此项，即上楼梯段在右边。
- 【矩形】：勾选此项，即上楼平台为矩形，勾选【弧形】选项则为弧形，而矩形平台是常见的楼梯平台，故在绘制双跑楼梯时，多勾选此项。
- 【首层】：勾选此项，即所绘制的楼梯图形将会自行进行更改，以适应绘图需要；而勾选其他楼层选项，则楼梯图形则以该层状态进行显示。
- 【标注上楼方向】：勾选此项，则绘制完成的楼梯图形则自动标注上楼方向，不勾选则不进行标注。
- 【剖切步数】：自定义设置剖切步数。

6.1.5　多跑楼梯

多跑楼梯用于创建由梯段开始且以梯段结束、梯段和休息平台交替布置的不规则楼梯。

【多跑楼梯】命令可以通过输入关键点来建立多跑楼梯。

执行【多跑楼梯】命令的方法有：

- 屏幕菜单：【楼梯其他】|【多跑楼梯】命令
- 命令行：DPLT

【课堂举例6-5】创建多跑楼梯

01 执行【楼梯其他】|【多跑楼梯】命令，在【多跑楼梯】对话框中设置参数，结果如图6-14所示。

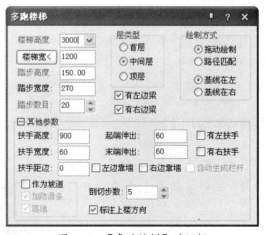

图6-14　【多跑楼梯】对话框

02 在绘图区中点取梯段的起点，垂直向上移动鼠标，在梯段显示6/20时，单击鼠标确定位置，如图6-15所示。

03 输入1200，按Enter键，如图6-16所示。

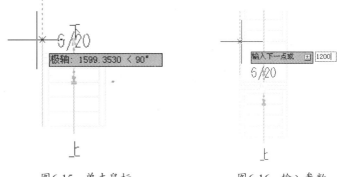

图6-15 单击鼠标　　　　　图6-16 输入参数

04 根据命令行的提示输入T，鼠标向右移动，在梯段上显示8,14/20时单击鼠标左键，如图6-17所示。

05 输入1200，按Enter键，如图6-18所示。

06 输入T，鼠标向下移动，在梯段上显示5,20/20时单击鼠标确定位置，如图6-19所示。

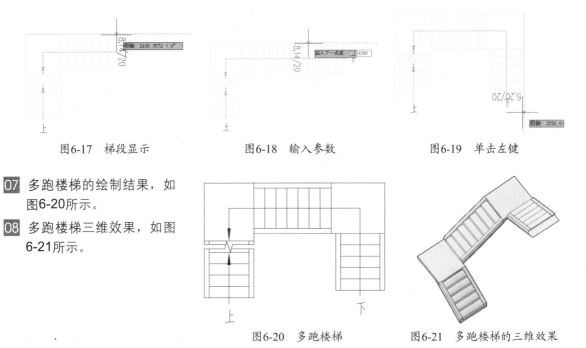

图6-17 梯段显示　　　　　图6-18 输入参数　　　　　图6-19 单击左键

07 多跑楼梯的绘制结果，如图6-20所示。

08 多跑楼梯三维效果，如图6-21所示。

图6-20 多跑楼梯　　　　图6-21 多跑楼梯的三维效果

【多跑楼梯】对话框中的功能选项的含义如下。

● 【拖动绘制】：此为默认的绘制方式，即按照用户在绘制过程中所指定的路径进行拖曳绘制。

● 【路径匹配】：勾选此项，在绘图区中选择梯段左边的路径，按Enter键即可完成多跑楼梯的绘制。

● 【基线在左】：勾选此项，则绘制基点在梯段的左侧，反之亦然。

6.1.6 双分平行楼梯

双分平行楼梯指可以选择从中间梯段上楼或者从两边梯段上楼的平行楼梯。

使用双分平行楼梯，可以通过设置平台的宽度来解决复杂的梯段关系。

【双分平行楼梯】命令可以在对话框中输入楼梯参数绘制双分平行楼梯。

执行【双分平行】命令的方法有：

- 屏幕菜单:【楼梯其他】|【双分平行楼梯】命令
- 命令行:SFPX

【课堂举例6-6】创建双分平行楼梯

01 执行【楼梯其他】|【双分平行楼梯】命令,在弹出的【双分平行楼梯】对话框中设置参数,如图6-22所示。

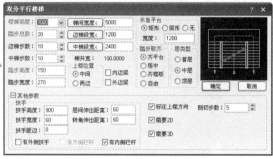

图6-22 【双分平行楼梯】对话框

02 单击【确定】按钮,在绘图区中单击梯段的插入位置,即可完成双分平行楼梯的创建,结果如图6-23所示。

03 双分平行楼梯三维效果,如图6-24所示。

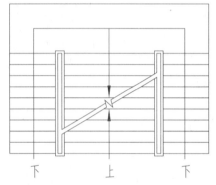

图6-23 双分平行楼梯

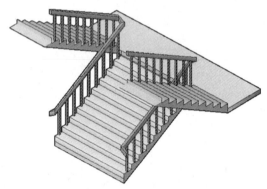

图6-24 双分平行楼梯三维效果

6.1.7 双分转角楼梯

双分转角楼梯指可以选择从中间梯段上楼或从两边梯段上楼的平面呈T字形的楼梯。

【双分转角楼梯】命令可以在对话框中输入楼梯参数,直接绘制双分转角楼梯。

执行【双分转角】命令的方法有:

- 屏幕菜单:【楼梯其他】|【双分转角楼梯】命令
- 命令行:SFZJ

【课堂举例6-7】创建双分转角楼梯

01 执行【楼梯其他】|【双分转角楼梯】命令,在弹出的【双分转角楼梯】对话框中设置参数,如图6-25所示。

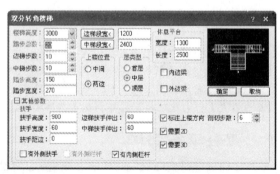

图6-25 【双分转角楼梯】对话框

02 单击【确定】按钮,在绘图区中单击梯段的插入位置,即可完成双分转角楼梯的创建,结果如图6-26所示。

03 双分转角楼梯三维效果，如图6-27所示。

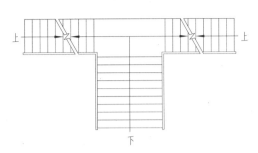

图6-26 双分转角楼梯　　　　　图6-27 双分转角楼梯的三维效果

【双分转角楼梯】对话框中的功能选项的含义如下。

● 【中间】：勾选此项，则上楼位置在双分转角楼梯的中间。

● 【两边】：勾选此项，则上楼位置在双分转角楼梯的两边。

6.1.8　双分三跑楼梯

双分三跑楼梯指可以选择从中间梯段上楼，或者从两边梯段上楼，有三个休息平台的楼梯。

【双分三跑楼梯】命令可以在对话框中输入楼梯参数，直接绘制双分三跑楼梯。

执行【双分三跑】命令的方法有：

● 屏幕菜单：【楼梯其他】|【双分三跑楼梯】命令

● 命令行：SFSP

【课堂举例6-8】创建双分三跑楼梯

01 执行【楼梯其他】|【双分
三跑楼梯】命令，在弹出
的【双分三跑楼梯】对话
框中设置参数，结果如图
6-28所示。

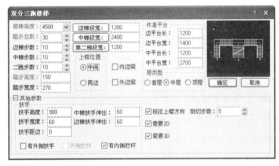

图6-28 【双分三跑楼梯】对话框

02 单击【确定】按钮，在绘图区中单击梯段的插入位置，即可完成双分三跑楼梯的创建，结果如
图6-29所示。

03 双分三跑楼梯的三维效果，如图6-30所示。

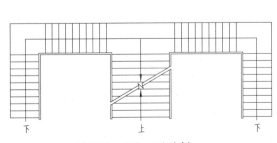

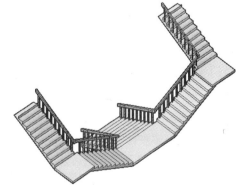

图6-29 双分三跑楼梯　　　　　图6-30 双分三跑楼梯的三维效果

【双分三跑楼梯】对话框中的功能选项的含义如下。

● 【第二梯段宽】：第二梯是指水平方向的梯段，在该文本框中可以设置该梯段的宽度。

● 【边平台长】：边平台是指左右两边的平台，在此文本框中可以设置边平台的长度。

● 【边平台宽】：在此文本框中可以设置边平台的宽度。

● 【中平台长】：中平台是指中间的平台，在此文本框中可以设置中间平台的长度。

● 【中平台宽】：在此文本框中可以设置中间平台的宽度。

6.1.9　交叉楼梯

【交叉楼梯】命令可以通过在对话框中输入梯段参数绘制交叉楼梯，也可以选择不同的上楼方向。

执行【交叉楼梯】命令的方法有：

● 屏幕菜单：【楼梯其他】|【交叉楼梯】命令

● 命令行：JCLT

【课堂举例6-9】创建交叉楼梯

01 执行【楼梯其他】|【交叉楼梯】命令，在弹出的【交叉楼梯】对话框中设置参数，结果如图6-31所示。

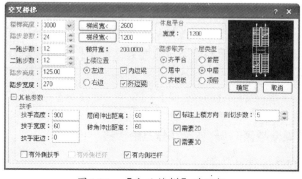

图6-31　【交叉楼梯】对话框

02 单击【确定】按钮，在绘图区中单击梯段的插入位置，即可完成交叉楼梯的创建，结果如图6-32所示。

03 交叉楼梯的三维效果，如图6-33所示。

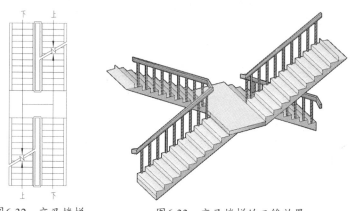

图6-32　交叉楼梯　　　　图6-33　交叉楼梯的三维效果

6.1.10　剪刀楼梯

剪刀楼梯就是上下层之间的楼梯中间设有拐弯，三层楼的楼梯之间像一把剪刀的楼梯。

【剪刀楼梯】命令可以在对话框中输入楼梯参数绘制剪刀楼梯，本楼梯扶手和梯段各自独立，在首层和顶楼有多种梯段排列可供选择。

执行【剪刀楼梯】命令的方法有：

● 屏幕菜单：【楼梯其他】|【剪刀楼梯】命令

● 命令行：JDLT

【课堂举例6-10】创建剪刀楼梯

01 执行【楼梯其他】|【剪刀楼梯】命令，在弹出的【剪刀楼梯】对话框中设置参数，结果如图6-34所示。

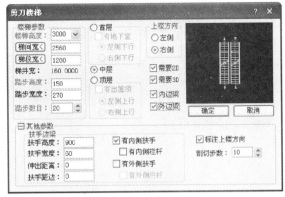

图6-34 【剪刀楼梯】对话框

02 单击【确定】按钮，在绘图区中单击梯段的插入位置，即可完成剪刀楼梯的创建，结果如图6-35所示。

03 剪刀楼梯的三维效果，如图6-36所示。

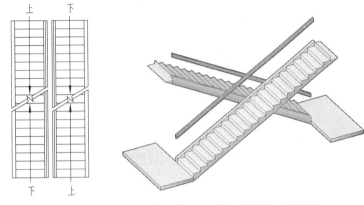

图6-35 剪刀楼梯

图6-36 剪刀楼梯的三维效果

6.1.11 三角楼梯

三角楼梯指平面投影呈三角形，由多个直线楼梯组成的楼梯。

【三角楼梯】命令可以在对话框中输入楼梯参数绘制三角楼梯，且三角楼梯可以设置不同的上楼方向。

执行【三角楼梯】命令的方法有：

● 屏幕菜单：【楼梯其他】|【三角楼梯】命令

● 命令行：SJLT

【课堂举例6-11】创建三角楼梯

01 执行【楼梯其他】|【三角楼梯】命令，在弹出的【三角楼梯】对话框中设置参数，结果如图6-37所示。

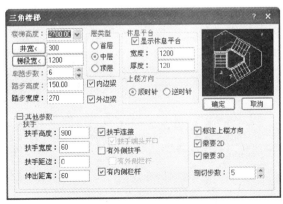

图6-37 【三角楼梯】对话框

02 单击【确定】按钮，在绘图区中单击梯段的插入位置，即可完成三角楼梯的创建，结果如图6-38所示。

03 三角楼梯的三维效果，如图6-39所示。

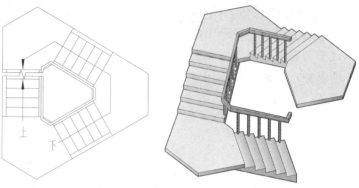

图6-38 三角楼梯　　　　　图6-39 三角楼梯的三维效果

6.1.12 矩形转角

矩形转角楼梯指平面投影为矩形，呈直角的楼梯。

【矩形转角】命令可以在对话框中输入楼梯参数绘制矩形转角楼梯，梯跑数量可以从两跑到四跑，可选择上楼方向。

执行【矩形转角】命令的方法有：

● 屏幕菜单：【楼梯其他】|【矩形转角】命令

● 命令行：JXZJ

【课堂举例6-12】创建矩形转角楼梯

01 执行【楼梯其他】|【矩形转角】命令，在弹出的【矩形转角楼梯】对话框中设置参数，设置跑数为3，结果如图6-40所示。

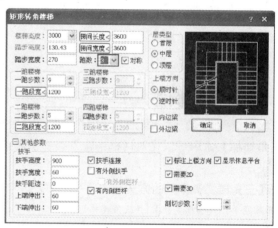

图6-40 【矩形转角楼梯】对话框

02 在对话框中单击【确定】按钮，在绘图区中点取梯段的插入位置，创建结果如图6-41所示。

03 矩形转角楼梯的三维效果，如图6-42所示。

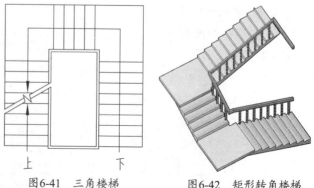

图6-41 三角楼梯　　　　　图6-42 矩形转角楼梯

【矩形转角楼梯】对话框中的功能选项的含义如下。

● 【顺时针】：矩形转角楼梯的上楼方向可以自定义，选择该选项，则上楼方向为顺时针。

● 【逆时针】：选择该选项，则上楼方向为逆时针。

6.1.13　添加扶手

【添加扶手】命令可以在楼梯段或沿上楼方向的多段线路经生成扶手，可自动识别楼梯段和台阶。

执行【添加扶手】命令的方法有：

● 屏幕菜单：【楼梯其他】|【添加扶手】命令

● 命令行：TJFS

【课堂举例6-13】添加扶手

01 按快捷键Ctrl+O，打开配套光盘提供的"第6课/6.1.13添加扶手.dwg"文件，如图6-43所示。

02 执行【楼梯其他】|【添加扶手】命令，根据命令行的提示点取楼梯的内侧，如图6-44所示。

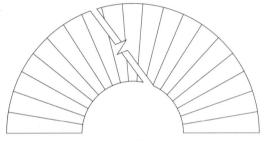

图6-43　素材文件

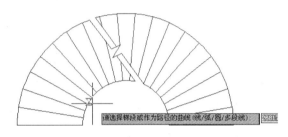

图6-44　选择楼梯

03 在命令行的提示中，设置扶手宽度为60，"扶手顶面高度<900>、扶手距边<0>"时，按Enter键默认选择，扶手的添加结果，如图6-45所示。

04 使用同样的方法，创建另一边的扶手图形，结果如图6-46所示。

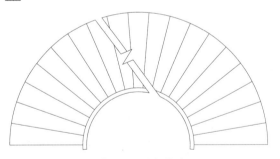

图6-45　添加扶手

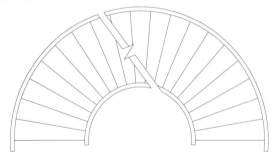

图6-46　绘制结果

6.1.14　连接扶手

【连接扶手】命令用于把未连接的扶手连接起来。

执行【连接扶手】命令的方法有：

● 屏幕菜单：【楼梯其他】|【连接扶手】命令

● 命令行：LJFS

【课堂举例6-14】连接扶手

01 按快捷键Ctrl+O，打开配套光盘提供的"第6课/6.1.14扶手连接.dwg"文件，如图6-47所示。

02 执行【楼梯其他】|【连接扶手】命令，点取两扶手的上端，选择扶手，按Enter键即可完成操作，如图6-48所示。

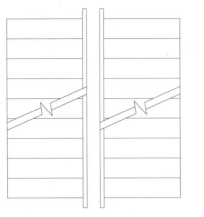

图6-47　打开素材　　　　　　　　图6-48　连接扶手

6.1.15　创建电梯

【电梯】命令可以创建包括轿厢、平衡块和点电梯门的电梯图形。

执行【电梯】命令的方法有：

- 屏幕菜单：【楼梯其他】|【电梯】命令
- 命令行：DT

【课堂举例6-15】创建电梯

01　按快捷键Ctrl+O，打开配套光盘提供的"第6课/6.1.15电梯.dwg"文件，如图6-49所示。

02　执行【楼梯其他】|【电梯】命令，设置参数如图6-50所示。

03　根据提示单击电梯间的两个对角点，点取开电梯门的墙线，点取平衡块的所在一侧，创建电梯的结果，如图6-51所示。

　　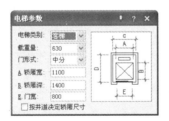　　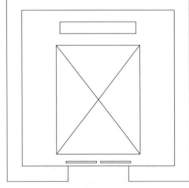

图6-49　打开素材　　　　　　图6-50　设置参数　　　　　　图6-51　绘制电梯

【电梯参数】对话框中的功能选项的含义如下。

- 【电梯类别】：在该下拉列表中可以根据用途来选择电梯的类别，例如住宅梯、医梯等。
- 【载重量】：根据用途的不同，电梯的载重量也不同，在该项中可以自定义载重量。
- 【门宽】：在该选项中可以设置门的宽度参数。

6.1.16　自动扶梯

【自动扶梯】命令可以在对话框中设置梯段参数，绘制单台或双台自动扶梯。仅用于二维图形的绘制，不能创建里面和三维模型。

执行【自动扶梯】命令的方法有：

- 屏幕菜单：【楼梯其他】|【自动扶梯】命令

● 命令行: ZDFT

【课堂举例6-16】创建自动扶梯

01 执行【楼梯其他】|【自动扶梯】命令,在弹出的【自动扶梯】对话框中设置参数,如图6-52所示。

02 在对话框中单击【确定】按钮,点取扶梯的插入位置,创建结果如图6-53所示。

【自动扶梯】对话框中的功能选项的含义如下。

● 【梯段宽度】: 指单梯的宽度,可以自定义宽度。

● 【平步距离】: 指台阶至平台之间的距离,即如图6-54所示中A部分的宽度。

● 【平台距离】: 指如图6-54所示中B部分的宽度参数。

● 【间距】: 指两个单梯之间的距离参数。

图6-52 【自动扶梯】对话框

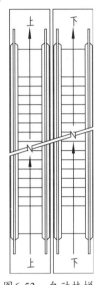

图6-53 自动扶梯

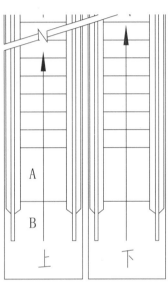

图6-54 平步距离与平台距离

6.2 创建室外设施

TArch 2013提供了创建各种室外设施的命令,例如,创建阳台、台阶等。通过在对话框中设置参数而完成图形的创建。

本节介绍室外设施,例如,阳台、台阶、散水图形的绘制方法。

6.2.1 阳台

【阳台】命令能以几种预定样式绘制阳台,或选择已有的路径转成阳台。

执行【阳台】命令的方法有:

● 屏幕菜单:【楼梯其他】|【阳台】命令

● 命令行: YT

【课堂举例6-17】创建阳台

01 按快捷键Ctrl+O,打开配套光盘提供的"第6课/6.2.1阳台.dwg"文件,如图6-55所示。

02 执行【楼梯其他】|【阳台】命令,在弹出的【绘制阳台】对话框中设置参数,结果如图6-56所示。

03 单击"矩形三面阳台"按钮□,指定阳台的起点和终点,如图6-57所示。

图6-55　打开素材

图6-56　【绘制阳台】对话框

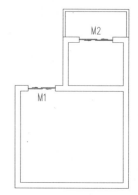

图6-57　创建阳台

04 在命令行中输入YT，在弹出的【绘制阳台】对话框中设置参数，结果如图6-58所示。

05 单击"阴角阳台"按钮，在绘图区中点取起点和终点，结果如图6-59所示。

图6-58　设置参数

图6-59　创建阳台

【绘制阳台】对话框中的功能选项的含义如下。

● 【伸出距离】：指墙体距阳台之间的距离，即阳台的宽度。

● 【阴角阳台】：单击此按钮，可以绘制有两边靠墙，另外两边有阳台挡板的阳台。

● 【沿墙偏移绘制】：单击此按钮，可以根据所选墙体的轮廓，指定偏移距离生成阳台。

● 【任意绘制】：单击此按钮，可以自定义阳台的外轮廓线，生成向内偏移的阳台。

● 【选择已有路径生成】：单击此按钮，可以根据指定的路径生成阳台。

6.2.2　台阶

台阶由踏步和平台组成，有室内和室外台阶之分。室外台阶宽度应比门每边宽出500mm左右。台阶踏步宽度不大于300mm，踏步高度不宜大于150mm，踏步数不少于2级。

台阶的形式有单面踏步式、三面踏步式；单面踏步式带方形石、花池或台阶，或与坡道结合等，如图6-60所示。

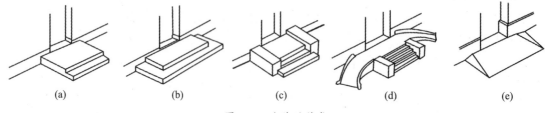

|　(a)　|　　(b)　|　　(c)　|　　(d)　|　　(e)|

图6-60　台阶的种类

(a)单面踏步式；(b)三面踏步式；(c)单面踏步带方形石；(d)坡道；(e)坡道与踏步结合

台阶命令以几种预定样式绘制台阶，或选择已有的路径转成台阶。

执行【台阶】命令的方法有：

● 屏幕菜单：【楼梯其他】|【台阶】命令

● 命令行：TJ

【课堂举例6-18】创建台阶

01 按快捷键Ctrl+O，打开配套光盘提供的"第6课/6.2.2台阶.dwg"文件，如图6-61所示。

02 执行【楼梯其他】|【台阶】命令，在弹出的【台阶】对话框中设置参数，如图6-62所示。

03 单击【矩形三面台阶】按钮 ，根据命令行的提示，指定台阶的起点和终点，结果如图6-63所示。

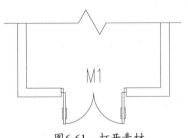

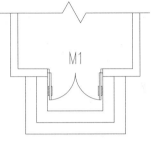

图6-61 打开素材　　　　　　图6-62 设置参数　　　　　　图6-63 绘制三面台阶

【台阶】对话框中的功能选项的含义如下。

● 【平台宽度】：墙体到最上面一级台阶之间的距离。

● 【矩形阴角台阶】 ：单击此按钮，可以绘制有一面墙体的台阶。

● 【圆弧台阶】 ：单击此按钮，可以绘制圆弧台阶。

● 【沿墙偏移绘制】 ：单击此按钮，可以根据所选墙体的轮廓，指定偏移距离生成台阶。

● 【选择已有路径绘制】 ：单击此按钮，可以根据指定的路径生成台阶。

● 【任意绘制】 ：单击此按钮，可以自定义台阶的外轮廓线，生成向内偏移的台阶。

6.2.3 坡道

【坡道】命令通过参数构造单跑的入口坡道，其他坡道由【作为坡道】命令创建。

执行【坡道】命令的方法有：

● 屏幕菜单：【楼梯其他】|【坡道】命令

● 命令行：PD

【课堂举例6-19】创建坡道

01 按快捷键Ctrl+O，打开配套光盘提供的"第6课/6.2.3坡道.dwg"文件，如图6-64所示。

02 执行【楼梯其他】|【坡道】命令，在弹出的【坡道】对话框中设置参数，结果如图6-65所示。

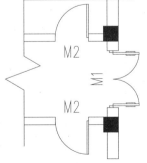

图6-64 打开素材　　　　　　图6-65 【坡道】对话框

03 根据命令行的提示，选择"改基点"选项；单击点取坡道图形的左上角点为插入基点，并使台阶向逆时针转90°，插入结果如图6-66所示。三维效果如图6-67所示。

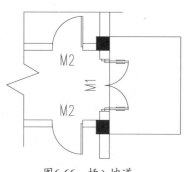

图6-66 插入坡道

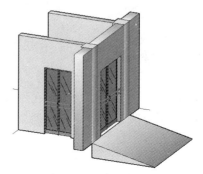

图6-67 三维效果

【坡道】对话框中的功能选项的含义如下。

● 【边坡宽度】：指成倾斜状的直线与坡道左右两边线段之间的距离。

● 【左边平齐】：勾选此选项，则左边边坡与坡道齐平。

● 【右边平齐】：勾选此选项，则右边边坡与坡道齐平。

● 【加防滑条】：勾选此选项，则坡道图形显示防滑条。

6.2.4 散水

【散水】命令可以通过自动搜索外墙线绘制散水对象，可自动被凸窗、柱子等对象裁剪。

执行【散水】命令的方法有：

● 屏幕菜单：【楼梯其他】|【散水】命令

● 命令行：SS

【课堂举例6-20】创建散水

01 按快捷键Ctrl+O，打开配套光盘提供的"第6课/6.2.4散水.dwg"文件，如图6-68所示。

02 执行【楼梯其他】|【散水】命令，在弹出的【散水】对话框中设置参数，结果如图6-69所示。

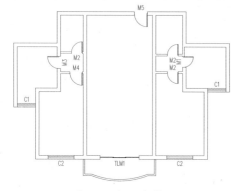

图6-68 打开素材

图6-69 设置参数

03 根据命令行的提示，框选完整建筑物的所有墙体，按Enter键即可完成散水的创建，结果如图6-70所示。三维效果如图6-71所示。

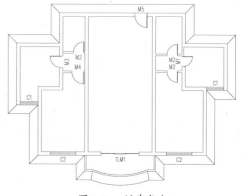

图6-70 创建散水

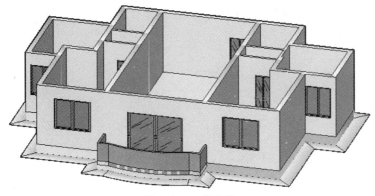

图6-71 三维效果

【散水】对话框中的功能选项的含义如下。

● 【绕柱子】：勾选此项，在图中有柱子的情况下，散水将自动绕过柱子图形。

● 【绕阳台】：勾选此项，在图中有阳台的情况下，散水将自动绕过阳台图形。

● 【绕墙体造型】：勾选此项，在图中有墙体造型的情况下，散水将自动绕过墙体造型。

● 【任意绘制】：单击此按钮，指定散水的起点和终点进行任意绘制。

● 【选择已有路径生成】：单击此按钮，可以根据指定的路径生成散水。

6.3 实例应用

6.3.1 绘制住宅楼的室内外设施

本节以住宅楼标准层平面图为例，介绍绘制住宅类建筑室内外设施的主要方法。

01 按快捷键Ctrl+O，打开配套光盘提供的"第6课/6.3.1绘制住宅楼的室内外设施.dwg"文件，如图6-72所示。

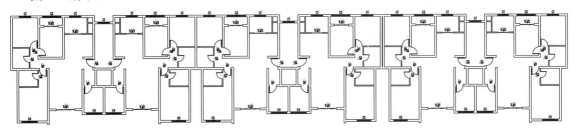

图6-72 打开素材

02 执行SPLT【双跑楼梯】命令，在弹出的【双跑楼梯】对话框中设置参数，结果如图6-73所示。

图6-73 设置参数

03 在绘图区中点取楼梯的插入位置，即可完成双跑楼梯的创建，结果如图6-74所示。

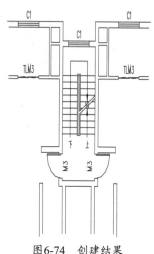

图6-74 创建结果

04 重复操作，绘制其余的双跑楼梯，结果如图6-75所示。

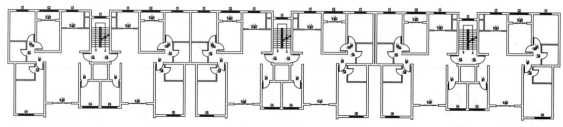

图6-75 完成效果

05 执行YT【阳台】命令，在弹出的【阳台】对话框中单击"阴角阳台"按钮，并设置参数，结果如图6-76所示。

06 在绘图区中点取阳台的起点，根据命令行的提示选择"翻转到另一侧"选项，将阳台图形翻转到另一侧；点取阳台的终点，绘制结果如图6-77所示。

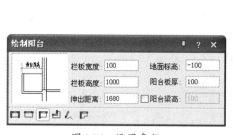

图6-76 设置参数

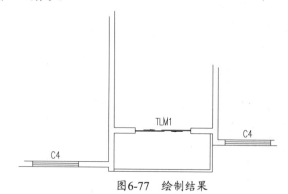

图6-77 绘制结果

07 重复操作，绘制阳台图形，结果如图6-78所示。

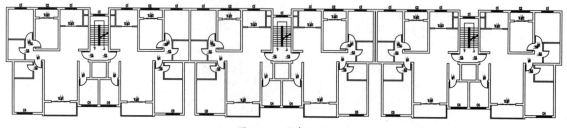

图6-78 创建结果

6.3.2 绘制别墅室内外设施

本节以别墅一层平面图为例，介绍绘制别墅建筑室内外设施的主要方法。

01 按快捷键Ctrl+O，打开配套光盘提供的"第6课/6.3.2绘制别墅室内外设施.dwg"文件，如图6-79所示。

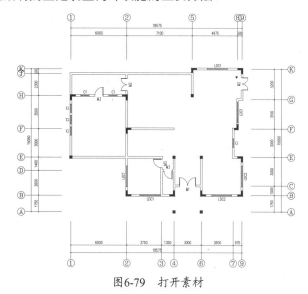

图6-79 打开素材

02 执行 SPLT【双跑楼梯】命令，在弹出的【双跑楼梯】对话框中设置参数，如图 6-80 所示。

03 单击【确定】按钮，在绘图区中单击梯段的插入位置，即可完成双跑楼梯的创建，结果如图6-81所示。

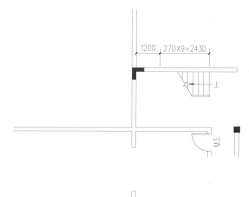

图6-80 设置参数

图6-81 绘制结果

04 执行TJ【台阶】命令，在弹出的【台阶】对话框中单击"矩形三面台阶"按钮，并设置参数，如图6-82所示。

05 在绘图区中分别单击台阶的起点和终点，绘制结果如图6-83所示。

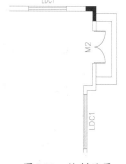

图6-82 设置参数

图6-83 绘制结果

06 继续执行TJ【台阶】命令，在弹出的【台阶】对话框中设置参数，如图6-84所示。

07 在绘图区中分别单击台阶的起点和终点，绘制结果如图6-85所示。

08 执行PL【多段线】命令，沿着建筑物的外墙，绘制多段线。

图6-84　设置参数

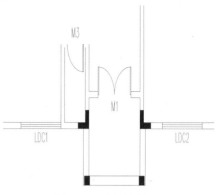

图6-85　绘制结果

09 执行SS【散水】命令，在弹出的【散水】对话框中单击"选择已有路径生成"按钮，设置参数，结果如图6-86所示。

图6-86　设置参数

10 在绘图区中选择作为散水路径的多段线，创建散水的结果，如图6-87所示。

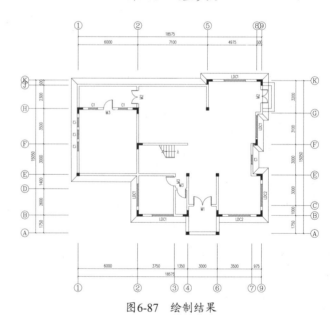

图6-87　绘制结果

6.4 拓展训练

6.4.1　绘制楼梯

本小节通过绘制如图6-88所示的图形，练习楼梯的绘制方法。

01 打开配套光盘提供的"第6课/6.4素材.dwg"素材文件，如图6-89所示。

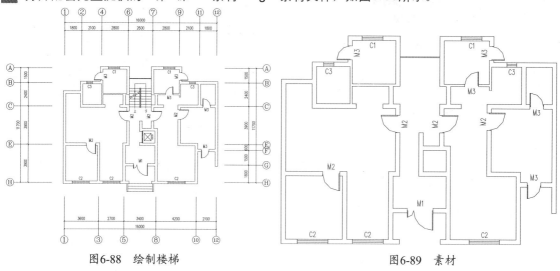

图6-88 绘制楼梯　　　　　　　　　　　　　图6-89 素材

02 执行SPLT【双跑楼梯】命令，绘制双跑楼梯，如图6-90所示。

03 执行ZXTD【直线梯段】命令，绘制入口的直线楼梯，如图6-91所示。

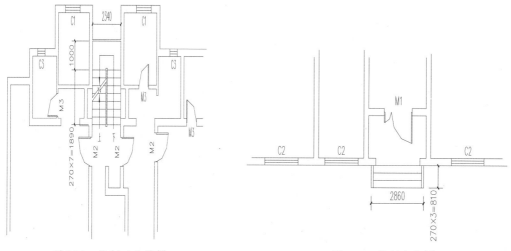

图6-90 绘制双跑楼梯　　　　　　　　　　图6-91 绘制直楼梯

04 执行DT【电梯】命令绘制电梯，如图6-92所示。

05 完成效果，如图6-93所示。

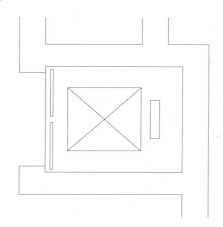

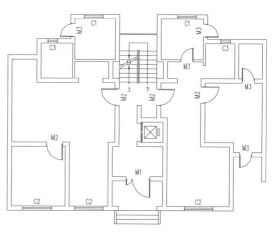

图6-92 绘制电梯　　　　　　　　　　图6-93 完成效果

6.4.2 绘制室外设施

本小节通过绘制如图6-94所示的图形，练习阳台和散水的绘制方法。

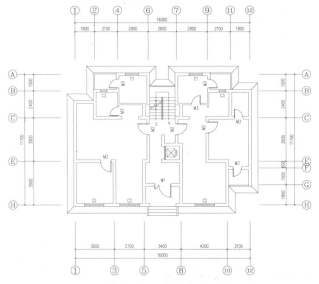

图6-94　绘制室外设施

01 打开上节中的图形，执行 YT【阳台】命令，绘制上方阴角阳台，如图6-95所示。

02 继续执行YT【阳台】命令，绘制右下角凹阳台，如图6-96所示。

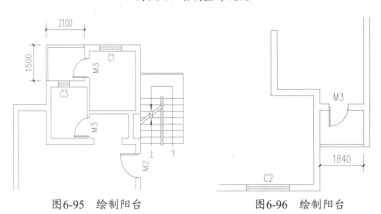

图6-95　绘制阳台　　　　　图6-96　绘制阳台

03 执行PL【多段线】命令，沿建筑外轮廓绘制闭合的多段线；执行SS【散水】命令，绘制散水，如图6-97所示。

04 最终完成效果，如图6-98所示。

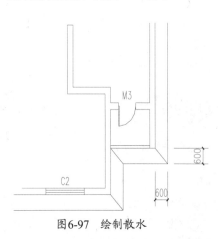

图6-97　绘制散水

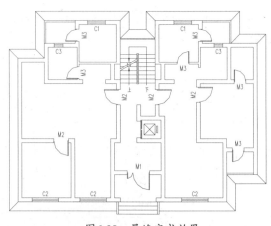

图6-98　最终完成效果

第7课
房间和屋顶

TArch 2013 中的房间是指由墙体、门窗、柱子围合而成的闭合区域。TArch 2013 可以自动搜索房间，建立房间信息并计算房间面积，同时还可以在房间内布置洁具、隔断、分格等内容。

屋顶是房屋建筑的重要组成部分，其作用主要是隔绝风、霜、雨、雪和阳光辐射，为室内创造良好的生活空间；承受和传递屋顶上各种荷载，对房屋起着支撑作用。TArch 2013提供了多种屋顶造型功能，包括，任意坡顶、人字坡顶、攒尖屋顶和矩形屋顶4种。当然用户还可以利用三维造型工具自建其他形式的屋顶。

本课首先讲解了房间的搜索和面积统计方法，然后讲解了房间和卫生间的布置方法，最后介绍了不同类型屋顶的创建方法。

【本课知识要点】

掌握房间查询的使用。

掌握布置房间的方法。

掌握创建屋顶方法。

7.1 房间查询

TArch 2013提供了房间查询的工具，例如，搜索房间、房间轮廓、房间排序等。这些工具为用户进行房间管理提供了方便，本节介绍房间查询工具的使用方法。

7.1.1 搜索房间

【搜索房间】命令可以批量搜索建立或更新已有的房间和建筑轮廓，建立房间信息并计算室内使用面积。

执行【搜索房间】命令的方法有：

● 屏幕菜单：【房间屋顶】|【搜索房间】命令
● 命令行：SSFJ

【课堂举例7-1】搜索房间操作

01 按快捷键Ctrl+O，打开配套光盘提供的"第7课/7.1.1搜索房间素材.dwg"素材文件，结果如图7-1所示。

02 执行【房间屋顶】|【搜索房间】命令，在弹出的【搜索房间】对话框中设置参数，如图7-2所示。

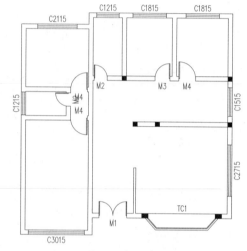

图7-1 打开素材

图7-2 【搜索房间】对话框

03 框选构成建筑物的所有墙体，按Enter键；在图形的上方点取建筑面积的标注位置，操作结果如图7-3所示。

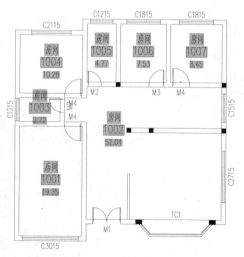

图7-3 搜索房间

【搜索房间】对话框中的功能选项的含义如下。

● 【显示房间名称】：TArch 2013默认所有的房间名称皆为"房间"，在完成"搜索房间"操作后，可以手动修改房间名称。

● 【标注面积】：选择该选项后，在执行"搜索房间"操作时，系统自动标注房间面积和总建筑面积。

● 【三维地面】：勾选此选项，则同步生成房间的三维地面，转换视图后可以观察到。

● 【板厚】：即地面的厚度值。

● 【显示房间编号】：每个房间都有相应的编号，以进行区分。

● 【面积单位】：勾选此选项，则显示面积单位，默认以m²为单位。

● 【起始编号】：在该选项可以设置房间的起始编号，由所设置的编号开始往下排列各房间编号。

● 【生成建筑面积】：勾选此选项，可以自动生成建筑面积，在绘图区中点取插入位置即可。

7.1.2 房间轮廓

【房间轮廓】命令用于生成房间轮廓的多段线。

执行【房间轮廓】命令的方法有：

● 屏幕菜单：【房间屋顶】|【房间轮廓】命令

● 命令行：FJLK

【课堂举例7-2】生成房间轮廓线

01 按快捷键Ctrl+O，打开配套光盘提供的"第7课/7.1.2房间轮廓素材.dwg"素材文件，结果如图7-4所示。

02 执行【房间屋顶】|【房间轮廓】命令，在要生成轮廓的房间指定一点，如图7-5所示。

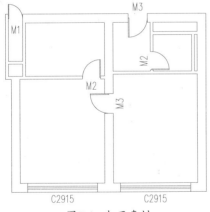

图7-4 打开素材

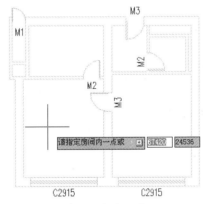

图7-5 指定一点

03 在命令行提示"是否生成封闭的多段线？"时，输入 Y，房间轮廓生成的结果，如图7-6 所示。

04 重复操作，生成其他房间的轮廓线，结果如图7-7所示。

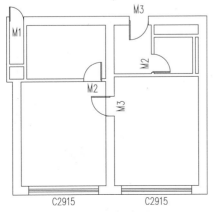

图7-6 生成结果

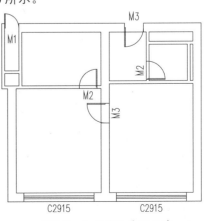

图7-7 生成其他房间轮廓

7.1.3 房间排序

【房间排序】命令可以按某种排序方式对房间编号进行排序。

执行【房间排序】命令的方法有：

● 屏幕菜单：【房间屋顶】|【房间排序】命令
● 命令行：FJPX

【课堂举例7-3】房间排序

01 按快捷键 Ctrl+O，打开配套光盘提供的"第 7 课 /7.1.3 房间排序素材 .dwg"素材文件。如图 7-8 所示。

02 执行【房间屋顶】|【房间排序】命令，选择房间对象，在命令行提示"指定 UCS 原点 < 使用当前坐标系 >"时按 Enter 键；输入新的编号，重复操作，对其他房间进行排序，结果如图 7-9 所示。

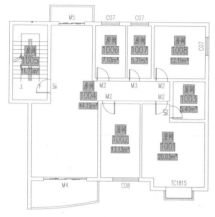

图7-8 打开素材

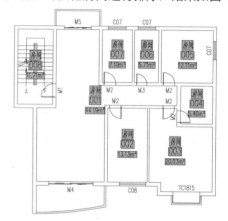

图7-9 房间排序

7.1.4 查询面积

【查询面积】命令可以查询由天正墙体组成的房间面积，并即时创建面积对象标注在图上。

执行【查询面积】命令的方法有：

● 屏幕菜单：【房间屋顶】|【查询面积】命令
● 命令行：CXMJ

【课堂举例7-4】查询面积操作

01 按快捷键 Ctrl+O，打开配套光盘提供的"第 7 课 /7.1.4 查询面积素材 .dwg"素材文件。如图 7-10 所示。

02 执行【房间屋顶】|【查询面积】命令，在弹出的【查询面积】对话框中设置参数，如图7-11所示。

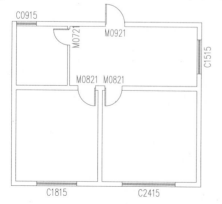

图7-10 打开素材

图7-11 【查询面积】对话框

03 当系统提示"请选择查询面积的范围"时，按空格键，然后在屏幕上点取一点，作为面积的标注位置，结果如图7-12所示。

04 重复操作，对其他房间进行面积查询操作，结果如图7-13所示。

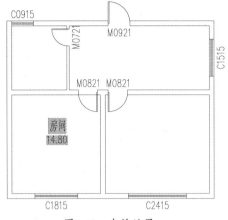

图7-12　查询结果

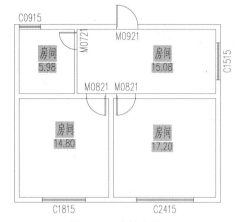

图7-13　房间查询

【查询面积】对话框中的功能选项的含义如下。

● 【封闭曲线面积查询】：单击此按钮，可查询任意封闭曲线内的面积并进行面积标注。

● 【阳台面积查询】：单击此按钮，可查询阳台的面积并进行面积标注。

● 【任意多边形面积查询】：单击此按钮，可查询任意多边形的面积并进行面积标注。

7.1.5　套内面积

【套内面积】命令可以计算住宅单元的套内面积，并创建套内面积的房间对象。

执行【套内面积】命令的方法有：

● 屏幕菜单：【房间屋顶】|【套内面积】命令

● 命令行：TNMJ

【课堂举例7-5】套内面积操作

01 按快捷键Ctrl+O，打开配套光盘提供的"第7课/7.1.5套内面积素材.dwg"素材文件，如图7-14所示。

02 执行【房间屋顶】|【套内面积】命令，在弹出的【套内面积】对话框中设置参数，如图7-15所示。

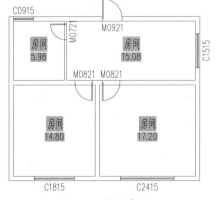

图7-14　打开素材

图7-15　【套内面积】对话框

03 选择所有房间面积对象，如图7-16所示，

04 点取面积标注位置，查询结果如图7-17所示。

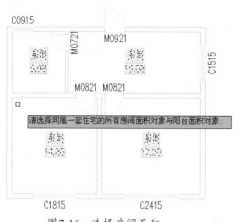

图7-16　选择房间面积

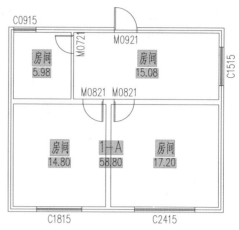

图7-17　套内面积查询

7.1.6　公摊面积

【公摊面积】命令用于定义按本层或全楼进行公摊的房间面积对象。

执行【公摊面积】命令的方法有：

● 屏幕菜单：【房间屋顶】|【公摊面积】命令

● 命令行：GTMJ

执行命令后，选择房间面积对象，按下Enter键，系统会将选中的房间面积对象归入SPACE_SHARE图层，以备面积统计时使用。

7.1.7　面积计算

【面积计算】命令用于统计房间使用面积、阳台面积、建筑面积等，用于不能直接测量到所需面积的情况。

执行【面积计算】命令的方法有：

● 屏幕菜单：【房间屋顶】|【面积计算】命令

● 命令行：MJJS

【课堂举例7-6】面积计算操作

01 按快捷键Ctrl+O，打开配套光盘提供的"第7课/7.1.7面积计算素材.dwg"素材文件，如图7-18所示。

02 选择求和的房间面积对象或面积数值文字，如图7-19所示。

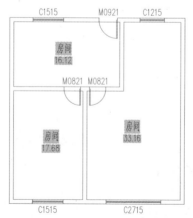

图7-18　打开素材

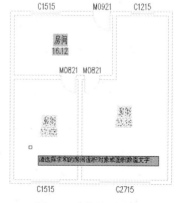

图7-19　选择面积对象

03 执行【房间屋顶】|【面积计算】命令，点取面积的标注位置，结果如图7-20所示。

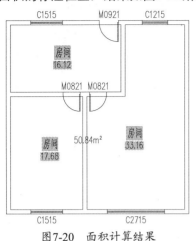

图7-20 面积计算结果

技巧

执行该命令后，可以根据命令行的提示输入Q，转换为对话框模式进行计算，如图7-21所示。

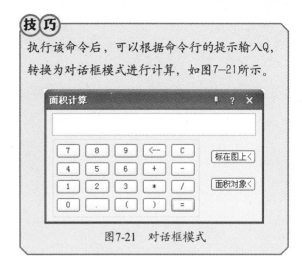

图7-21 对话框模式

7.1.8 面积统计

【面积统计】命令按有关文件统计住宅的各项面积指标，为管理部门进行设计审批提供参考依据。

执行【面积统计】命令的方法有：

● 屏幕菜单：【房间屋顶】|【面积统计】命令
● 命令行：MJTJ

值得注意的是，在执行该命令之前，必须新建工程并且创建楼层表，否则不能进行面积统计。

7.2 房间布置

TArch 2013提供了房间布置的一系列工具，用于房间与天花的布置，本节介绍房间布置工具的使用方法。

7.2.1 加踢脚线

【加踢脚线】命令可以自动搜索房间轮廓，按选择的横截面生成踢脚线。

执行【加踢脚线】命令的方法有：

● 屏幕菜单：【房间屋顶】|【房间布置】|【加踢脚线】命令
● 命令行：JTJX

【课堂举例7-7】加踢脚线

01 按快捷键Ctrl+O，打开配套光盘提供的"第7课/7.2.1加踢脚线素材.dwg"素材文件，如图7-22所示。

02 执行【房间屋顶】|【房间布置】|【加踢脚线】命令，在弹出的【踢脚线生成】对话框中选中【取自截面库】选项，并单击右边按钮，如图7-23所示。

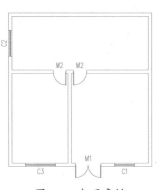

图7-22　打开素材

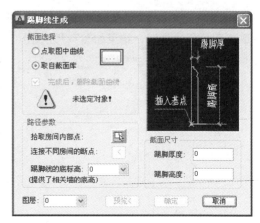

图7-23　【踢脚线生成】对话框

03 在弹出的【天正图库管理系统】对话框中选择踢脚线的样式，如图7-24所示。

04 双击踢脚线的样式图标，返回【踢脚线生成】对话框，单击【拾取房间内部点】按钮，如图7-25所示。

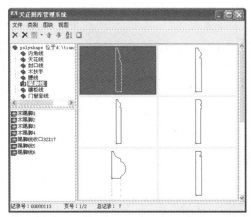

图7-24　【天正图库管理系统】对话框

图7-25　【踢脚线生成】对话框

05 在需要生成踢脚线的房间内单击，如图7-26所示。

06 单击后按Enter键，返回【踢脚线生成】对话框，单击【确定】按钮关闭对话框，生成踢脚线的结果，如图7-27所示。

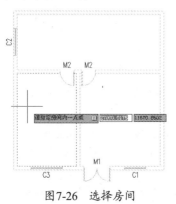

图7-26　选择房间

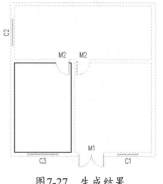

图7-27　生成结果

提示

选中【点取图中曲线】选项，点取图中已有的曲线，可以按照曲线生成踢脚线。

▌▌7.2.2　奇数分格

【奇数分格】命令用于绘制按奇数分格的地面或天花平面。

执行【奇数分格】命令的方法有：

● 屏幕菜单：【房间屋顶】|【房间布置】|【奇数分格】命令

● 命令行：JSFG

【课堂举例7-8】奇数分格操作

01 按快捷键Ctrl+O，打开配套光盘提供的"第7课/7.2.2奇数分格素材.dwg"素材文件，如图7-28所示。

02 执行【房间屋顶】|【房间布置】|【奇数分格】命令，分别点取A、B、C三点，确定一个要奇数分格的四边形。

03 在命令行提示"第一、二点方向上的分格宽度（小于100为格数）<600>"、"第二、三点方向上的分格宽度（小于100为格数）<600>:"时，按Enter键确认，奇数分格的结果，如图7-29所示。

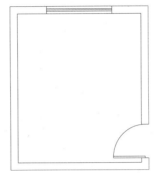

图7-28 打开素材　　　　图7-29 奇数分格

技巧

假如输入的分格宽度值小于100，系统会自动将该数值默认为分格数，用该方式绘制的网格无三维效果。

7.2.3 偶数分格

【偶数分格】命令用于绘制按偶数分格的地面或天花平面。

执行【偶数分格】命令的方法有：

● 屏幕菜单：【房间屋顶】|【房间布置】|【偶数分格】命令

● 命令行：OSFG

7.2.4 布置洁具

【布置洁具】命令可以按选取洁具的不同类型，沿建筑墙和单墙线布置卫生洁具。

执行【布置洁具】命令的方法有：

● 屏幕菜单：【房间屋顶】|【房间布置】|【布置洁具】命令

● 命令行：BZJJ

【课堂举例7-9】布置洁具

01 按快捷键Ctrl+O，打开配套光盘提供的"第7课/7.2.4布置洁具素材.dwg"素材文件，如图7-30所示。

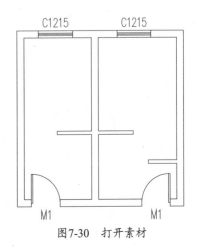

图7-30 打开素材

02 执行【房间屋顶】|【房间布置】|【布置洁具】命令，在弹出的【天正洁具】对话框中选择洁具图形，如图7-31所示。

03 双击洁具图标，在弹出的【座便器03】对话框中设置参数，结果如图7-32所示。

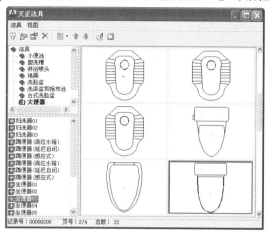

图7-31　【天正洁具】对话框

图7-32　设置参数

04 点取墙段上作为插入基点的一端，如图7-33所示。

05 单击鼠标，即可插入洁具，单击三次插入三个座便器，结果如图7-34所示。

06 重复操作，在同一段墙的另一边插入座便器，结果如图7-35所示。

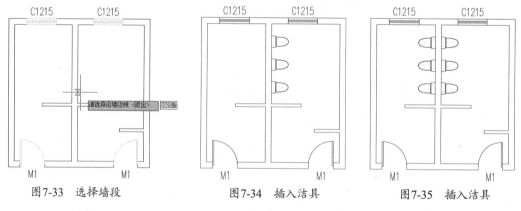

图7-33　选择墙段

图7-34　插入洁具

图7-35　插入洁具

07 继续执行BZJJ命令，在弹出的【天正洁具】对话框中选择洁具图形，如图7-36所示。

08 双击洁具图标，在弹出的【布置小便器（手动式）07】对话框中设置参数，如图7-37所示。

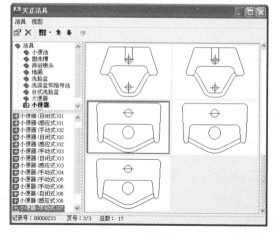

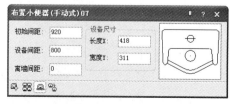

图7-36　选择洁具

图7-37　设置参数

09 根据命令行的提示，选择右边墙段的上部边线，插入三个小便器，结果如图7-38所示。

10 重复操作，插入拖布池图形，结果如图7-39所示。

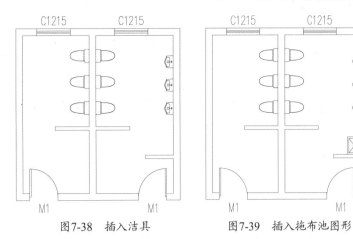

图7-38 插入洁具   图7-39 插入拖布池图形

11 继续执行BZJJ命令，在弹出的【天正洁具】对话框中选择洁具图形，如图7-40所示。

12 双击洁具图标，在弹出的【布置布置台式洗脸盆1】对话框中设置参数，结果如图7-41所示。

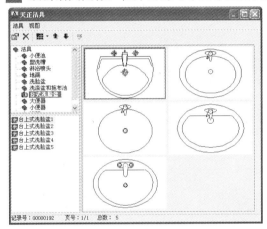

图7-40 选择洁具

图7-41 设置参数

13 根据命令行的提示，选择沿墙边线，插入洁具图形。在命令行提示"台面宽度<600>:"、"台面长度<2190>:"时，按Enter键确认，完成台式洗脸盆的插入结果，如图7-42所示。

14 重复操作，在墙段的另一边插入同样的洗脸盆，结果如图7-43所示。

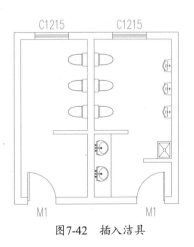

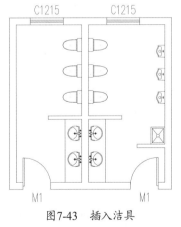

图7-42 插入洁具   图7-43 插入洁具

7.2.5 布置隔断

【布置隔断】命令可以通过两点选取已经插入的洁具布置卫生间隔断。

执行【布置隔断】命令的方法有：

● 屏幕菜单：【房间屋顶】|【房间布置】|【布置隔断】命令

● 命令行：BZGD

【课堂举例7-10】布置隔断

01 按快捷键Ctrl+O，打开配套光盘提供的"第7课/7.2.5布置隔断素材.dwg"素材文件。如图7-44所示。

02 执行【房间屋顶】|【房间布置】|【布置隔断】命令，输入一直线来选洁具，如图7-45所示。

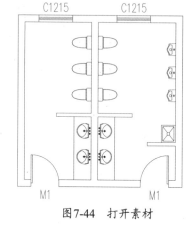

图7-44 打开素材

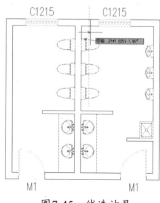

图7-45 线选洁具

03 在命令行提示"隔板长度<1200>:"、"隔断门宽<600>:"时，按Enter键确认，完成布置隔断的操作，如图7-46所示。

04 重复操作，给另一边布置隔断，结果如图7-47所示。

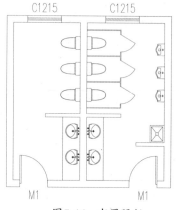

图7-46 布置隔断

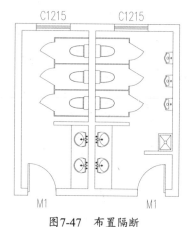

图7-47 布置隔断

7.2.6 布置隔板

【布置隔板】命令可以通过两点选取已经插入的洁具，布置卫生间隔板。

执行【布置隔板】命令的方法有：

● 屏幕菜单：【房间屋顶】|【房间布置】|【布置隔板】命令

● 命令行：BZGB

【课堂举例7-11】布置隔板

01 按快捷键Ctrl+O，打开配套光盘提供的"第7课/7.2.6布置隔板素材.dwg"素材文件，如图7-48所示。

02 执行【房间屋顶】|【房间布置】|【布置隔板】命令，点取两点直线来选洁具。在命令行提示"隔板长度<400>:"时，按Enter键确认，布置隔板的结果，如图7-49所示。

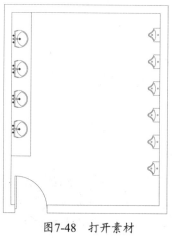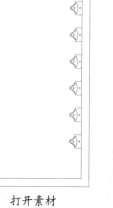

图7-48 打开素材

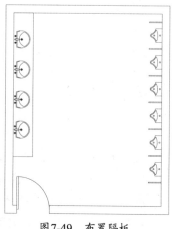

图7-49 布置隔板

7.3 创建屋顶

TArch 2013提供了多种屋顶造型功能，也可以通过三维造型工具自建其他形式的屋顶。

7.3.1 搜屋顶线

【搜屋顶线】命令可以自动搜索整栋建筑的所有墙线，按外墙的外皮边界生成屋顶平面轮廓线。

执行【搜屋顶线】命令的方法有：

● 屏幕菜单：【房间屋顶】|【搜屋顶线】命令
● 命令行：SWDX

【课堂举例7-12】绘制搜屋顶线

01 按快捷键Ctrl+O，打开配套光盘提供的"第7课/7.3.1搜屋顶线素材.dwg"素材文件，如图7-50所示。

02 执行【房间屋顶】|【搜屋顶线】命令，框选建筑物的门窗墙体并按空格键。在命令行提示"偏移外皮距离<600>:"时，按空格键确认，完成搜屋顶线的绘制结果，如图7-51所示。

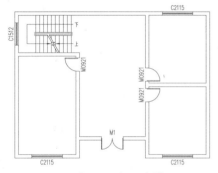

图7-50 打开素材

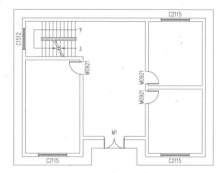

图7-51 搜屋顶线

7.3.2 任意坡顶

【任意坡顶】命令可以由封闭的任意形状的多段线生成指定坡度的坡形屋顶。

执行【任意坡顶】命令的方法有：

● 屏幕菜单：【房间屋顶】|【任意坡顶】命令
● 命令行：RYPD

【课堂举例7-13】绘制任意坡顶

01 按快捷键Ctrl+O，打开配套光盘提供的"第7课/7.3.2任意坡顶素材.dwg"素材文件，如图7-52所示。

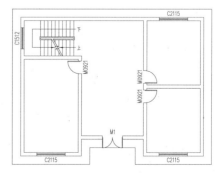

图7-52 打开素材

02 执行【房间屋顶】|【任意坡顶】命令，选择已经生成的屋顶线。在命令行提示"请输入坡度角<30>:"、"出檐长 <600>:"时，按 Enter 键确认，完成任意坡顶的绘制结果，如图 7-53 所示。

03 双击屋顶图形，系统弹出【任意坡顶】对话框，将底标高改为3000，如图7-54所示。

04 执行【视图】|【三维视图】|【西南等轴测】命令，屋顶的三维效果，如图7-55所示。

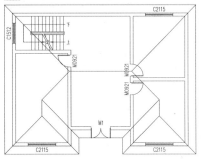

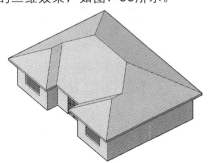

图7-53　生成任意坡顶　　　　图7-54　改变底标高　　　　图7-55　屋顶三维效果

7.3.3　人字坡顶

【人字坡顶】命令可以由封闭的多段线生成指定坡度角的人字坡屋顶或单坡屋顶。

执行【人字坡顶】命令的方法有：

● 屏幕菜单：【房间屋顶】|【人字坡顶】命令
● 命令行：RZPD

【课堂举例7-14】绘制人字坡顶

01 按快捷键Ctrl+O，打开配套光盘提供的"第7课/7.3.3人字坡顶素材.dwg"素材文件，如图7-56所示。

02 执行PL【多段线】命令，沿素材文件的外墙绘制多段线。执行O【偏移】命令，设置偏移距离为600，往外偏移多段线，如图7-57所示。

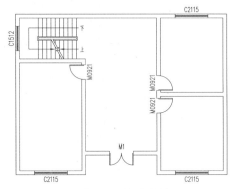

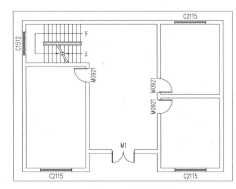

图7-56　打开素材　　　　　　　　　图7-57　偏移结果

03 执行【房间屋顶】|【人字坡顶】命令，点取屋脊线的起点，如图7-58所示。

04 点取屋脊线的终点，如图7-59所示。

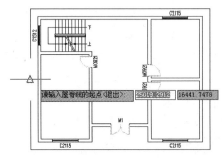

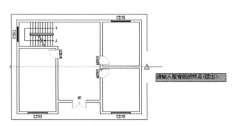

图7-58　点取起点　　　　　　　　　图7-59　点取终点

05 在弹出的【人字坡顶】对话框中设置参数，如图7-60所示。

06 单击【参考强顶标高<】按钮，在绘图区中点取参考墙段，如图7-61所示。

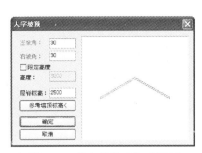

图7-60 【人字坡顶】对话框

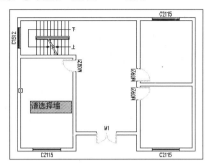

图7-61 选择墙体

07 返回对话框，在对话框中单击【确定】按钮，即可完成人字坡顶的绘制，结果如图7-62所示。

08 屋顶三维效果，如图7-63所示。

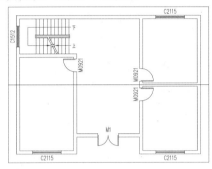

图7-62 人字坡顶

图7-63 三维效果

【人字坡顶】对话框中的功能选项的含义如下。

● 【左坡角／右坡角】：左右两侧屋顶与水平线的夹角，无论屋脊线是否居中，默认左右坡角相等。

● 【限定高度】：用高度而不是坡度定义屋顶，脊线不居中，则左右坡角不相等。

● 【高度】：选择"限定高度"复选框后，在该文本框中可以输入坡屋顶的高度。

● 【屋脊标高】：自定义屋脊高度。

● 【参考墙顶标高】：在绘图区中选择相关的墙对象，系统将沿选中墙体的高度和方向移动坡顶，使屋顶与墙顶关联。

7.3.4 攒尖屋顶

【攒尖屋顶】命令提供了构造攒尖屋顶三维模型的方法。

执行【攒尖屋顶】命令的方法有：

● 屏幕菜单：【房间屋顶】|【攒尖屋顶】命令

● 命令行：CJWD

【课堂举例7-15】绘制攒尖屋顶

01 按快捷键 Ctrl+O，打开配套光盘提供的"第7课/7.3.4攒尖屋顶素材.dwg"素材文件，如图7-64所示。

02 执行 L【直线】命令，绘制两条辅助线，如图7-65所示。

图7-64 素材

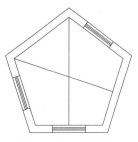

图7-65 绘制辅助线

03 执行【房间屋顶】|【攒尖屋顶】命令，在弹出的【攒尖屋顶】对话框中设置参数，如图7-66所示。

04 在绘图区中点取两直线交点作为屋顶中心位置，拖曳鼠标点取任一角点，完成攒尖屋顶的绘制，删除两条辅助线，结果如图7-67所示。

05 屋顶三维烦人效果，如图7-68所示。

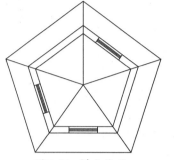

图7-66 设置参数　　　图7-67 攒尖屋顶　　　图7-68 三维效果

7.3.5 矩形屋顶

　　【矩形屋顶】命令与【人字坡顶】命令不同，只限于矩形屋顶的绘制。

　　执行【矩形屋顶】命令的方法有：

● 屏幕菜单：【房间屋顶】|【矩形屋顶】命令
● 命令行：JXWD

【课堂举例7-16】绘制矩形屋顶

01 按快捷键Ctrl+O，打开配套光盘提供的"第7课/7.3.5矩形屋顶素材.dwg"素材文件，如图7-69所示。

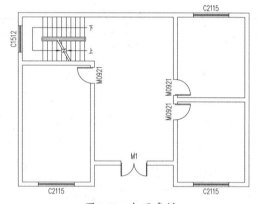

图7-69 打开素材

02 执行【房间屋顶】|【矩形屋顶】命令，在弹出的【矩形屋顶】对话框中设置参数，如图7-70所示。

图7-70 【矩形屋顶】对话框

03 根据命令行的提示，分别点取四个角点，矩形屋顶创建结果，如图7-71所示。

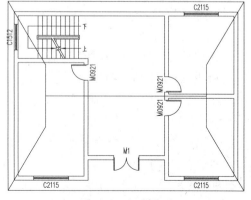

图7-71 矩形屋顶

04 屋顶三维效果，如图**7-72**所示。

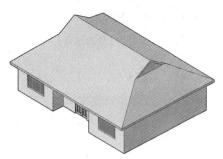

图7-72　三维效果

7.3.6　加老虎窗

　　【加老虎窗】命令可以在三维屋顶生成多种老虎窗形式，老虎窗对象提供了墙上开窗功能。

　　执行【加老虎窗】命令的方法有：

● *屏幕菜单：*【房间屋顶】|【加老虎窗】*命令*

● *命令行：JLHC*

　　【课堂举例7-17】加老虎窗

01 按快捷键Ctrl+O，打开配套光盘提供的"第7课/7.3.6加老虎窗素材.dwg"素材文件，如图7-73所示。

02 执行【房间屋顶】|【加老虎窗】命令，选择屋顶并按Enter键。在弹出的【加老虎窗】对话框中设置参数，如图7-74所示。

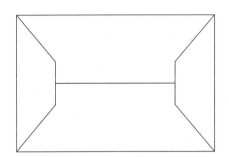

图7-73　打开素材

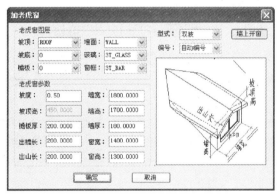

图7-74　【加老虎窗】对话框

03 指定老虎窗的插入点，如图**7-75**所示。

04 老虎窗的插入结果如图**7-76**所示。

05 屋顶三维效果，如图**7-77**所示。

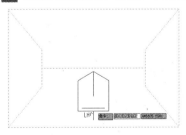

图7-75　指定插入点

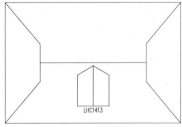

图7-76　加老虎窗

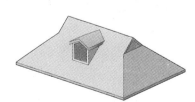

图7-77　三维效果

7.3.7　加雨水管

　　【加雨水管】命令可以在屋顶平面图中，绘制雨水管穿过女儿墙或沿板的图块。

执行【加雨水管】命令的方法有：

● 屏幕菜单：【房间屋顶】|【加雨水管】命令
● 命令行：JYSG

【课堂举例7-18】加雨水管

01 按快捷键Ctrl+O，打开配套光盘提供的"第7课/7.3.7加雨水管素材.dwg"素材文件，如图7-78所示。

02 执行【房间屋顶】|【加雨水管】命令，分别指定雨水管入水洞口的起始点和出水口结束点，绘制结果如图7-79所示。

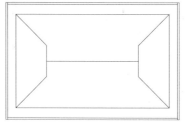

图7-78 打开素材

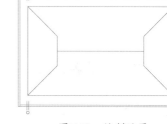

图7-79 绘制结果

7.4 实例应用

7.4.1 绘制住宅屋顶平面图

本节以住宅屋顶平面图为例，介绍住宅类建筑屋顶图的绘制方法。

01 按快捷键Ctrl+O，打开配套光盘提供的"第7课/7.4.1绘制住宅屋顶平面图素材.dwg"文件，如图7-80所示。

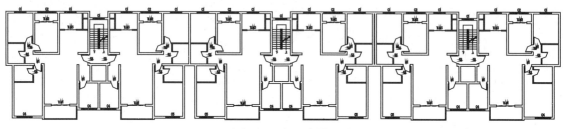

图7-80 打开素材

02 执行REC【矩形】命令，沿外墙绘制矩形作为屋顶线。

03 执行E【删除】命令，删除多余的图形，整理图形的结果，如图7-81所示。

04 执行O【偏移】命令，将屋顶线分别向外偏移500和200，如图7-82所示。

图7-81 清除图形

图7-82 偏移屋顶线

05 执行RYPD【任意坡顶】命令，选择屋顶线。在命令行提示"请输入坡度角 <30>:"、"出檐长<600>:"时，按Enter键确认，完成任意坡顶的绘制结果，如图7-83所示。

06 执行JLHC【加老虎窗】命令，选择屋顶并按Enter键。在弹出的【加老虎窗】对话框中设置参数，如图7-84所示。

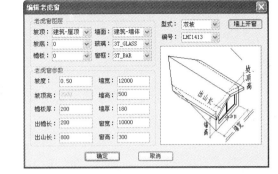

图7-83　任意坡顶

图7-84　【加老虎窗】对话框

07 在绘图区中指定老虎窗的插入点，插入结果如图7-85所示。

08 执行CO【复制】命令，移动复制老虎窗图形，结果如图7-86所示。

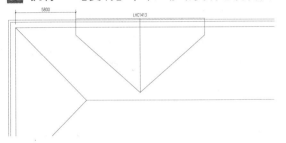

图7-85　插入结果

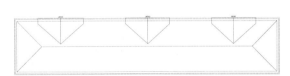

图7-86　移动复制

09 执行MI【镜像】命令，将老虎窗镜像至另一侧，完成效果如图7-87所示。

10 执行TR【修剪】命令，修剪与老虎窗重叠的线段，如图7-88所示。

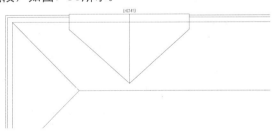

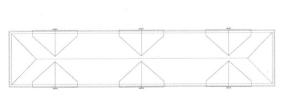

图7-87　镜像图形

图7-88　修剪图形

11 重复上述操作，完成效果如图7-89所示。

12 执行L【直线】命令，绘制屋顶排水沟的坡度分割线，如图7-90所示。

图7-89　修剪图形

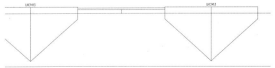

图7-90　绘制分割线

13 执行JYSG【加雨水管】命令，绘制雨水管，结果如图7-91所示。

14 重复执行上述命令，绘制结果，如图7-92所示。

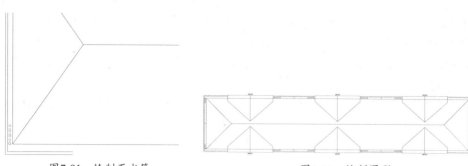

| 图7-91 绘制雨水管 | 图7-92 绘制图形 |

15 执行JTYZ【箭头引注】命令，对屋顶进行坡度标注，完成屋顶平面图的绘制，结果如图7-93所示。

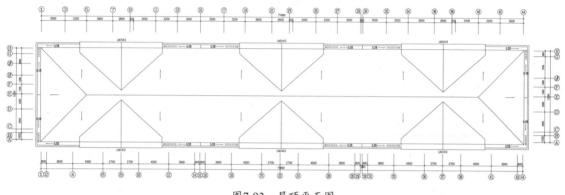

图7-93 屋顶平面图

7.4.2 绘制别墅卫生间平面图

本节以别墅卫生间平面图为例，介绍公共建筑卫生间平面图的绘制方法。

01 按快捷键Ctrl+O，打开配套光盘提供的"第7课/7.4.2绘制别墅卫生间平面图素材.dwg"文件，如图7-94所示。

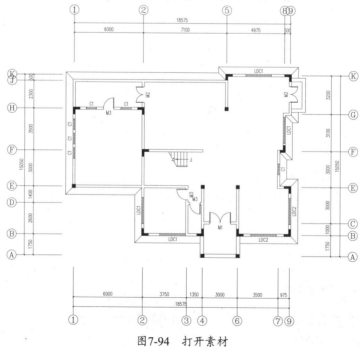

图7-94 打开素材

02　执行BZJJ【布置洁具】命令，在弹出的【天正洁具】对话框中选择洁具图形，如图7-95所示。

03　双击洁具图标，在弹出的【布置坐便器04】对话框中设置参数，如图7-96所示。

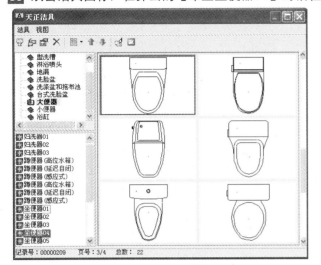

图7-95　【天正洁具】对话框

图7-96　设置参数

04　根据命令行的提示，选择沿墙边线，插入洁具的结果，如图7-97所示。

05　继续执行BZJJ【布置洁具】命令，在弹出的【天正洁具】对话框中选择洁具图形，如图7-98所示。

图7-97　布置洁具

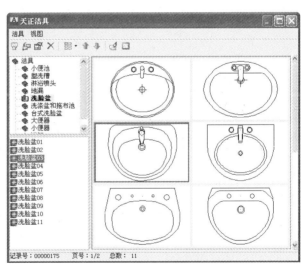

图7-98　【天正洁具】对话框

06　双击洁具图标，在弹出的【布置洗脸盆03】对话框中设置参数，如图7-99所示。

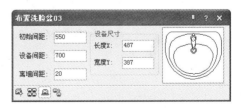

图7-99　【天正洁具】对话框

07　根据命令行的提示，选择沿墙边线，插入洁具的结果，如图7-100所示。

08　执行REC【矩形】命令，绘制尺寸为1150×600的矩形，如图7-101所示。

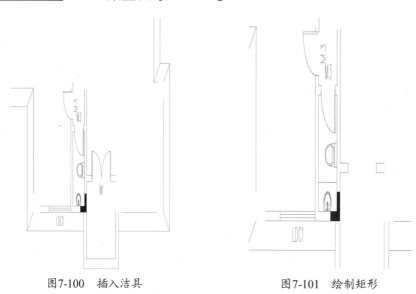

图7-100　插入洁具　　　　　　　图7-101　绘制矩形

09 别墅卫生间图形的最终绘制结果，如图7-102所示。

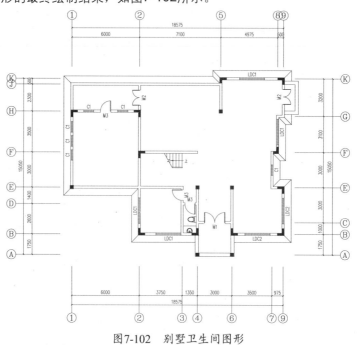

图7-102　别墅卫生间图形

7.5 拓展训练

7.5.1　绘制居民楼屋顶

本小节通过绘制如图7-103所示的屋顶图形，练习建筑屋顶的画法。

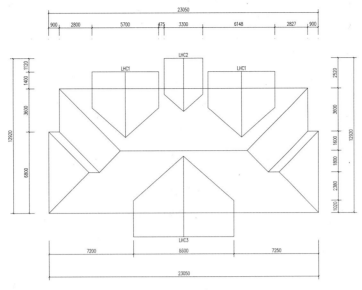

图7-103　屋顶

☑1　打开配套光盘提供的"第7课/7.5.1素材.dwg"文件，如图7-104所示。

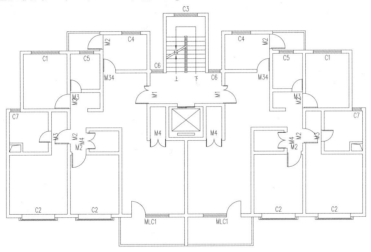

图7-104　素材

☑2　执行E【删除】命令，删除不需要的墙体、门窗等建筑结构，如图7-105所示。

☑3　执行PL【多段线】命令，用闭合的多段线绘制出主体屋顶轮廓，如图7-106所示。

图7-105　清理图形

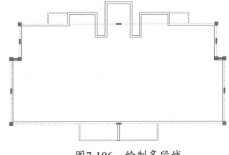

图7-106　绘制多段线

☑4　执行RYPD【任意坡顶】命令，生成主体屋顶，如图7-107所示。

☑5　执行JLHC【加老虎窗】命令，添加上方左右两侧的老虎窗，如图7-108所示。

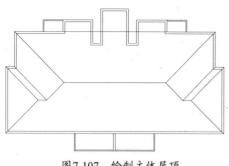

图7-107 绘制主体屋顶

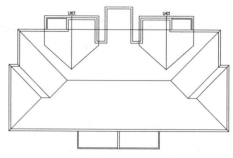

图7-108 添加老虎窗

06 执行JLHC【加老虎窗】命令，添加上方中间的老虎窗，如图7-109所示。

07 调用JLHC【加老虎窗】命令，添加下方的老虎窗，如图7-110所示。

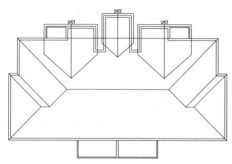

图7-109 添加老虎窗

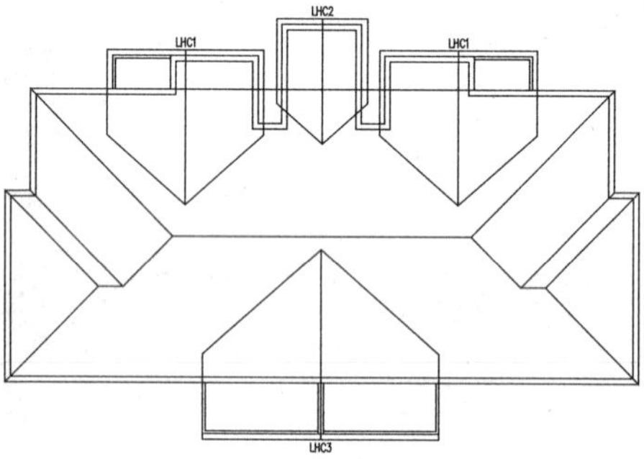

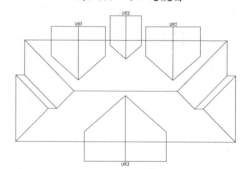

图7-110 添加老虎窗

08 屋顶最终效果，如图7-111所示。

图7-111 屋顶完成效果

7.5.2 布置公共卫生间

本小节通过对如图7-112所示的卫生间绘制，练习布置洁具的方法。

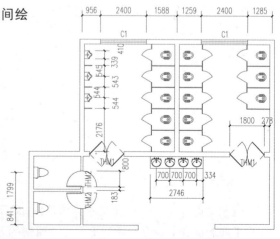

图7-112 布置洁具

01 打开配套光盘提供的 "第7课/7.5.2素材.dwg" 文件，如图7-113所示。

02 执行BZJJ【布置洁具】命令，绘制洗脸盆，如图7-114所示。

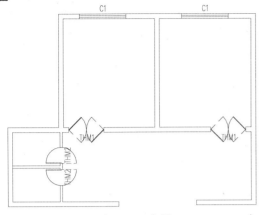

图7-113　素材

图7-114　绘制洗手盆

03 执行REC【矩形】命令，使用矩形工具绘制洗手台，如图7-115所示。

04 执行BZJJ【布置洁具】命令，绘制蹲便器，如图7-116所示。

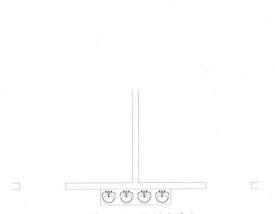

图7-115　绘制洗手台

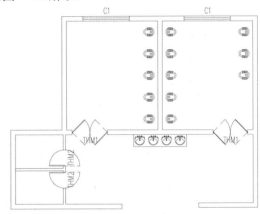

图7-116　绘制蹲便器

05 执行BZJJ【布置洁具】命令，绘制小便器，如图7-117所示。

06 执行BZJJ【布置洁具】命令，绘制马桶，如图7-118所示。

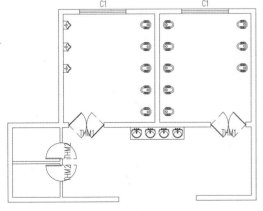

图7-117　绘制小便器

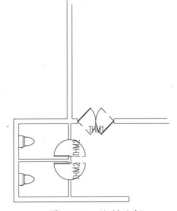

图7-118　绘制马桶

07 执行BZGD【布置隔断】命令，绘制隔断，如图7-119所示。

08 执行BZGB【布置隔板】命令，绘制隔板，最后效果如图7-120所示。

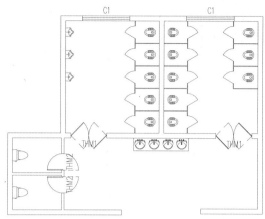

图7-119　绘制隔断

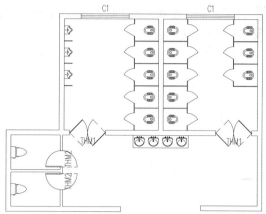

图7-120　绘制隔板

第8课
文字表格

当建筑图形绘制完成后，就应该根据需要添加详细的文字解释，以对图形中不便于表达的内容加以说明，使图形更清晰、更完整，建筑设计的设计说明通常由文字和表格组成。与AutoCAD的文字标注功能相比，TArch 2013对中文文字的支持更为完善，创建和编辑也更为方便。

本课详细讲解了TArch 2013文字和表格的创建和编辑方法。

【本课知识要点】
掌握文字工具的使用。
掌握表格工具的使用。

8.1 文字工具

TArch 2013 提供的文字工具命令包括，文字样式、单行文字、多行文字等，绘制不一样的图形可以选择不一样的文字工具来进行标注说明。本节介绍各类文字工具的使用方法。

8.1.1 文字样式

【文字样式】命令是TArch 2013自定义文字样式的集合，可设定中西文字各自的参数。

执行【文字样式】命令的方法有：

● 屏幕菜单：【文字表格】|【文字样式】命令
● 命令行：WZYS

【课堂举例8-1】新建文字样式

01 执行【文字表格】|【文字样式】命令，弹出如图8-1所示的【文字样式】对话框，单击其中的【新建】按钮。

02 在弹出的【新建文字样式】对话框中，设置新样式的名称，如图8-2所示。

03 单击【确定】按钮返回【文字样式】对话框，单击"确定"按钮，关闭对话框，完成文字样式的设置。

04 如图8-3所示为使用新建的文字样式创建文字的结果。

图8-1 【文字样式】对话框　　图8-2 【新建文字样式】对话框　　图8-3 创建文字

8.1.2 单行文字

【单行文字】命令可以输入单行文字，方便地为文字设置上下标。

执行【单行文字】命令的方法有：

● 屏幕菜单：【文字表格】|【单行文字】命令
● 命令行：DHWZ

【课堂举例8-2】创建单行文字

01 执行【文字表格】|【单行文字】命令，在弹出的【单行文字】对话框中输入文字，如图8-4所示。

02 在绘图区中点取单行文字的插入位置，结果如图8-5所示。

图8-4 【单行文字】对话框　　　图8-5 单行文字

技巧

每行文字都是独立的对象，可以对其进行移动、格式设置或其他修改。可以双击单行文字对其进行在位编辑，也可单击鼠标右键，在弹出的快捷菜单中选择“单行文字”选项，在弹出的【单行文字】对话框中对文字的格式等进行修改。

8.1.3 多行文字

【多行文字】命令可以按段落输入多行中文文字，可以方便地设定页宽与换行位置。

执行【多行文字】命令的方法有：

- 屏幕菜单：【文字表格】|【多行文字】命令

【课堂举例8-3】创建多行文字

01 执行【文字表格】|【多行文字】命令，在弹出的【多行文字】对话框中输入文字，结果如图8-6所示。

02 在对话框中单击【确定】按钮，在绘图区中点取文字的插入位置，结果如图8-7所示。

多行文字
行距系数: 0.4
文字样式: Standard
对齐: 左对齐
确定
页宽< 200
字高< 7.0
转角: 0
取消
一、设计依据
1、《住宅设计规范》(GB0096-1999)；
2、《民用建筑设计通则》(GB50352-2005)；
3、《民用建筑节能设计标准(采暖居住建筑部分)》
4、《河南省居住建筑节能设计标准》(寒冷地区)
5、《建筑设计防火规范》(GB50016-2006)；
6、建设单位所提供的相关资料和要求以及所认可的建筑设计方案
7、现行的国家有关建筑设计规范、规程和规定；

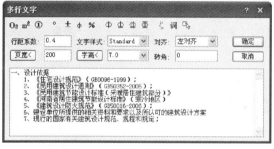

图8-6 【多行文字】对话框

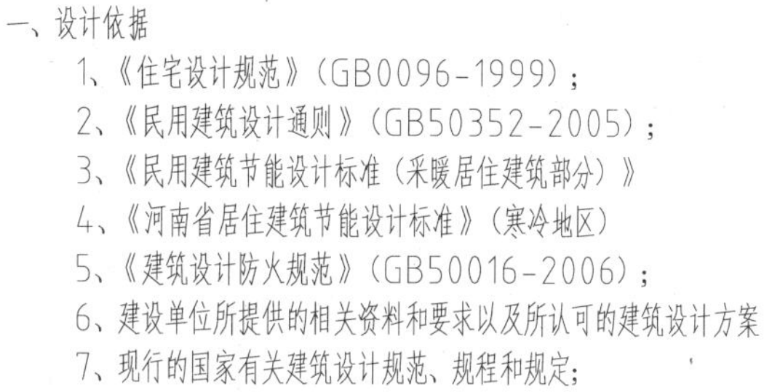

一、设计依据
1、《住宅设计规范》(GB0096-1999)；
2、《民用建筑设计通则》(GB50352-2005)；
3、《民用建筑节能设计标准(采暖居住建筑部分)》
4、《河南省居住建筑节能设计标准》(寒冷地区)
5、《建筑设计防火规范》(GB50016-2006)；
6、建设单位所提供的相关资料和要求以及所认可的建筑设计方案
7、现行的国家有关建筑设计规范、规程和规定；

图8-7 多行文字

8.1.4 曲线文字

【曲线文字】命令可以直接注写圆弧文字，也可按已有曲线布置曲线文字。

执行【曲线文字】命令的方法有：

- 屏幕菜单：【文字表格】|【曲线文字】命令
- 命令行：QXWZ

【课堂举例8-4】创建曲线文字

01 按快捷键Ctrl+O，打开配套光盘提供的“第8课/8.1.4曲线文字素材.dwg”素材文件，如图8-8所示。

02 执行【文字表格】|【曲线文字】命令，根据命令行的提示，输入P，选择“按已有曲线布置文字”选项，并选择文字基线，如图8-9所示。

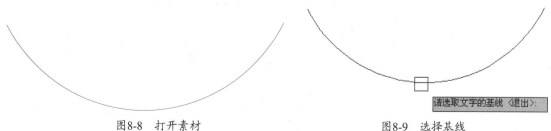

图8-8 打开素材

请选取文字的基线 <退出>:

图8-9 选择基线

03 根据命令行的提示输入文字，命令行提示“请键入模型空间字高 <500>:”时，按Enter键确认，结果如图8-10所示。

图8-10　曲线文字

8.1.5　专业词库

【专业词库】命令是一个可以自由扩充的专业词库。

执行【专业词库】命令的方法有：

● 屏幕菜单：【文字表格】|【专业词库】命令

● 命令行：ZYCK

【课堂举例8-5】调用专业词库命令替换文字

01 按快捷键Ctrl+O，打开配套光盘提供的"第8课/8.1.5专业词库素材.dwg"素材文件，结果如图8-11所示。

02 执行【文字表格】|【专业词库】命令，在弹出的【专业词库】对话框中选择"卧室"文本，如图8-12所示。

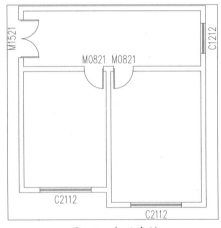

图8-11　打开素材

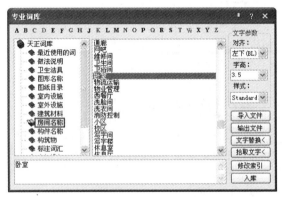

图8-12　【专业词库】对话框

03 在绘图区中点取插入位置，结果如图8-13所示。

04 在【专业词库】对话框中选择"书房"文本，单击【文字替换<】按钮，如图8-14所示。

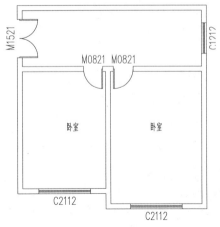

图8-13　插入文字

图8-14　【专业词库】对话框

05 在绘图区中点取左边的
"卧室"文本,替换结果
如图8-15所示。

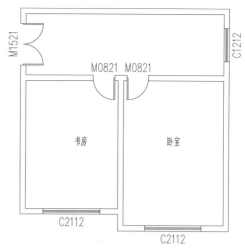

图8-15 替换文字

8.1.6 递增文字

【递增文字】命令用于附带有序数的天正单行文字、CAD文字、图名标注、剖面剖切、断面剖切,以及索引图名,支持的文字包括,数字、字母、中文数字,同时支持对序数进行递增或递减的复制操作。

执行【递增文字】命令的方法有:

● *屏幕菜单:*【文字表格】|【递增文字】命令
● *命令行:*DZWZ

如图8-16所示为递增文字
前的效果,如图8-17所示为递
增文字后的效果。

文字样式1　　文字样式1 文字样式2 文字样式3

图8-16 递增文字前　　　　　图8-17 递增文字后

8.1.7 转角自纠

【转角自纠】命令可以反转调整图中单行文字的方向,可以一次纠正多个文字。

执行【转角自纠】命令的方法有:

● *屏幕菜单:*【文字表格】|【转角自纠】命令
● *命令行:*ZJZJ

8.1.8 文字转化

【文字转化】命令可以将旧版本的AutoCAD文字转换成天正文字,对其进行合并后生成新的单行文字或多行文字。

执行【文字转化】命令的方法有:

● *屏幕菜单:*【文字表格】|【文字转化】命令
● *命令行:*WZZH

8.1.9 文字合并

【文字合并】命令可以把天正单行文字的段落合并成一个多行文字。

执行【文字合并】命令的方法有:

● *屏幕菜单:*【文字表格】|【文字合并】命令
● *命令行:*WZHB

8.1.10 统一字高

【统一字高】命令可以将文字按给定尺寸统一。

执行【统一字高】命令的方法有：

● 屏幕菜单：【文字表格】|【统一字高】命令

● 命令行：TYZG

8.1.11 查找替换

【查找替换】命令可以查找和替换当前图形中的所有文字，拥有丰富的查找设置过滤选项。

执行【查找替换】命令的方法有：

● 屏幕菜单：【文字表格】|【查找替换】命令

● 命令行：CZTH

【课堂举例8-6】查找替换

01　按快捷键Ctrl+O，打开配套光盘提供的"第8课/8.1.10查找替换素材.dwg"素材文件，结果如图8-18所示。

02　执行【文字表格】|【查找替换】命令，弹出【查找和替换】对话框。单击【查找内容】选项后面的选择按钮，在绘图区中选择"书房"文本。单击【替换为】选项后面的选择按钮，在绘图区中选择"卧室"文本，如图8-19所示。

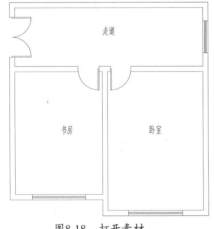

图8-18　打开素材

图8-19　【查找和替换】对话框

03　单击【全部替换】按钮，在弹出的【查找替换】对话框中单击【确定】按钮，如图 8-20 所示。

04　替换结果，如图8-21所示。

图8-20　单击【确定】按钮

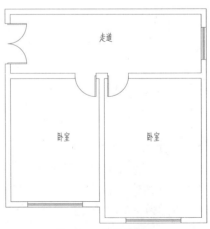

图8-21　查找替换

8.1.12 繁简转换

大陆与港、台地区使用不同的汉字内码，双方交流不便，【繁简转换】命令可以转换图中指定文字的内码（国标码与BIG5码），必须手动更改文字样式字体。

执行【繁简转换】命令的方法有：

● 屏幕菜单：【文字表格】|【繁简转换】命令
● 命令行：FJZH

8.2 表格工具

TArch 2013中的表格工具主要包括，新建表格、拆分表格、合并表格等，表格可以说明多种同类物体的不同参数，因此在绘图中时常要创建表格。

本节来介绍表格工具的使用方法。

8.2.1 新建表格

【新建表格】命令可以用已知行列参数通过对话框创建一个表格。

执行【新建表格】命令的方法有：

● 屏幕菜单：【文字表格】|【新建表格】命令
● 命令行：XJBG

【课堂举例8-7】新建表格

01 执行【文字表格】|【新建表格】命令，在弹出的【新建表格】对话框中设置参数，如图8-22所示。

02 在对话框中单击【确定】按钮，在绘图区拾取表格的插入点，新建表格的结果，如图8-23所示。

图8-22 【新建表格】对话框

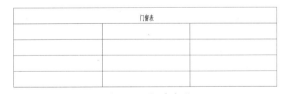

图8-23 新建表格

8.2.2 转出Word

【转出Word】命令提供了TArch与Word之间导出表格文件的接口，把表格对象的内容输出到Word文件中。

执行【转出Word】命令的方法有：

● 屏幕菜单：【文字表格】|【转出Word】命令

8.2.3 转出Excel

【转出Excel】命令可以把天正表格对象输出到Excel中或读入Excel中建立的数据表格，创建天正表格对象。

执行【转出Excel】命令的方法有：

● 屏幕菜单：【文字表格】|【转出Excel】命令

8.2.4　读入Excel

【读入Excel】命令可以把当前Excel表单中的数据更新到指定的天正表格中，支持Excel中保留的小数位数。

执行【读入Excel】命令的方法有：

● 屏幕菜单：【文字表格】|【读入Excel】命令

8.2.5　全屏编辑

【全屏编辑】命令可以从图形中取得表格，在对话框中进行行、列及单位编辑。

执行【全屏编辑】命令的方法有：

● 屏幕菜单：【文字表格】|【表格编辑】|【全屏编辑】命令
● 命令行：QPBJ

【课堂举例8-8】全屏编辑表格

01 按快捷键Ctrl+O，打开配套光盘提供的"第8课/8.2.3全屏编辑素材.dwg"素材文件，结果如图8-24所示。

门窗表

类型	设计编号	洞口尺寸(mm)	数量	图集名称	页次	选用型号	备注
普通门	M0821	800X2100	8				
	M1521	1500X2100	1				
普通窗	C1512	1500X1200	2				
	C2112	2100X1200	1				
转角窗	ZJC1	(1080+1680)X1500	1				
	ZJC1	(1420+1680)X1500	1				

图8-24　打开素材

02 执行【文字表格】|【表格编辑】|【全屏编辑】命令，选择表格。在弹出的【表格内容】对话框中选择要编辑单元，单击鼠标右键，在弹出的快捷菜单中选择"删除（Del）"选项，如图8-25所示。

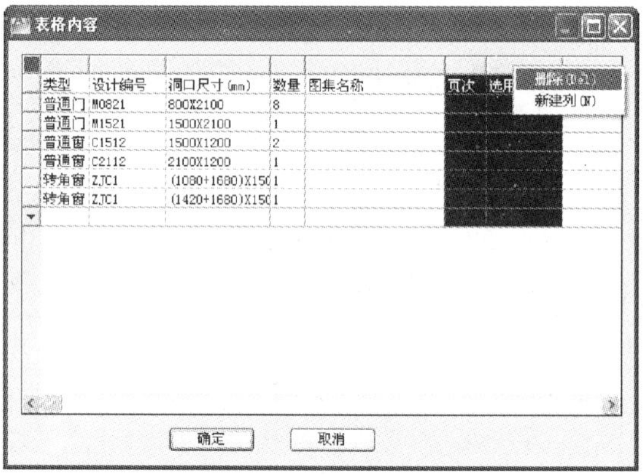

图8-25　【表格内容】对话框

03 编辑表格的结果，如图8-26所示。

门窗表

类型	设计编号	洞口尺寸(mm)	数量	图集名称	备注
普通门	M0821	800X2100	8		
	M1521	1500X2100	1		
普通窗	C1512	1500X1200	2		
	C2112	2100X1200	1		
转角窗	ZJC1	(1080+1680)X1500	1		
	ZJC1	(1420+1680)X1500	1		

图8-26　编辑结果

8.2.6　拆分表格

【拆分表格】命令可以将表格按行或按列拆分为多个表格，也可以按用户设定的行列数自动拆分。

执行【拆分表格】命令的方法有：

● 屏幕菜单：【文字表格】|【表格编辑】|【拆分表格】命令
● 命令行：CFBG

【课堂举例8-9】拆分表格

01 按快捷键Ctrl+O，打开配套光盘提供的"第8课/8.2.4拆分表格素材.dwg"素材文件，结果如图8-27所示。

02 执行【文字表格】|【表格编辑】|【拆分表格】命令，在弹出的【拆分表格】对话框中设置参数，如图8-28所示。

门窗表

类型	设计编号	洞口尺寸(mm)	数量	图集名称	页次	选用型号	备注
普通门	M1	700X2100	1				
	M2	750X2100	3				
	M3	800X2100	1				
	M4	850X2100	1				
	M5	900X2100	1				
	TLM1	2700X2100	1				
普通窗	C1	1260X1500	2				
	C2	1800X1500	2				

图8-27　打开素材

图8-28　设置参数

03 单击【拆分】按钮，在绘图区中选择表格，拆分的结果如图8-29所示。

门窗表

类型	设计编号	洞口尺寸(mm)	数量	图集名称	页次	选用型号	备注
普通门	M1	700X2100	1				
	M2	750X2100	3				
	M3	800X2100	1				
	M4	850X2100	1				
	M5	900X2100	1				
	TLM1	2700X2100	1				

门窗表

类型	设计编号	洞口尺寸(mm)	数量	图集名称	页次	选用型号	备注
普通窗	C1	1260X1500	2				
	C2	1800X1500	2				

图8-29　拆分结果

8.2.7　合并表格

【合并表格】命令可以将多个表格逐次合并为一个表格，可以按行合并，也可以改为按列合并。

执行【合并表格】命令的方法有：

● 屏幕菜单：【文字表格】|【表格编辑】|【合并表格】命令

● 命令行：HBBG

8.2.8　表列编辑

【表列编辑】命令用于对一列或多列表格进行编辑。

执行【表列编辑】命令的方法有：

● 屏幕菜单：【文字表格】|【表格编辑】|【表列编辑】命令

● 命令行：BLBJ

【课堂举例8-10】表列编辑

01 按快捷键Ctrl+O，打开配套光盘提供的"第8课/8.2.6表列编辑素材.dwg"素材文件，结果如图8-30所示。

02 执行【文字表格】|【表格编辑】|【表列编辑】命令，选择列，如图8-31所示。

门窗表

类型	设计编号	洞口尺寸(mm)	数量	备注
普通门	M1	700X2100	1	
	M2	750X2100	3	
	M3	800X2100	1	
	M4	850X2100	1	
	M5	900X2100	1	
	TLM1	2700X2100	1	
普通窗	C1	1260X1500	2	
	C2	1800X1500	2	

图8-30　打开素材

门窗表

类型	设计编号	洞口尺寸(mm)	数量	备注
普通门	M1	700X2100	1	
	M2	750X2100	3	
	M3	800X2100	1	
	M5	900X2100	1	
	TLM1	2700X2100	1	
普通窗	C1	1260X1500	2	
	C2	1800X1500	2	

请点击一表列以编辑属性或 [1393.7499]

图8-31　选择列

03 在弹出的【列设定】对话框中，修改"文字大小"参数，如图8-32所示。

04 单击【确定】按钮关闭对话框，表列编辑的结果，如图8-33所示。

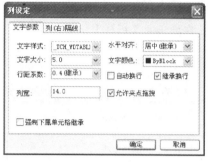

图8-32 修改参数

门窗表

类型	设计编号	洞口尺寸(mm)	数量	备注
普通门	M1	700X2100	1	
	M2	750X2100	3	
	M3	800X2100	1	
	M4	850X2100	1	
	M5	900X2100	1	
	TLM1	2700X2100	1	
普通窗	C1	1260X1500	2	
	C2	1800X1500	2	

图8-33 编辑结果

8.2.9 表行编辑

【表行编辑】命令可以对一行或多行表格进行编辑。

执行【表行编辑】命令的方法有：

● 屏幕菜单：【文字表格】|【表格编辑】|【表行编辑】命令

● 命令行：BHBJ

8.2.10 增加表行

【增加表行】命令用于对表行进行编辑，可以一次增加一行，也可以通过表行编辑实现。

执行【增加表行】命令的方法有：

● 屏幕菜单：【文字表格】|【表格编辑】|【增加表行】命令

● 命令行：ZJBH

【课堂举例8-11】增加表行操作

01 按快捷键Ctrl+O，打开配套光盘提供的"第8课/8.2.8增加表行素材.dwg"素材文件，结果如图8-34所示。

02 执行【文字表格】|【表格编辑】|【增加表行】命令，将光标移至指定的行，如图8-35所示。

门窗表

类型	设计编号	洞口尺寸(mm)	数量	备注
普通门	M1	700X2100	1	
	M2	750X2100	3	
	M3	800X2100	1	
	M4	850X2100	1	
普通窗	C1	1260X1500	2	
	C2	1800X1500	2	

图8-34 打开素材

门窗表

类型	设计编号	洞口尺寸(mm)	数量	备注
普通门	M1	700X2100	1	
	M2	750X2100	3	
	M3	800X2100	1	
	M4	850X2100	1	
	C1	1260X1500	2	
普通窗	C2	1800X1500	2	

请点取一表行以（在本行之前）插入新行或 54591 9755 966

图8-35 选择行

03 根据命令行的提示输入A，选择"在本行之后插入"选项，单击鼠标，增加表行的结果，如图8-36所示。

门窗表

类型	设计编号	洞口尺寸(mm)	数量	备注
普通门	M1	700X2100	1	
	M2	750X2100	3	
	M3	800X2100	1	
	M4	850X2100	1	
普通窗	C1	1260X1500	2	
	C2	1800X1500	2	

图8-36 增加表行

8.2.11 删除表行

【删除表行】命令可以以表行为单位进行删除。

执行【删除表行】命令的方法有：

● 屏幕菜单：【文字表格】|【表格编辑】|【删除表行】命令

● 命令行：SCBH

8.2.12 单元编辑

【单元编辑】命令可以编辑单元内容或改变单元文字的属性。

执行【单元编辑】命令的方法有：

● 屏幕菜单：【文字表格】|【单元编辑】|【单元编辑】命令

● 命令行：DYBJ

【课堂举例8-12】单元编辑

01 按快捷键Ctrl+O，打开配套光盘提供的"第8课/8.2.10单元编辑素材.dwg"素材文件，结果如图8-37所示。

02 执行【文字表格】|【单元编辑】|【单元编辑】命令，选取要编辑的单元格，如图8-38所示。

图8-37 打开素材

图8-38 选择单元格

03 在弹出的【单元格编辑】对话框中设置参数，如图8-39所示。

04 单击【确定】按钮关闭对话框，完成单元格编辑的结果，如图8-40所示。

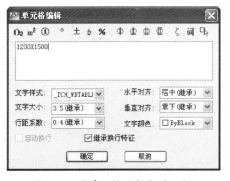

图8-39 【单元格编辑】对话框

图8-40 单元格编辑

提示

在【单元格编辑】对话框中，可以对单元格的文字样式、字体大小、文字颜色等属性进行设置。

8.2.13 单元递增

【单元递增】命令将含数字或字母的单元文字在同一行或一列进行复制。

执行【单元递增】命令的方法有：

● 屏幕菜单：【文字表格】|【单元编辑】|【单元递增】命令

● 命令行：DYDZ

【课堂举例8-13】单元递增

01 按快捷键Ctrl+O，打开配套光盘提供的"第8课/8.2.11单元递增素材.dwg"素材文件，结果如图8-41所示。

02 执行【文字表格】|【单元编辑】|【单元递增】命令，选取要编辑的第一个单元格，如图8-42所示。

门窗表

类型	设计编号	洞口尺寸(mm)	数量
	M1	700X2100	1
		750X2100	3
普通门		800X2100	1
		900X2100	3
		1000X2100	1

图8-41 打开素材

门窗表

类型	设计编号	洞口尺寸(mm)	数量
	M1	700X2100	1
		750X2100	3
普通门		800X2100	1
		900X2100	3
		1000X2100	1

图8-42 选取第一个单元格

03 选取最后一个单元格，如图8-43所示。

04 单元递增，如图8-44所示。

门窗表

类型	设计编号	洞口尺寸(mm)	数量
	M1	700X2100	1
		750X2100	3
普通门		800X2100	1
		900X2100	3
		1000X2100	1

图8-43 选取单元格

门窗表

类型	设计编号	洞口尺寸(mm)	数量
	M1	700X2100	1
	M2	750X2100	3
普通门	M3	800X2100	1
	M4	900X2100	3
	M5	1000X2100	1

图8-44 单元递增

8.2.14 单元复制

【单元复制】命令可以复制某一单元内容或图形中的文字、图块至目标单元。

执行【单元复制】命令的方法有：

● 屏幕菜单：【文字表格】|【单元编辑】|【单元复制】命令

● 命令行：DYFZ

【课堂举例8-14】单元复制

01 按快捷键Ctrl+O，打开配套光盘提供的"第8课/8.2.12单元复制素材.dwg"素材文件，结果如图8-45所示。

门窗表

类型	设计编号	洞口尺寸(mm)	数量
	M1	700X2100	1
普通门	M2	750X2100	3
	M3		1

图8-45 打开素材

02 执行【文字表格】|【单元编辑】|【单元复制】命令，点取复制源单元格，如图8-46所示。

03 点取下一个单元格，完成复制，结果如图8-47所示。

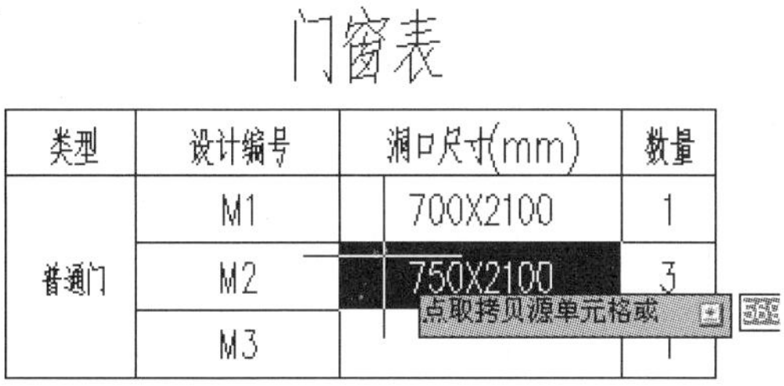

门窗表

类型	设计编号	洞口尺寸(mm)	数量
普通门	M1	700X2100	1
	M2	750X2100	3
	M3		

点取拷贝源单元格或

图8-46　点取单元格

门窗表

类型	设计编号	洞口尺寸(mm)	数量
普通门	M1	700X2100	1
	M2	750X2100	3
	M3	750X2100	1

图8-47　单元复制

8.2.15　单元累加

【单元累加】命令用于累加行或列中的数值，结果填写在指定的空白单元格中。

执行【单元累加】命令的方法有：

● 屏幕菜单：【文字表格】|【单元编辑】|【单元累加】命令

● 命令行：DYLJ

如图8-48所示为单元累加前的状态，如图8-49所示为单元累加后的状态。

242	632	
333	234	
124	743	

图8-48　单元累加前

242	632	
333	234	
124	743	
699		

图8-49　单元累加后

8.2.16　单元合并

【单元合并】命令可以将几个单元格合并为一个单元格。

执行【单元合并】命令的方法有：

● 屏幕菜单：【文字表格】|【单元编辑】|【单元合并】命令

● 命令行：DYHB

【课堂举例8-15】单元合并

01 按快捷键Ctrl+O，打开配套光盘提供的"第8课/8.2.13单元合并素材.dwg"素材文件，结果如图8-50所示。

02 执行【文字表格】|【单元编辑】|【单元合并】命令，点选要合并的两个单元格，如图 8-51 所示。

门窗表

类型	设计编号	洞口尺寸(mm)	数量
普通门	M1	700X2100	1
	M2	750X2100	3
	M3	900X2100	2

图8-50　打开素材

门窗表

类型	设计编号	洞口尺寸(mm)	数量
普通门	M1	700X2100	1
	M2	750X2100	3
	M3	900X2100	2

点取另一个角点

图8-51　选择单元格

03 单元合并的结果，如图8-52所示。

门窗表

类型	设计编号	洞口尺寸(mm)	数量
普通门	M1	700X2100	1
	M2	750X2100	3
	M3	900X2100	2

图8-52　单元合并

8.2.17　撤销合并

【撤销合并】命令可以将已经合并的单元恢复为几个小的表格单元。

执行【撤销合并】命令的方法有：

● 屏幕菜单：【文字表格】|【单元编辑】|【撤销合并】命令

● 命令行：CXHB

8.2.18　单元插图

【单元插图】命令用于将 AutoCAD 图块或天正图块插入到天正表格中的指定一个或多个单元格。

执行【单元插图】命令的方法有：

● 屏幕菜单：【文字表格】|【单元编辑】|【单元插图】命令

● 命令行：DYCT

如图8-53所示为【单元插图】对话框。如图8-54所示为单元插图完成的效果。

图8-53　【单元插图】对话框　　　图8-54　单元插图效果

8.3　实例应用

8.3.1　创建工程设计说明

本节以创建工程设计说明为例，介绍文字表格知识在实际工作中的作用。

01 执行WZYS【文字样式】命令，在弹出的【文字样式】对话框中设置文字样式，如图8-55所示。单击【确定】按钮，完成文字样式的创建。

图8-55　创建文字样式

02 执行DHWZ【单行文字】命令，在弹出【单行文字】对话框中设置参数，如图8-56所示。

03 在绘图区中点取单行文字的插入位置，文字的创建结果，如图8-57所示。

图8-56　【单行文字】对话框　　　　　图8-57　单行文字

04 执行【文字表格】|【多行文字】命令，在弹出【多行文字】对话框中设置参数，并输入文字，如图8-58所示。

05 在对话框中单击【确定】按钮，在绘图区中点取文字的插入位置，完成多行文字的创建，如图8-59所示。

多行文字
行距系数: 0.40
文字样式: Standard
对齐: 左对齐
确定
页宽< 100.0
字高< 5.0
转角: 0
取消

图8-58 【多行文字】对话框

1、本工程为中方县第二中学学生公寓楼，主体为砖混结构，共五层，每层层高均为3.6m，总建筑面积2086平方米（走廊按半面积计算）。根据《民用建筑设计通则》，主体正常使用年限为50年
2、本工程图中除标高以米计外，其余均以毫米为单位
3、本工程图中所有轴线均居墙中，墙厚除图纸上另有标注外均为240厚，所有门扇除注明外，均在开启方向离墙（柱）留120（240）墙垛
4、本工程外墙做法详见各立面图
5、本工程为一般民用建筑，屋面防水等级为Ⅲ级，盖山东缸瓦屋面设防
6、本工程所有装饰材料及外墙粉刷色彩均需提供样板或在现场会同设计人员研究同意后选用施工
7、本工程设计图纸应会同有关个专业密切配合施工，不得任意修改设计图纸，如确需调整时，请会同设计单位共同研究解决
8、本工程根据《建筑设计防火规范》和本建筑使用要求，本建筑耐火等级为三级
9、本工程凡外露铁件均先用红丹防锈漆打底，面油绿色硝基漆二渡
10、本工程凡入墙（地）木结构均涂柏油防腐
11、屋面排水管均离开墙面20毫米安装
12、本工程设计所有索引图号均选自《中南地区通用建筑标准设计建筑配件图集-2000》
13、本工程所有木窗刷红色调和漆三遍，做法祥见98ZJ001图57/58
14、本工程阳台、卫生间、走廊楼地面标高分别低出相应楼地面标高30、50、30
15、本工程设计图中未详尽之处均严格按现行国家有关工程建设强制标准执行

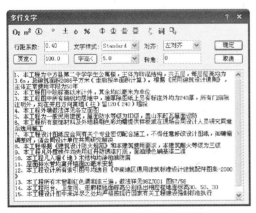

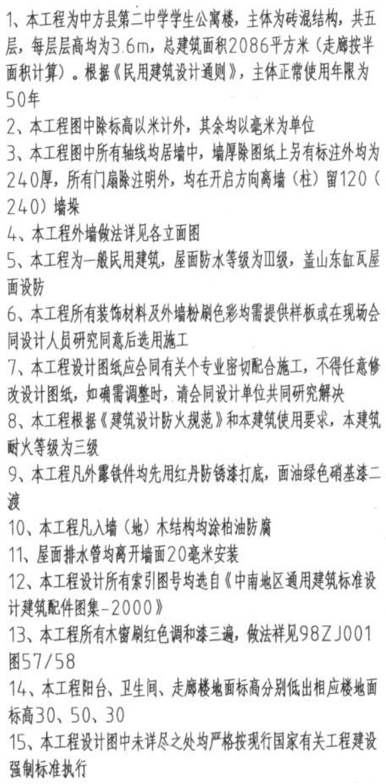

图8-59 多行文字

06 执行XJBG【新建表格】命令，在弹出的【新建表格】对话框中设置参数，如图8-60所示。

07 在对话框中单击【确定】按钮，在绘图区中点取表格的左上角点，创建表格的结果，如图8-61所示。

新建表格
行数: 10
行高: 7.0
列数: 8
列宽: 40.0
标题: 门窗表
允许使用夹点改变行宽
确定
取消

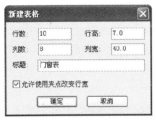

图8-60 【新建表格】对话框

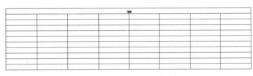

图8-61 新建表格

08 执行DYHB【单元合并】命令和夹点编辑，修改表格的结果，如图8-62所示。

09 执行QPBJ【全屏编辑】命令，在弹出的【表格内容】对话框中输入表格的内容，如图8-63所示。单击【确定】按钮，即可关闭对话框。

门窗表

图8-62 编辑表格

表格内容
门窗编号 洞口尺寸 离地高度 索引图集编号 数量 附注
宽度 高度
M-1 700 2100 0 98ZJ681-3-GJM102 50 防水塑钢门
M-2 900 2100 0 98ZJ681-3-GJM102 5 镶板门（外包胡桃木）
M-3 3200 2700 0 98ZJ641-66-31 1 12厚刚化玻璃，不锈钢包边，地
MLC-1 2260 2700 0 88ZJ601-1-23 49 镶板门，单层外开带纱连窗门，
BLM-1 1790 2700 0 49 塑钢玻璃推拉门，楼（地）面以
C-1 1790 1800 900 98ZJ721-118-30 49 mm厚白色铝材，5mm厚绿色玻璃
C-2 900 900 1800 98ZJ721-118-2 49
C-3 1800 1800 900 98ZJ721-118-30 5
确定
取消

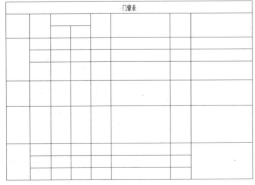

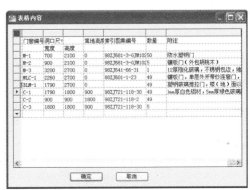

图8-63 【表格内容】对话框

10 添加表格内容的结果，如图8-64所示。

11 执行CRTK【插入图框】命令，在弹出的【插入图框】对话框中勾选“直接插图框”选项，并单击后面的按钮，如图8-65所示。

门窗表							
类别	门窗编号	洞口尺寸（mm）		离地高度	索引图集编号	数量（樘）	附　注
		宽度	高度				
门	M-1	700	2100	0	98ZJ681-3-GJM102	50	防水塑钢门
	M-2	900	2100	0	98ZJ681-3-GJM102	5	镶板门（外包胡桃木）
	M-3	3200	2700	0	98ZJ641-66-31	1	12厚刚化玻璃，不锈钢包边，地弹簧门，900长不锈钢拉手
门连窗	MLC-1	2260	2700	0	88ZJ601-1-23	49	镶板门，单层外开带纱连窗门，窗户设Φ14@100防盗钢条
塑钢玻璃推拉门	BLM-1	1790	2700	0		49	塑钢玻璃推拉门，楼（地）面以上900mm制作塑钢板材，其余为5mm厚白色玻璃，门洞尺寸：800X2100
窗	C-1	1790	1800	900	98ZJ721-118-30	49	1.0mm厚白色铝材，5mm厚绿色玻璃
	C-2	900	900	1800	98ZJ721-118-2	49	
	C-3	1800	1800	900	98ZJ721-118-30	5	

图8-64　表格内容

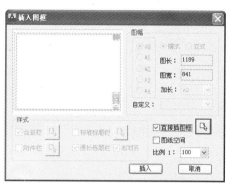

图8-65　【插入图框】对话框

12 在弹出的【天正图库管理系统】对话框中选择图框样式，如图8-66所示。

13 双击图框样式图标，返回【插入图框】对话框，单击【插入】按钮，结果如图8-67所示。

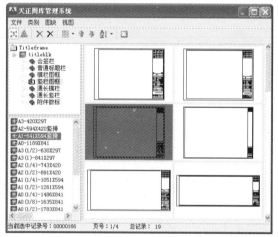

图8-66　【天正图库管理系统】对话框

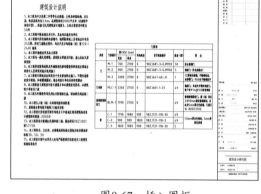

图8-67　插入图框

14 双击图框右下角的标题栏，在弹出的【增强属性编辑器】对话框中修改参数，如图8-68所示。

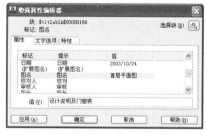

图8-68　【增强属性编辑器】对话框

8.4 拓展训练

8.4.1　绘制门窗明细表

本小节通过绘制如图8-69所示的图形，练习门窗明细表的绘制方法。

01 执行XJBG【新建表格】命令，新建一个表格，并输入标题，如图8-70所示。

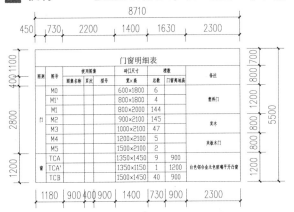

图8-69 门窗明细表

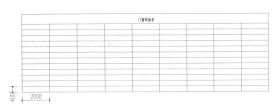

图8-70 新建表格

02 使用夹点编辑功能调整列宽，如图8-71所示。

03 执行DYHB【单元合并】命令，合并单元格，如图8-72所示。

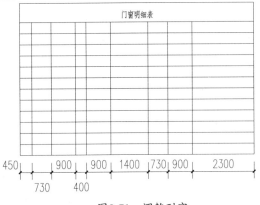

图8-71 调整列宽

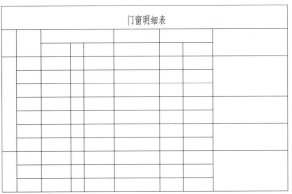

图8-72 合并单元格

04 输入文字和数据，如图8-73所示。

05 执行QPBJ【全屏编辑】命令，利用全屏编辑修改数据，最后的完成效果，如图8-74所示。

图8-73 输入文字数据

图别	图号	使用图集			砖口尺寸	樘数		备注
		图集名称	页次	型号	宽×高	总数	门窗离地高	
门	M0				600×1800	6		塑料门
	M1`				600×1800	4		
	M1				600×1800	144		
	M2				600×1800	145		实木
	M3				600×1800	47		
	M4				600×1800	5		夹板木门
	M5				600×1800	2		
窗	TCA				600×1800	9	900	白色铝合金无色玻璃平开凸窗
	TCA`				600×1800	1	1200	
	TCB				600×1800	40	900	

图8-73 输入文字数据

门窗明细表

图别	图号	使用图集			砖口尺寸	樘数		备注
		图集名称	页次	型号	宽×高	总数	门窗离地高	
门	M0				600×1800	6		塑料门
	M1`				800×1800	4		
	M1				800×2000	144		
	M2				900×2100	145		实木
	M3				1000×2100	47		
	M4				1200×2100	5		夹板木门
	M5				1500×2100	2		
窗	TCA				1350×1450	9	900	白色铝合金无色玻璃平开凸窗
	TCA`				1350×1150	1	1200	
	TCB				1500×1450	40	900	

图8-74 修改数据

8.4.2 完善表格

本小节通过绘制如图8-75所示的图形，练习表格的编辑和修改方法。

01 打开"第8课/8.4.2素材.dwg"素材文件，如图8-76所示。

13700 / 4100 / 9600

单元	A6			
编号	H1	H2	H3	H4
户型				
室内面积	90.30	91.76	66.31	66.39
园林面积	103.28	104.95	75.84	75.93
面积合计	193.58	196.71	142.15	142.32
分摊系数	0.1437435			

4100 / 2400 / 2400 / 2400 / 2400

图8-75　表格

单元	A6			
编号	H1			
室内面积	90.30	91.76	66.31	66.39
园林面积	103.28	104.95	75.84	75.93
分摊系数	0.1437435			

图8-76　素材文件

02　执行ZJBH【增加表行】命令，为表格增加表行，如图8-77所示。

03　输入文字，如图8-78所示。

单元	A6			
编号	H1			
室内面积	90.30	91.76	66.31	66.39
园林面积	103.28	104.95	75.84	75.93
分摊系数	0.1437435			

图8-77　增加表行

单元	A6			
编号	H1			
户型				
室内面积	90.30	91.76	66.31	66.39
园林面积	103.28	104.95	75.84	75.93
面积合计				
分摊系数	0.1437435			

图8-78　输入文字

04　执行DYDZ【单元递增】命令，利用单元递增输入数据，如图8-79所示。

05　执行DYLJ【单元累加】命令，计算面积合计，如图8-80所示。

单元	A6			
编号	H1	H2	H3	H4
户型				
室内面积	90.30	91.76	66.31	66.39
园林面积	103.28	104.95	75.84	75.93
面积合计				
分摊系数	0.1437435			

图8-79　单元递增

单元	A6			
编号	H1	H2	H3	H4
户型				
室内面积	90.30	91.76	66.31	66.39
园林面积	103.28	104.95	75.84	75.93
面积合计	193.58	196.71	142.15	142.32
分摊系数	0.1437435			

图8-80　单元累加

第9课
尺寸标注

尺寸标注是建筑设计图纸中的重要组成部分，图纸中的尺寸标注在国家颁布的建筑制图标准中有严格的规定。TArch 2013提供了符合国内建筑制图标准的尺寸标注样式，用户可以非常方便、快捷地完成对建筑图形的规范化尺寸的标注。

本课首先讲解了TArch 2013创建各类型尺寸标注的方法，然后介绍了TArch 2013功能强大的尺寸标注编辑工具。

【本课知识要点】

掌握尺寸标注创建的方法。
掌握尺寸标注的编辑。

9.1 创建尺寸标注

实际的绘制过程中，总需要对各种各样的图形进行尺寸标注，TArch 2013提供了多种创建尺寸标注工具，主要有：门窗标注、墙厚标注、两点标注等，多种符合行业规范的尺寸标注方式正好满足了用户的需求。

如图9-1所示为标注的组成。

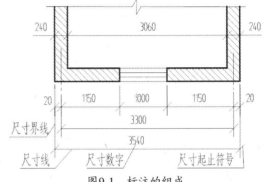

图9-1 标注的组成

9.1.1 门窗标注

【门窗标注】命令可以标注建筑平面图的门窗尺寸。

执行【门窗标注】命令的方法有：

● 屏幕菜单：【尺寸标注】|【门窗标注】命令

● 命令行MCBZ

【课堂举例9-1】创建门窗标注

01 按快捷键Ctrl+O，打开配套光盘提供的"第9课/9.1.1门窗标注素材.dwg"素材文件，结果如图9-2所示。

02 执行【尺寸标注】|【门窗标注】命令，分别点取A点和B点，标注结果如图9-3所示。

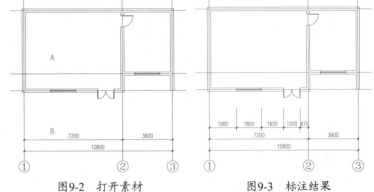

图9-2 打开素材   图9-3 标注结果

03 重复执行命令，完成其他门窗的标注，结果如图9-4所示。

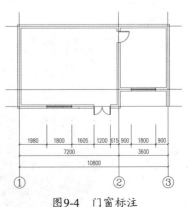

图9-4 门窗标注

9.1.2 墙厚标注

【墙厚标注】命令用于在图中一次标注两点连接线经过的一段至多段天正墙体对象的墙厚尺寸，标注中可识别墙体的方向，标注出于墙体正交的墙厚尺寸。

执行【墙厚标注】命令的方法有：

● 屏幕菜单：【尺寸标注】|【墙厚标注】命令

● 命令行：QHBZ

【课堂举例9-2】创建墙厚标注

01 按快捷键Ctrl+O，打开配套光盘提供的"第9课/9.1.2墙厚标注素材.dwg"素材文件，结果如图9-5所示。

02 执行【尺寸标注】|【墙厚标注】命令，点取A、B两点，墙厚标注的结果，如图9-6所示。

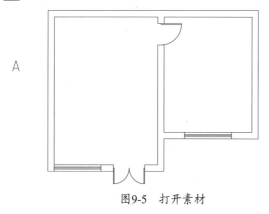

图9-5 打开素材　　　　　　　　　　图9-6 墙厚标注

> **提示**
> 当墙体有轴线存在时，标注以轴线划分左右宽，标注结果如图9-7所示。

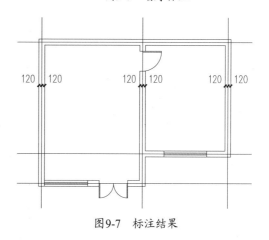

图9-7 标注结果

9.1.3 两点标注

【两点标注】命令可以对两点连线附近有关系的轴线、墙线、门窗、柱子等、构件进行标注尺寸，并可标注各墙中点或添加其他标注点。

执行【两点标注】命令的方法有：

● 屏幕菜单：【尺寸标注】|【两点标注】命令

● 命令行：LDBZ

【课堂举例9-3】创建两点标注

01 按快捷键Ctrl+O，打开配套光盘提供的"第9课/9.1.3两点标注素材.dwg"素材文件，结果如图9-8所示。

02 执行【尺寸标注】|【两点标注】命令，点取A、B两点，线选墙体和轴线，按空格键结束命令，两点标注的结果，如图9-9所示。

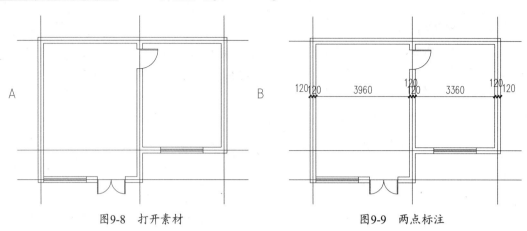

图9-8　打开素材　　　　　　　　　　图9-9　两点标注

技巧

执行"两点标注"命令的同时，根据命令行的提示输入C，可在墙面标注和墙中标注中切换。如图9-10所示为墙中标注的状态，如图9-11所示为墙面标注的状态。

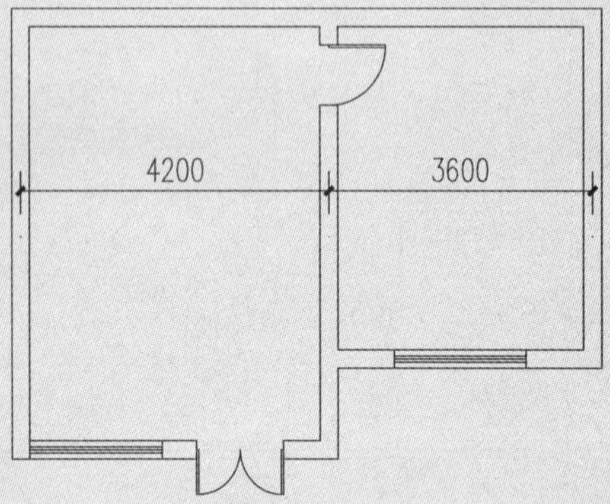

图9-10　墙中标注 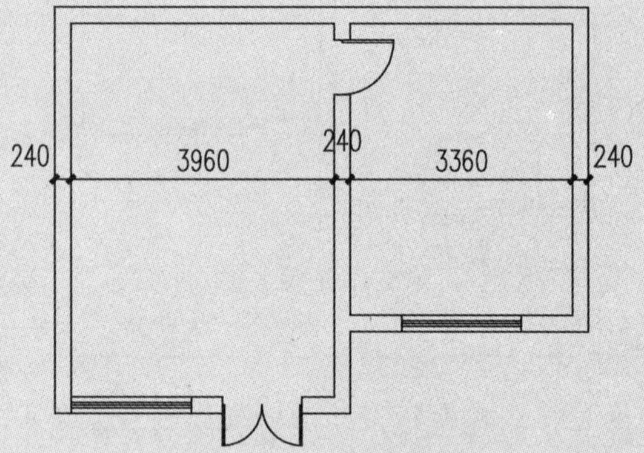　　　　　　　　　　图9-11　墙面标注

9.1.4　内门标注

【内门标注】命令可以标注内墙门窗尺寸及定位尺寸线，其中定位尺寸线与门窗最近轴线或墙边有关系。

执行【内门标注】命令的方法有：

● 屏幕菜单：【尺寸标注】|【内门标注】命令

● 命令行：NMBZ

【课堂举例9-4】内门标注

01　按快捷键Ctrl+O，打开配套光盘提供的"第9课/9.1.4内门标注素材.dwg"素材文件，结果如图9-12所示。

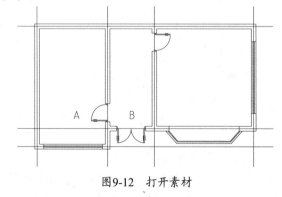

图9-12　打开素材

02　执行【尺寸标注】|【内门标注】命令，指定起点A和终点B，内门标注的结果，如图9-13所示。

03 按空格键重复执行【内门标注】命令，根据命令行的提示输入A，选择跺宽定位。根据命令行的提示分别指定两点线选内门，完成的标注结果，如图9-14所示。

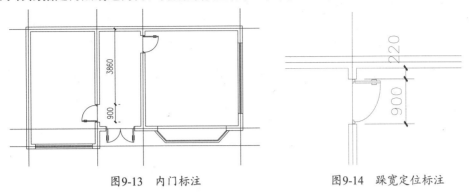

图9-13 内门标注 　　　　　　图9-14 跺宽定位标注

9.1.5 快速标注

【快速标注】命令与AutoCAD的同名命令类似，适用于天正对象，可以快速识别图形外轮廓或基线点，沿着对象的长宽方向标注对象的几何特征尺寸。

执行【快速标注】命令的方法有：

● 屏幕菜单：【尺寸标注】|【快速标注】命令

● 命令行：KSBZ

【课堂举例9-5】创建快速标注

01 按快捷键Ctrl+O，打开配套光盘提供的"第9课/9.1.5快速标注素材.dwg"素材文件，结果如图9-15所示。

02 执行【尺寸标注】|【快速标注】命令，选择要标注的门、窗、墙体按空格键确认，根据命令行提示在命令行中输入A，指定尺寸线位置，完成快速标注的操作，结果如图9-16所示。

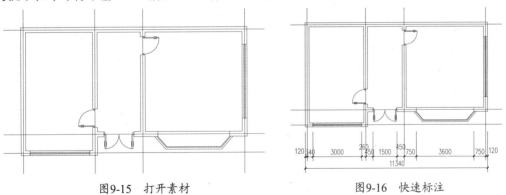

图9-15 打开素材 　　　　　　图9-16 快速标注

9.1.6 楼梯标注

【楼梯标注】命令用于标注楼梯踏步、井宽、梯段宽等楼梯尺寸。

执行【楼梯标注】命令的方法有：

● 屏幕菜单：【尺寸标注】|【楼梯标注】命令

● 命令行：LTBZ

如图9-17所示为楼梯标注后的效果。

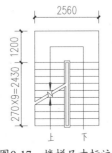

图9-17 楼梯尺寸标注

9.1.7 外包尺寸

【外包尺寸】命令可以一次按规范要求完成四个方向的两道尺寸线，共16处修改。

执行【外包尺寸】命令的方法有：

● 屏幕菜单：【尺寸标注】|【外包尺寸】命令

● 命令行：WBCC

如图9-18所示为外包尺寸之前的状态，如图9-19所示为外包尺寸后的效果。

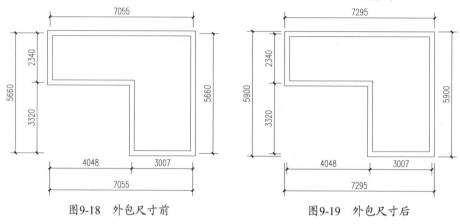

图9-18 外包尺寸前　　　　　　　图9-19 外包尺寸后

9.1.8 逐点标注

【逐点标注】命令是一个通用的灵活标注工具，可对选取的一串给定点沿指定方向标注尺寸。

执行【逐点标注】命令的方法有：

● 屏幕菜单：【尺寸标注】|【逐点标注】命令

● 命令行：ZDBZ

【课堂举例9-6】创建逐点标注

01 按快捷键Ctrl+O，打开配套光盘提供的"第9课/9.1.8逐点标注素材.dwg"素材文件，结果如图9-20所示。

02 执行【尺寸标注】|【逐点标注】命令，指定标注起点和终点，然后指定尺寸位置。重复操作结果如图9-21所示。

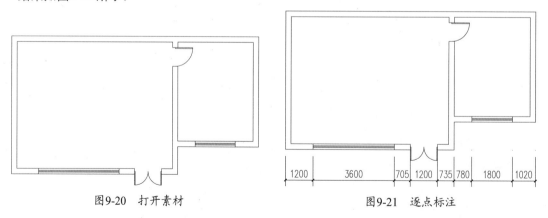

图9-20 打开素材　　　　　　　　图9-21 逐点标注

9.1.9 半径标注

【半径标注】命令可以对圆弧墙或弧线进行半径标注，尺寸文字容纳不下时，会在尺寸线外侧，按照制图标准自动引出标注。

执行【半径标注】命令的方法有：

● 屏幕菜单：【尺寸标注】|【半径标注】命令

● 命令行：BJBZ

9.1.10 直径标注

【直径标注】命令可以对圆弧墙或弧线进行直径标注，尺寸文字容纳不下时，会在尺寸线外侧，按照制图标准自动引出标注。

执行【直径标注】命令的方法有：

● 屏幕菜单：【尺寸标注】|【直径标注】命令

● 命令行：ZJBZ

9.1.11 角度标注

【角度标注】命令用于逆时针方向标注两根直线之间的夹角。

【角度标注】命令是按逆时针标注的，所以在选择第一条直线和第二条直线时要注意。

执行【角度标注】命令的方法有：

● 屏幕菜单：【尺寸标注】|【角度标注】命令

● 命令行：JDBZ

【课堂举例9-7】创建角度标注

01 按快捷键Ctrl+O，打开配套光盘提供的"第9课/9.1.9角度标注素材.dwg"素材文件，结果如图9-22所示。

02 执行【尺寸标注】|【角度标注】命令，分别选择待标注的两段墙体，完成角度标注的结果如图9-23所示。

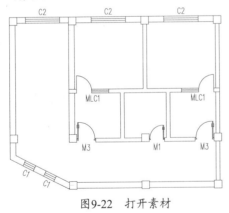
图9-22　打开素材

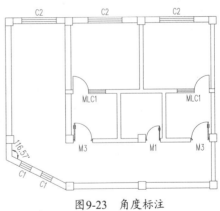
图9-23　角度标注

9.1.12 弧长标注

【弧长标注】命令以国家建筑制图标准规定的弧长标注样式分段标注弧长。

执行【弧长标注】命令的方法有：

● 屏幕菜单：【尺寸标注】|【弧长标注】命令

● 命令行：HCBZ

【课堂举例9-8】创建弧长标注

01 按快捷键Ctrl+O，打开配套光盘提供的"第9课/9.1.10弧长标注素材.dwg"素材文件，结果如图9-24所示。

02 执行【尺寸标注】|【弧长标注】命令，选择待标注的弧段，点取尺寸线位置，当命令行提示"请输入其他标注点"时，按空格键跳过，即可完成弧长标注，结果如图9-25所示。

图9-24　打开素材　　　　　　　　　　图9-25　弧长标注

9.2　编辑尺寸标注

TArch 2013提供了编辑尺寸标注的工具，主要有文字复位、裁剪延伸、合并区间等，能根据需要方便、快捷地对尺寸标注对象进行编辑处理。本节介绍编辑尺寸标注工具的使用方法。

9.2.1　文字复位

文字复位命令可以将尺寸标注的文字恢复到默认的初始位置，可解决夹点拖曳不当与其他夹点合并的问题。

执行【文字复位】命令的方法有：

● 屏幕菜单：【尺寸标注】|【尺寸编辑】|【文字复位】命令
● 命令行：WZFW

【课堂举例9-9】文字复位

01 按快捷键Ctrl+O，打开配套光盘提供的"第9课/9.2.1文字复位素材.dwg"素材文件，结果如图9-26所示。

02 执行【尺寸标注】|【尺寸编辑】|【文字复位】命令，根据命令行的提示选择需要复位文字的对象，按回车键即可完成操作，结果如图9-27所示。

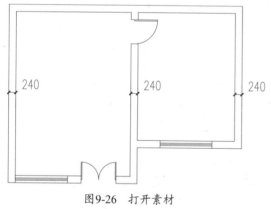
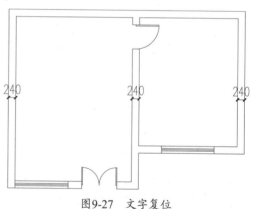

图9-26　打开素材　　　　　　　　　　图9-27　文字复位

9.2.2　文字复值

【文字复值】命令可以将被有意修改的尺寸文字恢复为尺寸的初始数值。

执行【文字复值】命令的方法有：

● 菜单栏：【尺寸标注】|【尺寸编辑】|【文字复值】命令
● 命令行：WZFZ

9.2.3 裁剪延伸

【裁剪延伸】命令可在尺寸的某一端，按指定点裁剪或延伸该尺寸线。

执行【裁剪延伸】命令的方法有：

● 屏幕菜单：【尺寸标注】|【尺寸编辑】|【裁剪延伸】命令

● 命令行：JCYS

【课堂举例9-10】裁剪延伸

01 按快捷键Ctrl+O，打开配套光盘提供的"第9课/9.2.3裁剪延伸素材.dwg"素材文件，结果如图9-28所示。

02 执行【尺寸标注】|【尺寸编辑】|【裁剪延伸】命令，单击指定裁剪延伸的基准点，点取尺寸标注上需要被裁剪的部分，裁剪延伸的结果如图9-29所示。

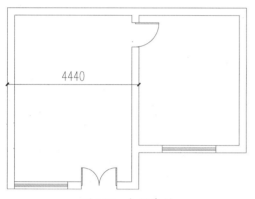

图9-28 打开素材

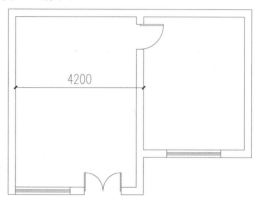

图9-29 操作结果

03 重复操作，选择另一基准点进行裁剪延伸的操作，结果如图9-30所示。

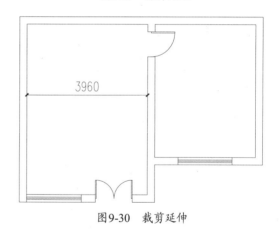

图9-30 裁剪延伸

9.2.4 取消尺寸

【取消尺寸】命令可以删除天正标注对象指定的尺寸线区间。

执行【取消尺寸】命令的方法有：

● 屏幕菜单：【尺寸标注】|【尺寸编辑】|【取消尺寸】命令

● 命令行：QXCC

【课堂举例9-11】取消尺寸

01 按快捷键Ctrl+O，打开配套光盘提供的"第9课/9.2.4取消尺寸素材.dwg"素材文件，结果如图9-31所示。

02 执行【尺寸标注】|【尺寸编辑】|【取消尺寸】命令，选择要取消的尺寸标注区间。取消尺寸标注的结果，如图9-32所示。

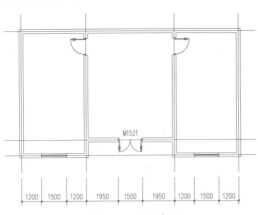

图9-31　打开素材

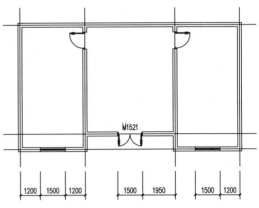

图9-32　取消标注

9.2.5　连接尺寸

【连接尺寸】命令可以连接两个独立的天正自定义直线或圆弧标注对象。

执行【连接尺寸】命令的方法有：

● 屏幕菜单：【尺寸标注】|【尺寸编辑】|【连接尺寸】命令

● 命令行：LJCC

【课堂举例9-12】连接尺寸

01　按快捷键Ctrl+O，打开配套光盘提供的"第9课/9.2.5连接尺寸素材.dwg"素材文件，结果如图9-33所示。

02　执行【尺寸标注】|【尺寸编辑】|【连接尺寸】命令，选择主尺寸标注，根据命令行的提示，选择需要连接的其他尺寸标注，连接尺寸的结果，如图9-34所示。

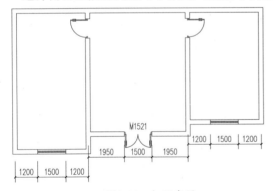

图9-33　打开素材

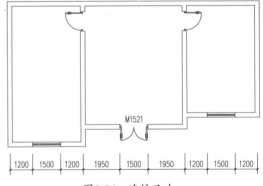

图9-34　连接尺寸

9.2.6　尺寸打断

【尺寸打断】命令可以把整体的尺寸标注对象打断成两段独立的尺寸标注。

执行【尺寸打断】命令的方法有：

● 屏幕菜单：【尺寸标注】|【尺寸编辑】|【尺寸打断】命令

● 命令行：CCDD

【课堂举例9-13】尺寸打断

01　按快捷键Ctrl+O，打开配套光盘提供的"第9课/9.2.6尺寸打断素材.dwg"素材文件，结果如图9-35所示。

02　执行【尺寸标注】|【尺寸编辑】|【尺寸打断】命令，在要打断的一侧点取尺寸界线，尺寸打断后，一组尺寸标注被打断成两段独立的尺寸标注，结果如图9-36所示。

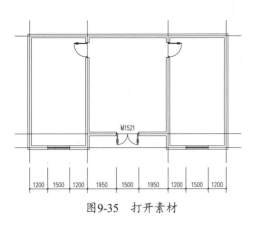

图9-35 打开素材

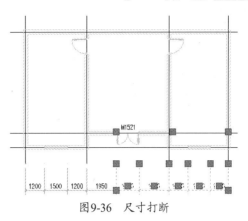

图9-36 尺寸打断

9.2.7 合并区间

【合并区间】命令可以框选多个相邻的区间，将其合并为一个区间。

执行【合并区间】命令的方法有：

● 屏幕菜单：【尺寸标注】|【尺寸编辑】|【合并区间】命令

● 命令行：HBQJ

【课堂举例9-14】合并区间

01 按快捷键Ctrl+O，打开配套光盘提供的"第9课/9.2.7合并区间素材.dwg"素材文件，结果如图9-37所示。

02 执行【尺寸标注】|【尺寸编辑】|【合并区间】命令，框选合并区间中的尺寸界线箭头，如图9-38所示。

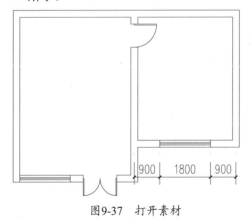

图9-37 打开素材

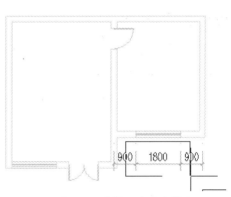

图9-38 选择尺寸界线箭头

03 合并区间的操作结果，如图9-39所示。

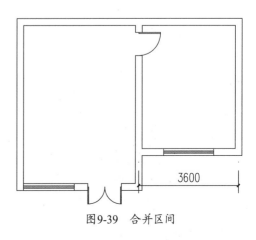

图9-39 合并区间

9.2.8　等分区间

【等分区间】命令可以等分指定的尺寸标注区间。

执行【等分区间】命令的方法有：

● 屏幕菜单：【尺寸标注】|【尺寸编辑】|【等分区间】命令

● 命令行：DFQJ

如图9-40所示为等分前的状态，如图9-41所示为等分后的状态。

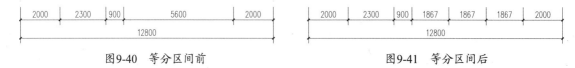

图9-40　等分区间前　　　　　　　　　　图9-41　等分区间后

9.2.9　等式标注

【等式标注】命令可以对指定的尺寸标注区间尺寸自动按等分数列出等分公式作为标注文字，除不尽的尺寸保留小数点的后一位。

执行【等式标注】命令的方法有：

● 屏幕菜单：【尺寸标注】|【尺寸编辑】|【等式标注】命令

● 命令行：DSBZ

如图9-42所示为等式标注前的状态，如图9-43所示为等式标注后的状态。

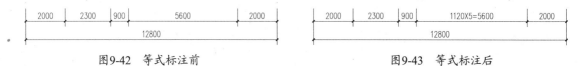

图9-42　等式标注前　　　　　　　　　　图9-43　等式标注后

9.2.10　尺寸等距

【尺寸等距】命令用于把多道尺寸线在垂直于尺寸线方向，按等距调整位置。

执行【尺寸等距】命令的方法有：

● 屏幕菜单：【尺寸标注】|【尺寸编辑】|【尺寸等距】命令

● 命令行：CCDJ

如图9-44所示为尺寸等距前的状态，如图9-45所示为尺寸等距为800的状态。

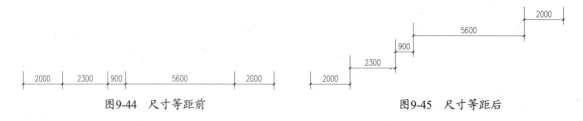

图9-44　尺寸等距前　　　　　　　　　　图9-45　尺寸等距后

9.2.11　对齐标注

【对齐标注】命令可以用于一次性将多个尺寸标注对象，按照参考标注对象对齐排列。

执行【对齐标注】命令的方法有：

● 屏幕菜单：【尺寸标注】|【尺寸编辑】|【对齐标注】命令

● 命令行：DQBZ执行

【课堂举例9-15】对齐标注

01 按快捷键Ctrl+O，打开配套光盘提供的"第9课/9.2.8对齐标注素材.dwg"素材文件，结果如图9-46所示。

02 执行【尺寸标注】|【尺寸编辑】|【对齐标注】命令，先选择参考标注，再选择其他需要对齐的标注并按空格键确定，对齐标注的操作结果，如图9-47所示。

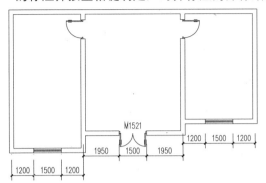

图9-46 打开素材

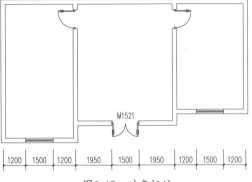

图9-47 对齐标注

9.2.12 增补尺寸

【增补尺寸】命令可以在已有的直线标注对象中增加标注区间。

执行【增补尺寸】命令的方法有：

● 屏幕菜单：【尺寸标注】|【尺寸编辑】|【增补尺寸】命令

● 命令行：ZBCC

【课堂举例9-16】增补尺寸

01 按快捷键Ctrl+O，打开配套光盘提供的"第9课/9.2.9增补尺寸素材.dwg"素材文件，结果如图9-48所示。

02 执行【尺寸标注】|【尺寸编辑】|【增补尺寸】命令，选择尺寸标注，再点取待增补标注点的位置，按空格键结束命令，增补尺寸的结果，如图9-49所示。

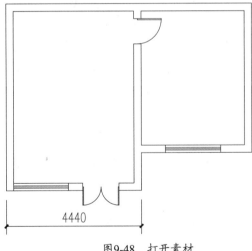

图9-48 打开素材

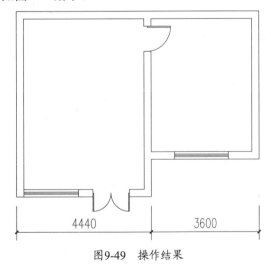

图9-49 操作结果

9.2.13 切换角标

【切换角标】命令用于把角度标注对象，在弧长标注、角度标注、弦长标注三种模式之间进行转换。

执行【切换角标】命令的方法有：

● 屏幕菜单：【尺寸标注】|【尺寸编辑】|【切换角标】命令

● 命令行：QHJB

【课堂举例9-17】切换角标

01 按快捷键Ctrl+O，打开配套光盘提供的"第9课/9.2.10切换角标素材.dwg"素材文件，结果如图9-50所示。

02 执行【尺寸标注】|【尺寸编辑】|【切换角标】命令，选择尺寸标注并按空格键确认，切换角标的结果，如图9-51所示。

03 按Enter键重复执行QHJB【切换角标】命令，选择尺寸标注并按空格键确认，切换结果如图9-52所示。

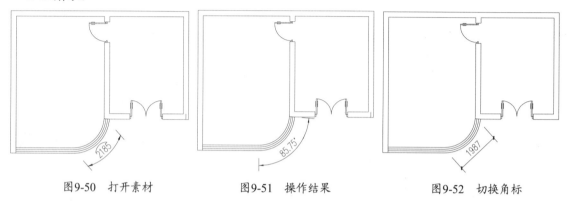

图9-50　打开素材　　　　　图9-51　操作结果　　　　　图9-52　切换角标

9.2.14　尺寸转化

【尺寸转化】命令可以将所选的AutoCAD尺寸标注对象转化为天正标注对象。

执行【尺寸转化】命令的方法有：

● 屏幕菜单：【尺寸标注】|【尺寸编辑】|【尺寸转化】命令
● 命令行：CCZH

9.2.15　尺寸自调

【尺寸自调】命令可以自动调整天正建筑的尺寸标注文字，使文字不重叠。

【尺寸自调】命令包括："自调关"、"上调"、"下调"这三个命令，解释如下。

● 上调：重叠的尺寸标注文本会向上排列。
● 下调：重叠的尺寸标注文本会向下排列。
● 自调关：不影响原始标注的效果。

执行【尺寸标注】|【尺寸编辑】|【自调关/上调/下调】命令，可以在这三个命令之间切换。

9.3　实例应用

9.3.1　绘制别墅平面图的尺寸标注

下面以别墅平面图为例，介绍为图形绘制尺寸标注的方法。

01 按快捷键Ctrl+O，打开配套光盘提供的"第9课/9.3 别墅平面图.dwg"素材文件，结果如图9-53所示。

02 执行WBCC【外包尺寸】命令，在绘图区中选择建筑构件，按Enter键。选择第二道尺寸线，按Enter键，即可完成外包尺寸的标注，结果如图9-54所示。

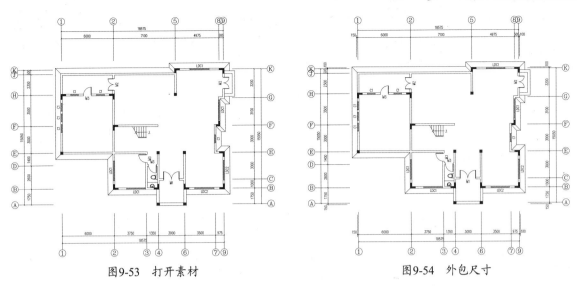

图9-53 打开素材　　　　　　图9-54 外包尺寸

03 执行MCBZ【门窗标注】命令，在绘图区中点取两点直线，选择墙体和第一、二道尺寸，标注上方外墙中窗户的尺寸，如图9-55所示。

04 重复操作，完成所有的门窗标注的结果，如图9-56所示。

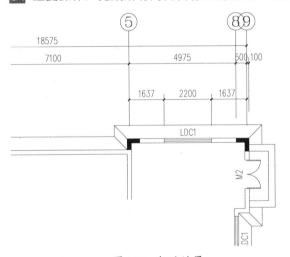

图9-55 标注结果

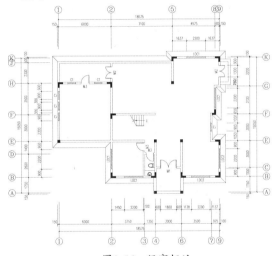

图9-56 门窗标注

05 执行 NMBZ【内门标注】命令，在绘图区中点取两点直线，选择内门，内门标注的结果，如图 9-57 所示。

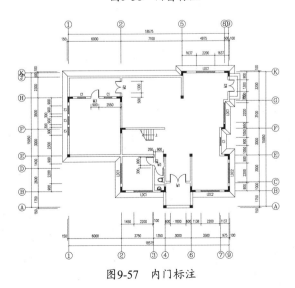

图9-57 内门标注

9.4 拓展训练

9.4.1 绘制居民楼尺寸标注

本小节通过对素材图形的完善，练习尺寸标注的绘制方法，最终标注结果，如图9-58所示。

01 打开"第9课/9.4.1素材"素材文件，如图9-59所示。

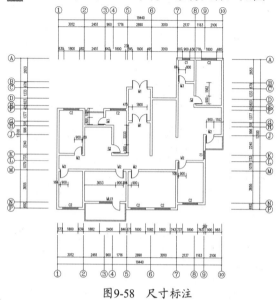

图9-58 尺寸标注

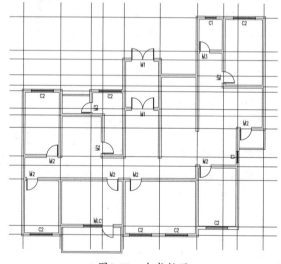

图9-59 素材文件

02 执行QSZW【墙生轴网】命令，绘制轴网，如图9-60所示。

图9-60 生成轴网

03 执行ZWBZ【轴网标注】命令，绘制轴网标注，如图9-61所示。

04 执行MCBZ【门窗标注】命令，绘制门窗标注，如图9-62所示。

05 执行NMBZ【内门标注】命令，绘制内门标注，完成图形效果，如图9-58所示。

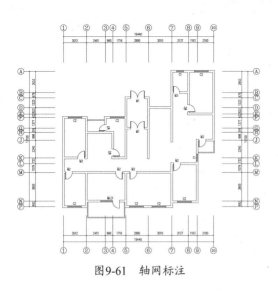

图9-61 轴网标注

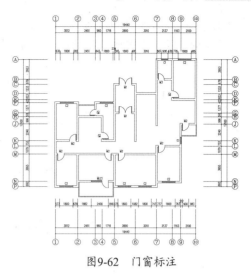

图9-62 门窗标注

9.4.2 完善尺寸标注

本节通过素材图形的修改，练习尺寸标注编辑和修改的方法，最终完成效果，如图 9-63 所示。

01 "第9课/9.4.2素材"素材文件，如图9-64所示。

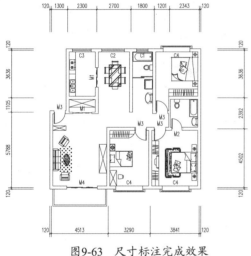

图9-63 尺寸标注完成效果

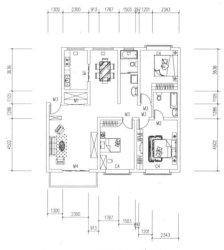

图9-64 素材

02 执行DQBZ【对齐标注】命令，将参差不齐的标注对齐，如图9-65所示。

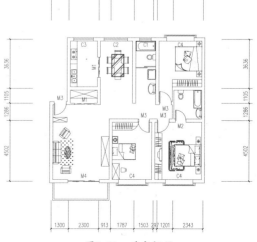

图9-65 对齐标注

03 执行LJCC【连接尺寸】命令，连接尺寸标注。

04 执行HBQJ【合并区间】命令，合并标注区间，如图9-66所示。

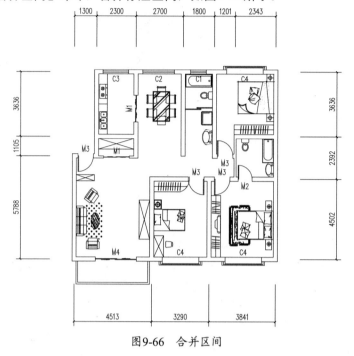

图9-66　合并区间

05 执行WBCC【外包尺寸】命令，绘制外包尺寸，最终效果如图9-63所示。

第10课
符号标注

在建筑图形绘制完成之后，都要对其进行符号标注。例如，标高标注、表明物体的离地高度、自身高度等信息，以供读图和施工。按照国标规定的建筑工程符号画法，天正提供了自定义符号标注，可以方便地进行剖切号、指北针、箭头等工程符号标注。

本课首先介绍了标高符号的创建方法，然后介绍了箭头、剖切、指北针、图名等工程符号的标注方法。

【本课知识要点】
掌握绘制标高符号的方法。
掌握工程符号标注的方法。

10.1 标高符号

标高符号主要包括两个方面，分别是标高标注和标高检查。本节介绍这两个知识点在实际工作中的运用。

■ 10.1.1 坐标标注

【坐标标注】命令可以标注测量坐标或施工坐标。

执行【坐标标注】命令的方法有：

● 屏幕菜单：【符号标注】|【坐标标注】命令

● 命令行：ZBBZ

如图10-1所示为标注示例。

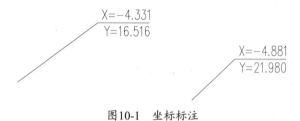

图10-1 坐标标注

> **提示**
> 坐标标注一般在总平面图上标注测量坐标或施工坐标，取值根据世界坐标或当前用户坐标UCS而定。

■ 10.1.2 坐标检查

【坐标检查】命令可以检查测量坐标或施工坐标，避免人为修改坐标标注值导致设计位置的错误。

执行【坐标检查】命令的方法有：

● 屏幕菜单：【符号标注】|【坐标检查】命令

● 命令行：ZBJC

如图10-2所示为【坐标检查】对话框。

图10-2 【坐标检查】对话框

■ 10.1.3 标高标注

【标高标注】命令可以在总平面图、立面图、剖面图中进行标高标注、绝对标高和相对标高的关联标注。

执行【标高标注】命令的方法有：

● 屏幕菜单：【符号标注】|【标高标注】命令

● 命令行：BGBZ

【课堂举例10-1】标高标注

01 按快捷键Ctrl+O，打开配套光盘提供的"第10课/10.1.1标高标注素材.dwg"素材文件，结果如图10-3所示。

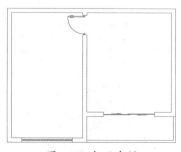

图10-3 打开素材

02 执行【符号标注】|【标高标注】命令，在弹出的【标高标注】对话框中勾选"手工输入"选项，设置参数，如图10-4所示。

03 在绘图区中点取标高点和标高方向，标注结果如图10-5所示。

04 在【标高标注】对话框中修改楼层标高为-0.020，根据命令行的提示对图形进行标高标注，结果如图10-6所示。

图10-4　【标高标注】对话框

图10-5　标注结果

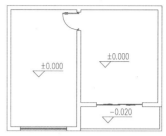

图10-6　标高标注

10.1.4　标高检查

【标高检查】命令可以检查世界坐标系WCS下的标高标注和用户坐标系UCS下的标高标注。

执行【标高检查】命令的方法有：

● 屏幕菜单：【符号标注】|【标高检查】命令

● 命令行：BGJC

10.1.5　标高对齐

【标高对齐】命令用于把选中的所有标高按新点取的标高位置或参考标高位置竖向对齐。

执行【标高对齐】命令的方法有：

● 屏幕菜单：【符号标注】|【标高对齐】菜单命令。

● 命令行：BGDQ

如图10-7所示为标高对齐前的状态，如图10-8所示为标高对齐后的状态。

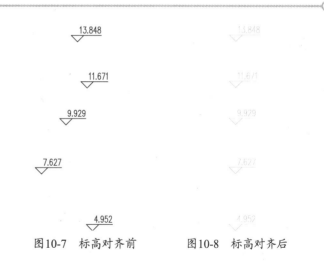

图10-7　标高对齐前　　　图10-8　标高对齐后

10.2　工程符号的标注

工程符号标注主要有做法标注、引出标注等，做法标注可以对立面图或剖面图的具体做法进行标注；引出标注则以引线的形式来标注图形信息。本节介绍各类工程符号标注的使用方法。

10.2.1　箭头引注

【箭头引注】命令用于绘制带箭头的引出标注，文字可在线端，也可在线下，引线可以多次转折。

执行【箭头引注】命令的方法有：

- 屏幕菜单：【符号标注】|【箭头引注】命令
- 命令行：JTYZ

【课堂举例10-2】箭头引注

01 按快捷键Ctrl+O，打开配套光盘提供的"第10课/10.2.1箭头引注素材.dwg"素材文件，结果如图10-9所示。

02 执行【符号标注】|【箭头引注】命令，在弹出的【箭头引注】对话框中设置参数，如图10-10所示。

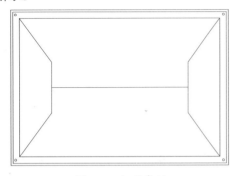

图10-9　打开素材

图10-10　【箭头引注】对话框

03 根据命令行的提示指定箭头的起点，如图10-11所示。

04 指定箭头的终点，按空格键确定，创建箭头引注的结果，如图10-12所示。

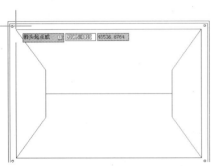

图10-11　指定起点

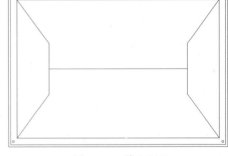

图10-12　箭头标注

05 重复上两步操作，完成其他箭头引注，结果如图10-13所示。

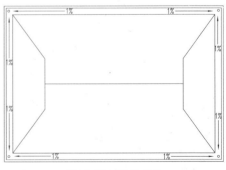

图10-13　箭头标注

▌ 10.2.2　引出标注

【引出标注】命令可以用于对多个标注点进行说明性的文字标注，自动按端点对齐文字。

执行【引出标注】命令的方法有：

- 屏幕菜单：【符号标注】|【引出标注】命令
- 命令行：YCBZ

【课堂举例10-3】引出标注

01 按快捷键Ctrl+O，打开配套光盘提供的"第10课/10.2.2引出标注素材.dwg"素材文件，结果如图10-14所示。

02 执行【符号标注】|【引出标注】命令，在弹出的【引出标注】对话框中设置参数，如图10-15所示。

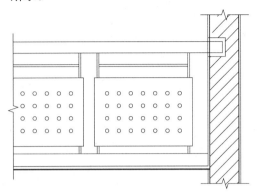

图10-14　打开素材　　　　　　　图10-15　【引出标注】对话框

03 根据命令行的提示指定标注的起点和终点，结果如图10-16所示。

04 根据提示，指定其他标注点，按空格键确认，标注最终结果如图10-17所示。

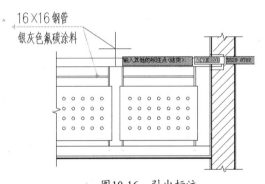

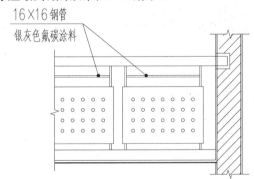

图10-16　引出标注　　　　　　　图10-17　引出标注

10.2.3　做法标注

　　【做法标注】命令用于在施工图纸上标注工程的材料做法，通过专业词库可调入北方地区常用的标准做法。

　　执行【做法标注】命令的方法有：

● 屏幕菜单：【符号标注】|【做法标注】命令

● 命令行：ZFBZ

【课堂举例10-4】做法标注

01 按快捷键Ctrl+O，打开配套光盘提供的"第10课/10.2.3做法标注素材.dwg"素材文件，结果如图10-18所示。

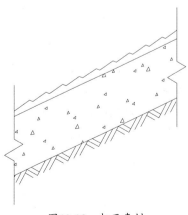

图10-18　打开素材

02 执行【符号标注】|【做法标注】命令，在弹出的【做法标注】对话框中设置参数，如图10-19所示。

03 根据命令行的提示指定标注的第一点，指定文字基线的位置，然后指定文字基线的方向和长度，操作结果如图10-20所示。

图10-19　【做法标注】对话框　　　　图10-20　做法标注

10.2.4　索引符号

　　【索引符号】命令可以为图中另有详图的某一部分标注索引号，指出表示这些部分的详图在哪张图上。

　　执行【索引符号】命令的方法有：

● 屏幕菜单：【符号标注】|【索引符号】命令

● 命令行：SYFH

【课堂举例10-5】创建索引符号

01 按快捷键Ctrl+O，打开配套光盘提供的"第10课/10.2.4索引符号素材.dwg"素材文件，结果如图10-21所示。

02 执行【符号标注】|【索引符号】命令，在弹出的【索引符号】对话框中设置参数，如图10-22所示。

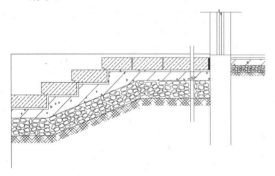

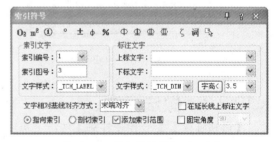

图10-21　打开素材　　　　　　　　图10-22　【索引符号】对话框

03 根据命令行的提示指定索引节点的位置，指定圆的半径，如图10-23所示。

04 指定转折点位置，如图10-24所示。

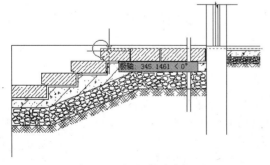

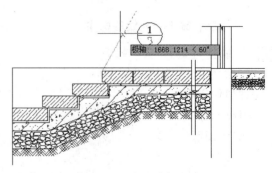

图10-23　指定索引节点　　　　　　　图10-24　指定转折点位置

05 指定文字索引号位置，如图10-25所示。

06 索引符号的绘制结果，如图10-26所示。

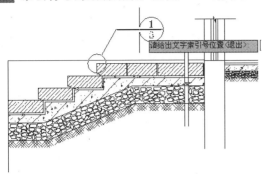
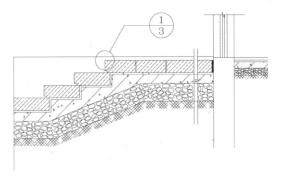

图10-25 指定文字索引号位置　　　　　　图10-26 索引符号

10.2.5 索引图名

【索引图名】命令可以为图中被索引的详图标注索引图名。

执行【索引图名】命令的方法有：

● 屏幕菜单：【符号标注】|【索引图名】命令

● 命令行：SYTM

【课堂举例10-6】索引图名

01 按快捷键Ctrl+O，打开配套光盘提供的"第10课/10.2.5索引图名素材.dwg"素材文件，结果如图10-27所示。

02 执行【符号标注】|【索引图名】命令，在弹出的对话框中，指定被索引的图号为4,设置索引编号为2,设置比例为1:20，点取索引图名的插入位置。绘制索引图名的结果，如图10-28所示。

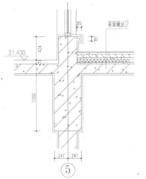
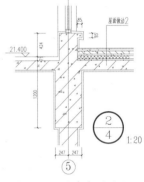

图10-27 打开素材　　　图10-28 创建索引图名

10.2.6 剖切符号

在TArch 2013中将【剖面剖切】和【断面剖切】命令合并成【剖切符号】命令。在命令行中输入PQFH，均可执行【剖切符号】命令。执行该命令后，弹出如图10-29所示的对话框。从该对话框中可执行【正交剖切】命令、【正交转折剖切】命令、【非正交剖切转折】命令和【断面剖切】命令。

图10-29 【剖切符号】对话框

执行【剖切符号】命令的方法有：

● 屏幕菜单：【符号标注】|【剖切符号】命令

● 命令行：PQFH

【课堂举例10-7】创建剖切符号

01 按快捷键Ctrl+O，打开配套光盘提供的"第10课/10.2.6剖切符号素材.dwg"素材文件，结果如图10-30所示。

02 执行【符号标注】|【剖切符号】命令，分别点取剖切起点和终点，再点取剖切的方向。绘制剖切符号的结果，如图10-31所示。

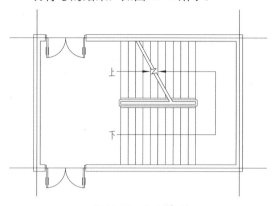 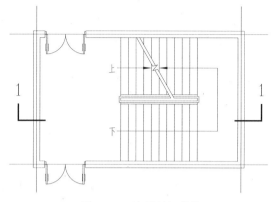

图10-30　打开素材　　　　　　　　　图10-31　绘制剖切符号

10.2.7　绘制云线

【绘制云线】命令用于在设计过程中表示审校后需要修改的范围。

在TArch 2013中执行【绘制云线】命令，可选择左侧的天正建筑菜单栏下的【符号标注】|【绘制云线】选项。【云线】对话框，如图10-32所示，可调用的绘制云线命令有矩形云线、圆形云线、任意绘制，以及选择已有对象生成。

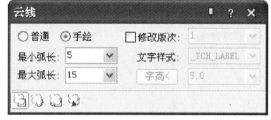

图10-32　【云线】对话框

10.2.8　加折断线

【加折断线】命令用于绘制折断线，形式符合制图规范的要求，并可依照当前比例更新大小，同时还具备切割线功能。

执行【加折断线】命令的方法有：

● 屏幕菜单：【符号标注】|【加折断线】命令

● 命令行：JZDX

【课堂举例10-8】加折断线

01 按快捷键Ctrl+O，打开配套光盘提供的"第10课/10.2.8加折断线素材.dwg"素材文件，结果如图10-33所示。

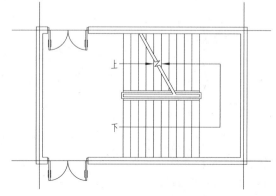

图10-33　打开素材

02 执行【符号标注】|【加折断线】命令，根据命令行的提示指定折断线起点，如图10-34所示。

03 点取折断线终点，如图10-35所示。

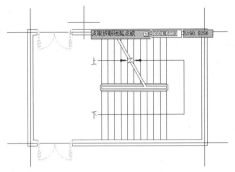

图10-34 指定起点

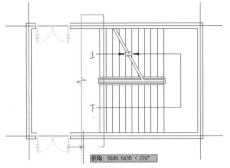

图10-35 点取终点

04 选择保留范围，如图10-36所示。

05 折断线的创建结果，如图10-37所示。

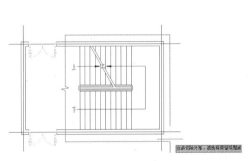

图10-36 选择保留范围

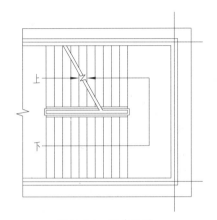

图10-37 创建结果

06 双击折断线，在弹出的【编辑切割线】对话框中单击【设折断点<】按钮，如图10-38所示。

07 分别单击需要添加折断点
的切割线，完成折断线的
绘制，如图10-39所示。

图10-38 【编辑切割线】对话框

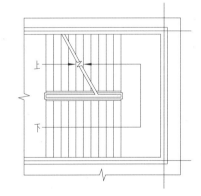

图10-39 加折断线

10.2.9 画对称轴

【画对称轴】命令用于在施工图上标注表示对称轴的自定义对象。

执行【画对称轴】命令的方法有：

● 屏幕菜单：【符号标注】|【画对称轴】命令

● 命令行：HDCZ

创建结果，如图10-40所示。

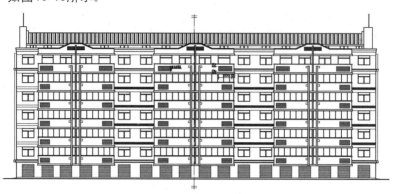

图10-40 画对称轴

10.2.10 画指北针

【画指北针】命令可以在图中绘制一个国际标准的指北针符号。

执行【画指北针】命令的方法有：

● 屏幕菜单：【符号标注】|【画指北针】命令

● 命令行：HZBZ

【课堂举例10-9】画指北针

01 按快捷键Ctrl+O，打开配套光盘提供的"第10课/10.2.10画指北针素材.dwg"素材文件，结果如图10-41所示。

02 执行【符号标注】|【画指北针】命令，根据命令行的提示在平面图的右上角指定指北针的位置，设置指北针的方向为60°，绘制结果如图10-42所示。

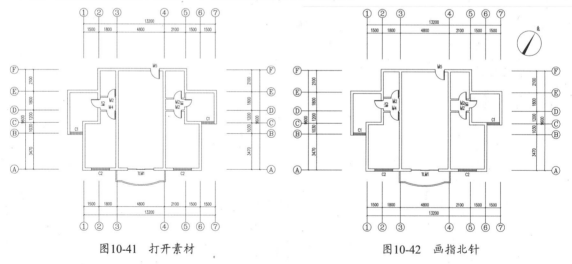

图10-41 打开素材　　　　　　　　图10-42 画指北针

10.2.11 图名标注

【图名标注】命令可以在图中标注图名和比例，比例发生变化时会自动调整其中文字的合理大小。

执行【图名标注】命令的方法有：

● 屏幕菜单：【符号标注】|【图名标注】命令

● 命令行：TMBZ

【课堂举例10-10】创建图名标注

01 按快捷键Ctrl+O，打开配套光盘提供的"第10课/10.2.11 图名标注素材.dwg"素材文件。

02 执行【符号标注】|【图名标注】命令，在弹出的【图名标注】对话框中设置参数，如图10-43所示。

03 在绘图区中点取图名标注的插入位置，结果如图10-44所示。

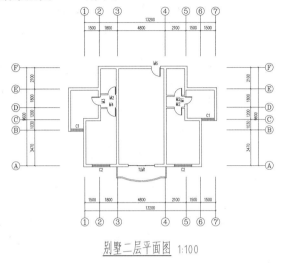

图10-43 【图名标注】对话框

图10-44 图名标注

10.3 实例应用

10.3.1 创建别墅平面图的工程符号

下面以别墅平面图为例，介绍在实际绘图中，工程符号的绘制方法。

01 按快捷键Ctrl+O，打开配套光盘提供的"第10课/10.3创建别墅平面图的工程符号素材.dwg"素材文件，如图10-45所示。

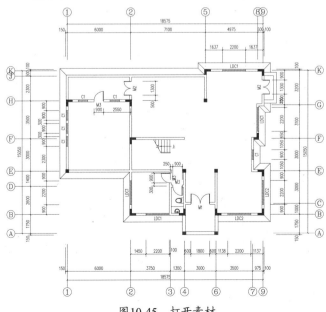

图10-45 打开素材

02 执行E【删除】命令，删除内门标注，结果如图10-46所示。

03 执行BGBZ【标高标注】，在打开的【标高标注】对话框中设置参数，如图10-47所示。

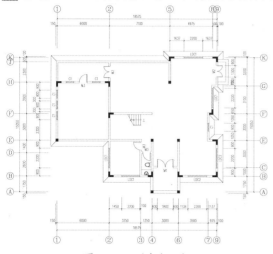

图10-46 删除内门标注

图10-47 【标高标注】对话框

04 在绘图区中点取标高点和标高方向，标注结果如图10-48所示。

05 在【标高标注】对话框中修改标高参数，完成平面图的标高标注，如图10-49所示。

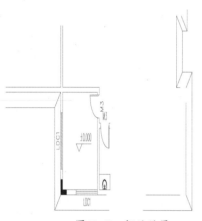

图10-48 标注结果

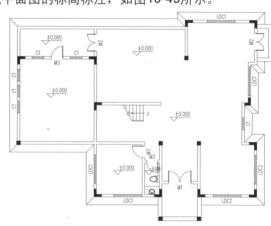

图10-49 标高标注

06 执行SYFH【索引符号】命令，在打开的【索引符号】对话框中设置参数，如图10-50所示。

07 根据命令行的提示指定索引节点的位置、转折点位置、文字索引号位置，绘制索引符号的结果，如图10-51所示。

图10-50 【索引符号】对话框

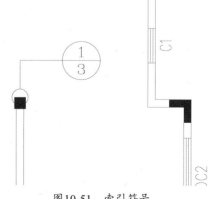

图10-51 索引符号

08 重复操作，绘制另一索引符
号，结果如图 10-52 所示。

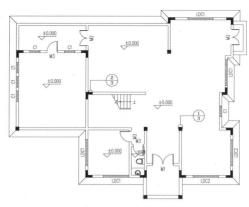

图10-52 绘制结果

09 执行HZBZ【画指北针】命
令，在平面图的右上角指
定指北针的位置，设置指
北针的方向为60°，绘制
的结果，如图10-53所示。

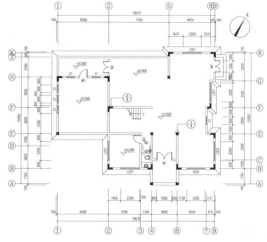

图10-53 绘制指北针

10 执行TMBZ【图名标注】
命令，在弹出的【图名标
注】对话框中设置参数，
如图10-54所示。

图10-54 【图名标注】对话框

11 在平面图的下方点取插
入位置，即可完成图名标
注的绘制，绘制结果如图
10-55所示。

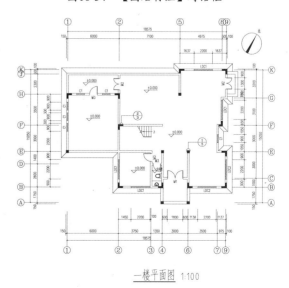

一楼平面图 1:100

图10-55 图名标注

10.4 拓展训练

10.4.1 绘制节点图符号标注

本节通过对如图10-56所示图形的绘制，练习符号标注的绘制方法。

01 打开"第10课/10.4.1素材.dwg"素材文件，如图10-57所示。

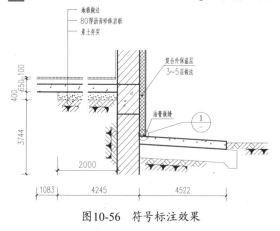

图10-56　符号标注效果

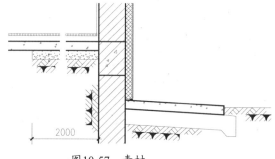

图10-57　素材

02 执行YCBZ【引出标注】命令，绘制引出标注，如图10-58所示。

03 执行ZFBZ【做法标注】命令，绘制做法标注，如图10-59所示。

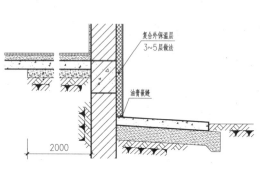

图10-58　绘制引出标注

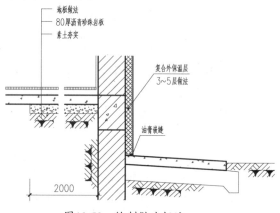

图10-59　绘制做法标注

04 执行SYFH【索引符号】命令，绘制索引符号，完成效果如图10-60所示。

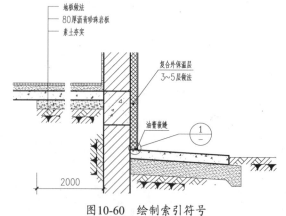

图10-60　绘制索引符号

10.4.2　绘制户型图符号标注

本节通过对如图10-61所示图形的绘制，练习符号标注的绘制方法。

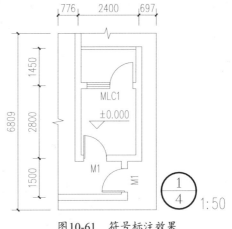

图10-61　符号标注效果

01 打开"第10课/10.4.2素材.dwg"素材文件，如图10-62所示。

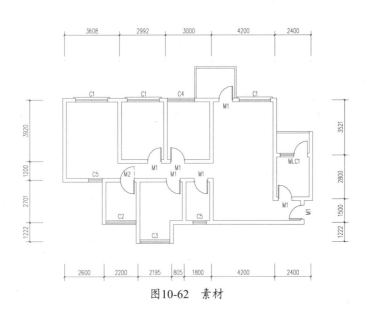

图10-62　素材

02 执行JZDX【加折断线】命令，绘制折断线，如图10-63所示。

03 添加折断线，如图10-64所示。

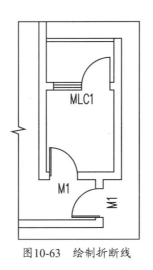

图10-63　绘制折断线

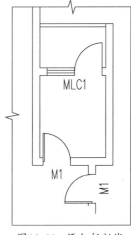

图10-64　添加折断线

04 执行BGBZ【标高标注】
命令，绘制标高标注，如
图10-65所示。

05 执行SYTM【索引图名】
命令，绘制索引图名，如
图10-66所示。

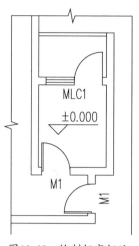

图10-65　绘制标高标注

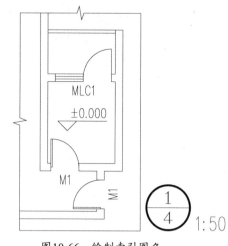

图10-66　绘制索引图名

第11课
立面

建筑立面图是将建筑物的外立面与其平行的投影面进行投射所得到的投影图,主要用来表达建筑物的外部造型、门窗位置及形式、墙面装饰材料、阳台、雨蓬等部分的材料和做法。天正立面图形是通过平面图构件中的三维信息进行自动消隐而获得的二维图形。

本课首先介绍了立面图的生成和创建方法,然后详细讲解了天正立面的编辑和深化方法。

【本课知识要点】

掌握使用楼层表和工程管理的方法。

掌握创建立面图的方法。

掌握立面的编辑。

学习如何深化立面图。

11.1 楼层表与工程管理

执行"工程管理"命令来新建工程，然后建立楼层表。楼层表是生成立面图的必备条件，定义了建筑物各层的高度。本节介绍新建工程和创建楼层表的知识。

11.1.1 新建工程

【新建工程】命令可以管理用户定义的工程设计项目中，参与生成立面剖面三维的各平面图形文件或区域定义。

执行【新建工程】命令的方法有：
● 屏幕菜单：【文件布图】|【工程管理】|【新建工程】命令
● 命令行：GCGL

【课堂举例11-1】新建工程

01 按快捷键Ctrl+N，新建一个文档。

02 执行【文件布图】|【工程管理】命令，系统弹出【工程管理】面板，在工程管理的下拉列表中选择"新建工程"选项，如图11-1所示。

03 在打开的【另存为】对话框中输入工程的名称，单击"保存"按钮，如图11-2所示。

04 新建工程的结果，如图11-3所示。

图11-1 【工程管理】面板　　　　图11-2 【另存为】对话框　　　　图11-3 新建工程

11.1.2 添加图纸

在创建新工程后，要添加图纸，以便生成楼层表。

【课堂举例11-2】添加图纸

01 按快捷键Ctrl+N，新建一个文档。

02 执行【文件布图】|【工程管理】命令，打开【工程管理】面板，在工程管理的下拉列表中选择"打开工程"选项，打开配套光盘提供的"第11课/别墅工程.tpr"素材文件。在"图纸"选项栏中的"平面图"选项上，单击鼠标右键，在弹出的菜单中选择"添加图纸选项"，选项如图11-4所示。

03 打开【选择图纸】对话框，选择平面图文件，单击"打开"按钮，如图11-5所示。

04 添加图纸的结果，如图11-6所示。

图11-4 添加图纸　　　　图11-5 【选择图纸】对话框　　　　图11-6 添加结果

11.1.3 创建楼层表

新建工程后，可以在其中创建楼层表。用户通过自定义层高、选择楼层等步骤来生成楼层表。

【课堂举例11-3】创建楼层表

01 按快捷键Ctrl+N，新建一个文档。

02 打开【工程管理】面板，打开"别墅工程"，在"楼层"文本框中输入层高和层号，如图**11-7**所示。将光标定位在"文件"列表中。

03 单击"框选楼层范围"按钮 ，在绘图区中框选一层平面图，单击A轴线和1轴线的交点为对齐点，如图**11-8**所示。

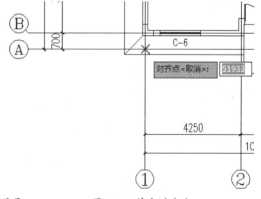

图11-7 输入层高和层号　　　　图11-8 单击对齐点

提示

对齐点可用来对各层平面图进行对齐，是各层平面图作为图块插入的基点。通常使用开间和进深方向的第一条轴线的交点作为对齐点，例如，本例中使用的A轴线和1轴线的交点。

04 设置楼层表的结果，如图11-9所示。

05 重复上述操作，设置楼层表的最终结果，如图11-10所示。

图11-9 设置楼层表　　　　图11-10 设置结果

注 意

在创建楼层表时，要按照层号和层高来选择相应的楼层，否则生成的立面图会出现错误。

11.2 创建立面图

在【工程管理】对话框中楼层数据表中的数据，结合各层的二维平面图生成建筑立面。

本节介绍创建立面图的方法。

11.2.1 建筑立面

【建筑立面】命令可以按照工程数据文件中的楼层表数据，一次生成多层建筑立面。

执行【建筑立面】命令的方法有：

● 屏幕菜单：【立面】|【建筑立面】命令
● 命令行：JZLM

【课堂举例11-4】创建立面图

01 按快捷键Ctrl+N，新建一个文档。

02 打开【工程管理】面板，打开"别墅工程"，在对话框中双击平面图，打开平面图。

03 执行【立面】|【建筑立面】命令，根据命令行的提示选择正立面选项，按Enter键。

04 根据命令行的提示，选择1号轴线到6号轴线，按Enter键。

05 在弹出的【立面生成设置】对话框中设置参数，如图11-11所示，单击【生成立面】按钮。

06 在弹出的【输入要生成的文件】对话框中设置文件名，如图11-12所示，单击"保存"按钮。

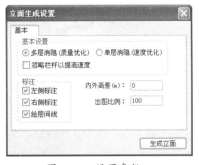

图11-11 设置参数

图11-12 设置文件名

07 生成立面图的效果，如图11-13所示。

图11-13 生成立面图

 提 示

生成的立面图往往会有一些错误，需要对图中的某些部分进行修改。

11.2.2 构件立面

【构件立面】命令用于生成当前标准层、局部构件或三维图块对象在选定方向上的立面图与顶视图。

执行【构件立面】命令的方法有：

● 屏幕菜单：【立面】|【构件立面】命令

● 命令行：GJLM

【课堂举例11-5】创建构件立面

01 按快捷键Ctrl+O，打开配套光盘提供的"第11课/11.2.2构件立面素材.dwg"素材文件，如图11-14所示。

02 执行【立面】|【构件立面】命令，根据命令行的提示选择左立面选项，选择要生成立面的楼梯平面图形，在绘图区中点取放置位置，结果如图11-15所示。

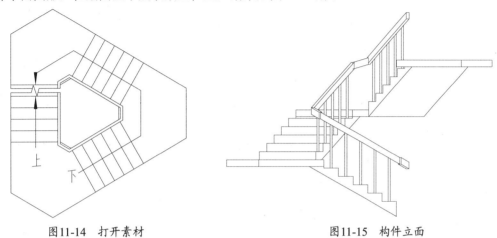

图11-14 打开素材   图11-15 构件立面

11.3 立面编辑与深化

生成立面图后，会与使用者需要的效果有差异，此时就需要对立面图进行编辑与深化。在TArch 2013中可以对立面门窗、立面阳台等进行修改，下面介绍具体的操作方法。

11.3.1 立面门窗

【立面门窗】命令可以添加、替换立面图上的门窗，同时也是立面门窗库的管理工具。

执行【立面门窗】命令的方法有：

● 屏幕菜单：【立面】|【立面门窗】命令

● 命令行：LMMC

【课堂举例11-6】立面门窗

01 按快捷键Ctrl+O，打开配套光盘提供的"第11课/11.3.1立面门窗素材.dwg"素材文件，如图11-16所示。

02 执行【立面】|【立面门窗】命令，在弹出的【天正图库管理系统】对话框中选择立面窗样式，如图11-17所示。

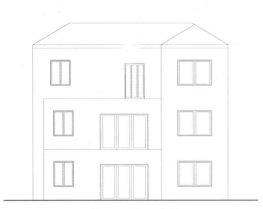

图11-16　打开素材

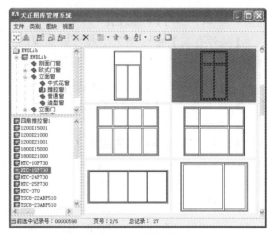

图11-17　【天正图库管理系统】对话框

03　在对话框中单击【替换】按钮，在绘图区中拾取需替换的窗图形，替换结果如图 11-18 所示。

04　重复执行LMMC【主面门窗】命令，在【天正图库管理系统】对话框中选择立面门样式，如图 11-19所示。

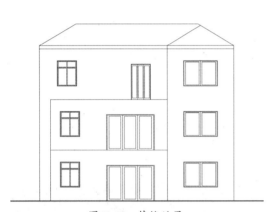

图11-18　替换结果

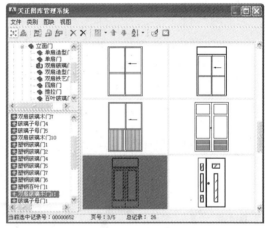

图11-19　选择样式

05　替换结果，如图11-20所示。

06　执行【立面】|【立面门窗】命令，在弹出的【天正图库管理系统】对话框中选择立面门样式，如图11-21所示。

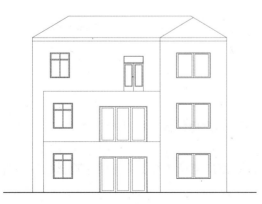

图11-20　替换结果

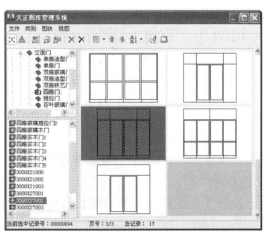

图11-21　选择样式

07 在对话框中单击【替换】
按钮🖐️，在绘图区中拾取
需替换的门图形，替换结
果如图11-22所示。

图11-22 替换门

11.3.2 门窗参数

【门窗参数】命令把已经生成的里面门窗尺寸作为默认值，用户修改立面门窗尺寸，系统按
尺寸更新所选门窗。

执行【门窗参数】命令的方法有：

● 屏幕菜单：【立面】|【门窗参数】命令
● 命令行：MCCS

【课堂举例11-7】修改门窗参数

01 按快捷键Ctrl+O，打开配套光盘提供的"第11课/11.3.2门窗参数素材.dwg"素材文件，如图
11-23所示。

02 执行【立面】|【门窗参
数】命令，选择要修改的
窗图形，设置窗户的底标
高参数为6500，高度为
1500，宽度为1200，修改
结果如图11-24所示。

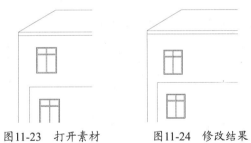

图11-23 打开素材　　　图11-24 修改结果

11.3.3 立面窗套

【立面窗套】命令可以为已有的立面窗生成全包的窗套或窗上沿线和下沿线。

执行【立面窗套】命令的方法有：

● 屏幕菜单：【立面】|【立面窗套】命令
● 命令行：LMCT

【课堂举例11-8】创建立面窗套

01 按快捷键Ctrl+O，打开配套光盘提供的"第11课/11.3.3立面窗套素材.dwg"素材文件。

02 执行【立面】|【立面窗套】命令，单击窗的左下角点，如图11-25所示。

03 单击窗的右上角点，如图11-26所示。

04 在弹出的【窗套参数】对话框中设置参数，如图11-27所示。

图11-25　单击左下角点　　　　图11-26　单击右上角点　　　　图11-27　【窗套参数】对话框

05 在对话框中单击【确定】按钮，创建窗套的结果，如图11-28所示。

06 重复操作，继续绘制其他的立面窗套，结果如图11-29所示。

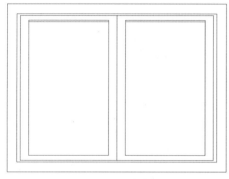
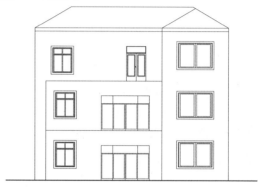

图11-28　创建窗套　　　　　　图11-29　创建窗套效果

11.3.4 立面阳台

【立面阳台】命令用于替换、添加立面上阳台的样式，也是立面阳台图库的管理工具。

执行【立面阳台】命令的方法有：

● 屏幕菜单：【立面】|【立面阳台】命令

● 命令行：LMYT

【课堂举例11-9】创建立面阳台

01 按快捷键Ctrl+O，打开配套光盘提供的"第11课/11.3.4立面阳台素材.dwg"素材文件。

02 执行【立面】|【立面阳台】命令，在弹出的【天正图库管理】对话框中选择立面阳台的样式，如图11-30所示。

03 双击阳台样式图标，在弹出的【图块编辑】对话框中设置参数，如图11-31所示。

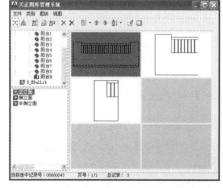

图11-30　【天正图库管理】对话框　　　　图11-31　【图块编辑】对话框

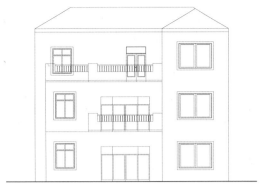

04 重复执行命令，并通过编辑夹点完成绘制，创建阳台的结果，如图11-32所示。

图11-32 创建阳台

11.3.5 立面屋顶

【立面屋顶】命令可以完成多种形式屋顶的正立面和侧立面。

执行【立面屋顶】命令的方法有：

● 屏幕菜单：【立面】|【立面屋顶】命令
● 命令行：LMWD

【课堂举例11-10】创建立面屋顶

01 按快捷键Ctrl+O，打开配套光盘提供的"第11课/11.3.5立面屋顶素材.dwg"素材文件。

02 执行【立面】|【立面屋顶】命令，在弹出的【立面屋顶参数】对话框中选择立面屋顶的样式，并设置参数，如图11-33所示。

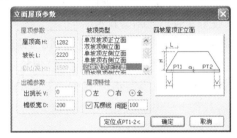

图11-33 【立面屋顶参数】对话框

03 在对话框中单击【定位点PT1-2】按钮，在绘图区中分别指定两点，如图11-34所示。

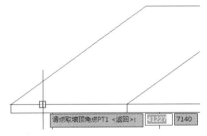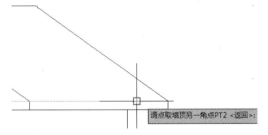

图11-34 指定两点

04 单击指定两点后返回【立面屋顶参数】对话框，单击【确定】按钮关闭对话框。执行ERASE/E命令删除原屋顶，创建屋顶的结果，如图11-35所示。

图11-35 创建屋顶

11.3.6 雨水管线

【雨水管线】命令用于在立面图中在指定的位置生成竖直向下的雨水管。

执行【雨水管线】命令的方法有：

● 屏幕菜单：【立面】|【雨水管线】命令

● 命令行：YSGX

如图11-36所示为创建雨水管线结果。

图11-36 创建雨水管线

11.3.7 柱立面线

【柱立面线】命令可以在柱子立面范围内画出有立体感的竖向线。

执行【柱立面线】命令的方法有：

● 屏幕菜单：【立面】|【柱立面线】命令

● 命令行：ZLMX

【课堂举例11-11】创建柱立面线

01 执行L【直线】命令，绘制垂直线。

02 执行O【偏移】命令，设置偏移距离为240，偏移直线，如图11-37所示。

03 执行【立面】|【柱立面线】命令，根据命令行的提示设置起始角为180°，包含角为180°，立面线数目为5，再分别指定矩形边界的第一个角点和第二个角点，绘制柱立面线的结果，如图11-38所示。

图11-37 偏移直线

图11-38 绘制柱立面线

11.3.8 图形裁剪

【图形裁剪】命令可以处理立面图形交叉显示的状况，用于裁剪被其他立面遮挡的部分。

执行【图形裁剪】命令的方法有：

● 屏幕菜单：【立面】|【图形裁剪】命令

● 命令行：TXCJ

【课堂举例11-12】图形裁剪

01 执行【立面】|【图形裁剪】命令，选择被裁剪的对象，如图11-39所示。

02 点取被裁减部分的两个角点，如图11-40所示。

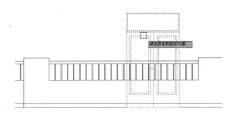

图11-39 选择对象

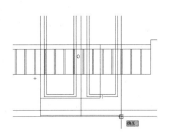

图11-40 指定角点

03 完成图形裁剪的结果,如图11-41所示。

图11-41 图形裁剪

11.3.9 立面轮廓

【立面轮廓】命令可以搜索立面轮廓,并在边界上加一圈粗实线。

执行【立面轮廓】命令的方法有:

● 屏幕菜单:【立面】|【立面轮廓】命令

● 命令行:LMLK

如图11-42所示为创建立面轮廓后的立面图。

图11-42 立面轮廓

11.4 实例应用

11.4.1 绘制住宅楼立面图

下面以住宅楼立面图为例,介绍在实际工作中绘制建筑立面图的方法、步骤。

01 执行GCGL【工程管理】命令,弹出【工程管理】面板,在工程管理的下拉列表中选择"新建工程"选项,如图11-43所示。

02 在打开的【另存为】对话框中输入工程的名称,单击"保存"按钮,如图11-44所示。

03 新建工程的结果,如图11-45所示。

图11-43 【工程管理】面板 图11-44 【另存为】对话框 图11-45 新建工程

04 打开【工程管理】面板，在"图纸"选项栏中的"平面图"选项上，单击鼠标右键，在弹出的菜单中选择"添加图纸"选项，如图11-46所示。

05 打开【选择图纸】对话框，选择平面图文件，单击"打开"按钮，如图11-47所示。

06 添加图纸的结果，如图11-48所示。

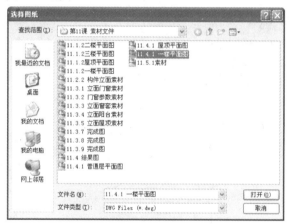

图11-46 "添加图纸"选项 图11-47 【选择图纸】对话框 图11-48 添加图纸

07 在对话框中双击"平面图"，添加平面图。

08 添加其他图纸之后，打开【工程管理】面板，在"楼层"选项栏中输入层高和层号，如图11-49所示，将光标定位在"文件"列表中。

09 单击【选楼层文件】按钮，成功定义楼层的结果，如图11-50所示。

10 重复同样的操作，楼层表的创建结果，如图11-51所示。

图11-49 输入参数 图11-50 设置结果 图11-51 设置楼层表

11 打开【工程管理】面板,在"楼层"选项栏中单击【建筑立面】按钮 ▦。在命令行中输入F,按Enter键,在弹出的【立面生成设置】对话框中设置参数,如图11-52所示,单击【生成立面】按钮。

12 在弹出的【输入要生成的文件】对话框中设置文件名,如图11-53所示,单击【保存】按钮。

图11-52 【立面生成设置】对话框

图11-53 设置文件名

13 生成立面图的结果,如图11-54所示。

图11-54 立面图

14 执行LMMC【立面门窗】命令,在打开的【天正图库管理系统】对话框中选择立面窗样式,如图11-55所示。

15 在对话框中单击【替换】按钮 ◪,在绘图区中拾取需替换的窗图形。替换结果,如图11-56所示。

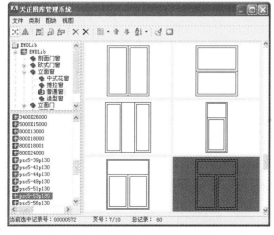

图11-55 【天正图库管理系统】对话框

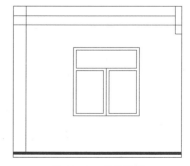

图11-56 替换结果

16 重复执行命令，替换其他立面窗，如图11-57所示。

图11-57 替换结果

17 执行LMMC【立面门窗】命令，在打开的【天正图库管理系统】对话框中选择立面门样式，如图11-58所示。

18 在对话框中单击【替换】按钮，在绘图区中拾取需要替换的门图形，替换结果如图 11-59所示。

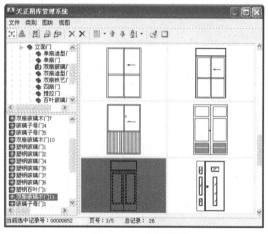

图11-58 选择样式

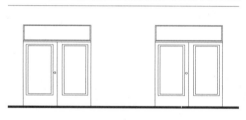

图11-59 替换结果

19 重复执行命令，替换立面门，结果如图11-60所示。

20 执行LMYT【立面阳台】命令，在打开的【天正图库管理系统】对话框中选择立面阳台样式，结果如图11-61所示。

图11-60 替换结果

图11-61 替换结果

21 执行H【填充】命令，在弹出的【图案填充和渐变色】对话框中设置参数，如图11-62所示。

22 屋顶的图案填充结果，如图11-63所示。

23 继续执行H【填充】命令，在弹出的【图案填充和渐变色】对话框中设置参数，如图11-64所示。

图11-62 设置参数

图11-63 图案填充

图11-64 设置参数

24 墙体填充结果，如图11-65所示。

25 执行LMLK【立面轮廓】命令，设置轮廓线为80，为立面图绘制轮廓线的结果，如图11-66所示。

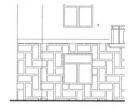

图11-65 填充结果

图11-66 绘制轮廓线

26 执行TMBZ【图名标注】命令，在弹出的【图名标注】对话框中设置参数，如图11-67所示。

图11-67 【图名标注】对话框

27 在立面图下方点取插入位置，绘制图名标注的结果，如图11-68所示。

住宅楼正立面图 1:100

图11-68 图名标注

11.4.2 绘制别墅立面图

下面以别墅立面图为例，介绍在实际工作中绘制建筑立面图的方法步骤。

01 执行GCGL【工程管理】命令，弹出【工程管理】面板，在工程管理的下拉列表中选择"新建工程"选项，如图11-69所示。

02 在打开的【另存为】对话框中输入工程的名称，单击"保存"按钮，如图11-70所示。

03 新建工程的结果，如图11-71所示。

图11-69 【工程管理】面板　　　　图11-70 【另存为】对话框　　　　图11-71 新建工程

04 打开【工程管理】面板，在"图纸"选项栏中的"平面图"选项上，单击鼠标右键，在弹出的菜单中选择"添加图纸"选项，如图11-72所示。

05 打开【选择图纸】对话框，选择平面图文件，单击"打开"按钮，如图11-73所示。

06 添加图纸的结果，如图11-74所示。

图11-72 "添加图纸"选项　　　　图11-73 【选择图纸】对话框　　　　图11-74 添加图纸

07 在对话框中双击"平面图"，打开平面图。

08 打开【工程管理】面板，在"楼层"文本框中输入层高和层号，如图11-75所示。

图11-75 输入参数

09 将光标定位在"文件"列表中，单击【框选楼层】按钮，框选需要的平面图并拾取对齐点，成功定义楼层的结果，如图11-76所示。

10 重复同样的操作，楼层表的创建结果如图11-77所示。

图11-76 设置结果

图11-77 设置楼层表

11 打开【工程管理】面板，在【楼层】选项栏中单击【建筑立面】按钮，在命令行中输入F，按Enter键。在弹出的【立面生成设置】对话框中设置参数，如图11-78所示，单击【生成立面】按钮。

12 在弹出的【输入要生成的文件】对话框中设置文件名，如图11-79所示，单击【保存】按钮。

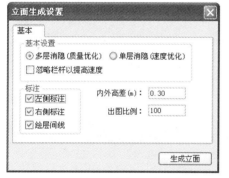
图11-78 【立面生成设置】对话框

图11-79 设置文件名

13 生成立面图的结果，如图11-80所示。

图11-80 立面图

14 执行LMMC【立面门窗】命令，在打开的【天正图库管理系统】对话框中选择立面门样式，如图11-81所示。

15 在对话框中单击【替换】按钮，在绘图区中拾取需替换的门图形。替换结果如图11-82所示。

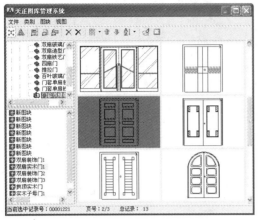

图11-81　【天正图库管理系统】对话框

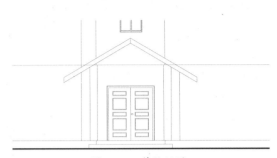

图11-82　替换结果

16 继续执行LMMC【立面门窗】命令，在打开的【天正图库管理系统】对话框中选择立面门样式，如图11-83所示。

17 在对话框中单击【替换】按钮，在绘图区中拾取需替换的门图形。替换结果，如图11-84所示。

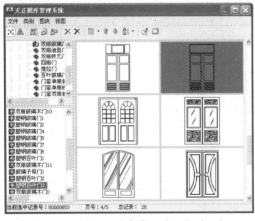

图11-83　【天正图库管理系统】对话框

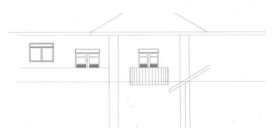

图11-84　替换结果

18 执行LMMC【立面门窗】命令，在打开的【天正图库管理系统】对话框中选择立面窗样式，如图11-85所示。

19 在对话框中单击【替换】按钮，在绘图区中拾取需替换的窗图形，替换结果如图 11-86 所示。

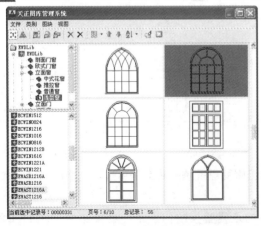

图11-85　选择样式

图11-86　替换结果

20 执行LMMC【立面门窗】命令，在打开的【天正图库管理系统】对话框中选择立面窗样式，如图11-87所示。

21 在对话框中单击【替换】按钮，在绘图区中拾取需替换的窗图形，替换结果如图 11-88 所示。

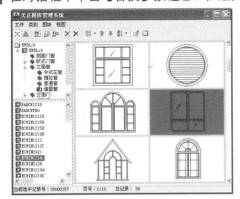

图11-87 选择样式

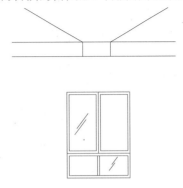

图11-88 替换结果

22 执行LMYT【立面阳台】命令，在打开的【天正图库管理系统】对话框中选择立面阳台样式，如图11-89所示。

23 在对话框中单击【替换】按钮，在绘图区中拾取需要替换的阳台图形，替换结果如图11-90所示。

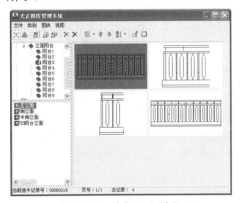

图11-89 选择阳台样式

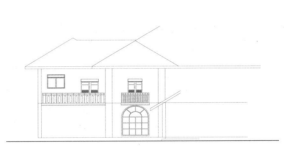

图11-90 替换结果

24 执行H【填充】命令，在弹出的【图案填充和渐变色】对话框中设置参数，如图11-91所示。

25 屋顶的图案填充结果，如图11-92所示。

图11-91 设置参数

图11-92 图案填充

26 继续执行 H【填充】命令，在弹出的【图案填充和渐变色】对话框中设置参数，如图 11-93 所示。

27 墙体填充结果，如图11-94所示。

图11-93　设置参数

图11-94　填充结果

28 执行 LMLK【立面轮廓】命令，设置轮廓线为80，为立面图绘制轮廓线的结果，如图 11-95 所示。

29 执行TMBZ【图名标注】命令，在弹出的【图名标注】对话框中设置参数，如图11-96所示。

图11-95　绘制轮廓线

图11-96　【图名标注】对话框

30 在立面图下方点取插入位置，绘制图名标注的结果，如图11-97所示。

别墅正立面图 1:100

图11-97　图名标注

11.5　拓展训练

11.5.1　绘制别墅立面图

本节通过对如图11-98所示图形的绘制，练习立面图的绘制方法。

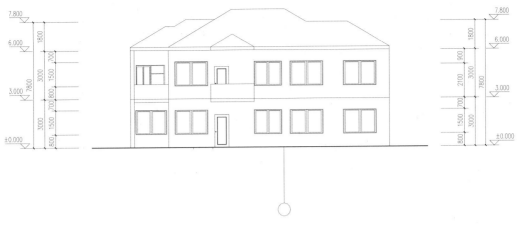

图11-98 立面图效果

01 执行GCGL【工程管理】命令，在【工程管理】面板中新建工程，如图11-99所示。

02 在"图纸"选项栏中添加图纸，如图11-100所示。

03 在"楼层"选项栏输入数据，如图11-101所示。

图11-99 新建工程

图11-100 添加图纸

图11-101 设置楼层数据

04 生成背立面图。

11.5.2 完善别墅立面图

本节通过对如图11-102所示图形的绘制，练习立面图编辑和修改的方法。

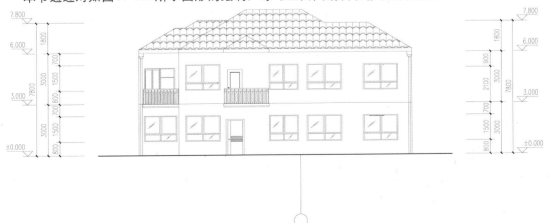

图11-102 立面图完成效果

01 打开图11-98，执行LMMC【立面门窗】命令，替换立面窗，如图11-103所示。

02 执行LMMC【立面门窗】命令，替换立面门，如图11-104所示。

图11-103 替换立面窗   图11-104 替换立面门

03 执行LMYT【立面阳台】命令，替换立面阳台，如图11-105所示。

04 执行调用YSGX【雨水管线】命令，绘制雨水管，如图11-106所示。

图11-105 替换立面阳台   图11-106 绘制雨水管

05 执行H【填充】命令，填充屋顶，立面图完成效果，如图11-102所示。

第12课
剖面

建筑剖面图是用一个假想的平行于正立投影面或侧立投影面的竖直剖切面剖开房屋，并移动剖切面与观察者之间的部分，然后将剩余的部分做正投影所得的投影图，主要表达建筑物内部构造，如各楼层地面、内外墙、屋顶、楼梯、阳台等构造，以及建筑物承重构件的位置及相互关系，如各层的梁、板、柱及墙体的连接关系等。

天正剖面图是通过平面图构件中的三维信息在指定剖切位置消隐而获得的二维图形。

本课首先介绍了建筑剖面图的创建方法，然后详细讲解了TArch 2013各剖面图的编辑和深化工具的使用方法，以创建得到完整的、准确的建筑剖面图。

【本课知识要点】
掌握创建建筑剖面图的方法。
掌握剖面图的绘制。
掌握剖面楼梯和栏杆的绘制。
掌握对剖面的填充与加粗。

12.1 创建建筑剖面图

与建筑立面图相同，建筑剖面图也由工程管理中的楼层表数据生成，不同的是创建建筑剖面图需要事先在首层平面图中指定剖切的位置。

12.1.1 建筑剖面

【建筑剖面】命令可以一次性生成多层建筑剖面，也可以将打开的标准层文件生成剖面，其操作方式与单层立面类似。

执行【建筑剖面】命令的方法有：

● 屏幕菜单：【剖面】|【建筑剖面】命令
● 命令行：JZPM

【课堂举例12-1】创建剖面图

01 按快捷键CTRL+O，打开"第12课\12.1.1 别墅工程平面图"素材文件。

02 执行【剖面】|【建筑剖面】命令，在绘图区中选择剖切线。分别单击1轴线和5轴线，在弹出的【剖面生成设置】对话框中设置参数，如图12-1所示，单击"生成剖面"按钮。

03 在弹出的【输入要生成的文件】对话框中设置文件名，如图12-2所示，单击【保存】按钮。

图12-1 设置参数

图12-2 设置文件名

04 生成剖面图的结果，如图12-3所示。

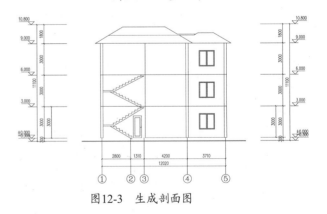

图12-3 生成剖面图

12.1.2 构件剖面

【构件剖面】命令用于生成当前标准层、局部构件或三维图块对象在指定剖切方向上的剖视图。

执行【构件剖面】命令的方法有：

● 屏幕菜单：【剖面】|【构件剖面】命令
● 命令行：GJPM

【课堂举例12-2】创建构件剖面

01 按快捷键CTRL+O,打开"第12课\12.1.1 别墅工程平面图"图形文件。

02 执行【剖面】|【构件剖面】命令,选择别墅一层平面图中的C-C剖切线,如图12-4所示。

03 根据命令行的提示选择楼梯的平面图图形,在绘图区中点取构件剖面图的插入位置,创建结果如图12-5所示。

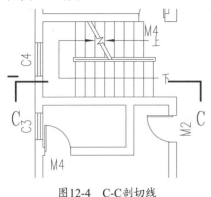

图12-4 C-C剖切线

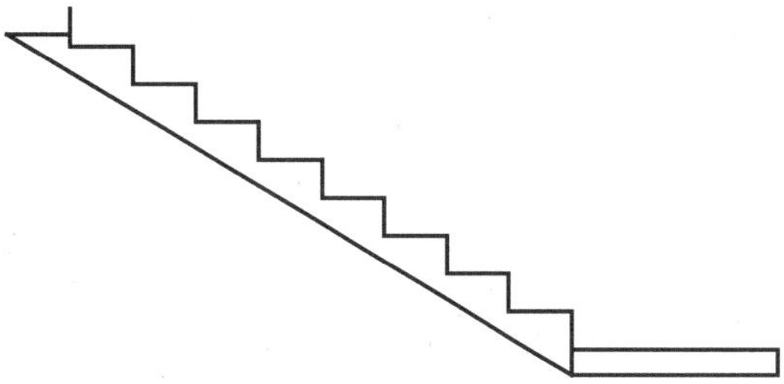

图12-5 构件剖面图

12.2 剖面绘制

为了方便、快捷地对剖面进行编辑和绘制,TArch 2013提供了多样的剖面绘制命令,主要有绘制剖面墙、剖面楼板、剖面门窗等命令。本小节介绍编辑剖面图形的步骤。

12.2.1 画剖面墙

【画剖面墙】命令用一对平行的直线或圆弧,直接绘制剖面墙。

执行【画剖面墙】命令的方法有:

● 屏幕菜单:【剖面】|【画剖面墙】命令

● 命令行:HPMQ

【课堂举例12-3】创建剖面墙

01 按快捷键CTRL+O,打开上一节完成的图形文件。

02 执行【剖面】|【画剖面墙】命令,点取墙体的起点,如图12-6所示。

03 设置左墙宽度为0,右墙宽度为240。点取直墙的终点,绘制结果如图12-7所示。

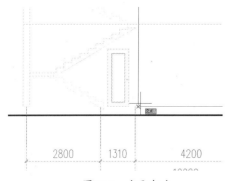

图12-6 点取起点

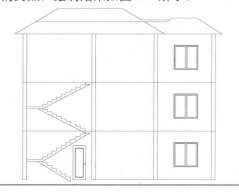

图12-7 绘制结果

12.2.2 双线楼板

【双线楼板】命令使用一对平行的直线对象,直接绘制剖面双线楼板。

执行【双线楼板】命令的方法有:

● 屏幕菜单:【剖面】|【双线楼板】命令

● 命令行:SXLB

【课堂举例12-4】创建双线楼板

01 按快捷键CTRL+O,打开上一节完成的图形文件。

02 执行【剖面】|【双线楼板】命令,指定楼板的起点,如图12-8所示。

03 指定终点,如图12-9所示。

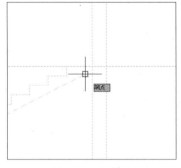

图12-8 指定起点　　　　　　　图12-9 指定终点

04 设置楼板的厚度为120,绘制结果如图12-10所示。

05 重复操作,继续绘制双线楼板图形,结果如图12-11所示。

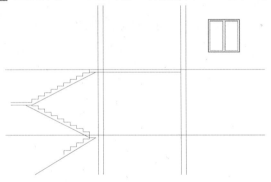
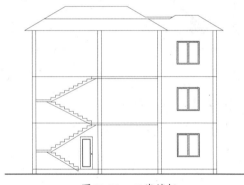

图12-10 绘制结果　　　　　　　图12-11 双线楼板

12.2.3 预制楼板

【预制楼板】命令是用一系列平行的直线对象,直接绘制剖面预制楼板。

执行【预制楼板】命令的方法有:

● 屏幕菜单:【剖面】|【预制楼板】命令

● 命令行:YZLB

【课堂举例12-5】创建预制楼板

01 打开如图12-11所示的图形文件。

02 执行【剖面】|【预制楼板】命令,在弹出的【剖面楼板参数】对话框中设置参数,如图12-12所示。

03 指定楼板的插入点,如图12-13所示。

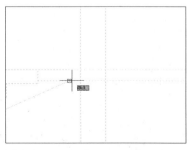

图12-12 【剖面楼板参数】对话框　　　　图12-13 指定插入点

04 向右移动鼠标，给出插入方向，如图12-14所示。

05 预制楼板的绘制结果，如图12-15所示。

图12-14 指定插入方向

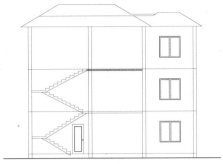

图12-15 预制楼板

12.2.4 加剖断梁

【加剖断梁】命令用于在剖面楼板处按给出尺寸加梁剖面，例如，楼板、休息平台板下的楼梯平面。

执行【加剖断梁】命令的方法有：

● 屏幕菜单：【剖面】|【加剖断梁】命令

● 命令行：JPDL

【课堂举例12-6】创建剖断梁

01 打开如图12-15所示的图形文件。

02 执行【剖面】|【加剖断梁】命令，指定剖面梁的参照点，如图12-16所示。

03 根据命令行的提示梁左侧到参照点的距离为240，梁右侧到参照点的距离为0，梁底边到参照点的距离为520，绘制结果如图12-17所示。

04 重复执行【剖面】|【加剖断梁】命令，根据命令行的提示梁左侧到参照点的距离为0，梁右侧到参照点的距离为240，梁底边到参照点的距离为400，绘制结果如图12-18所示。

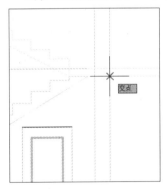

图12-16 指定参照点

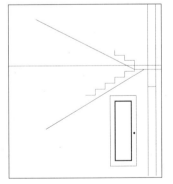

图12-17 绘制结果

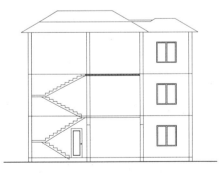

图12-18 加剖断梁

12.2.5 剖面门窗

【剖面门窗】命令可连续插入剖面门窗，可替换已经插入的剖面门窗并修改其数值。

执行【剖面门窗】命令的方法有：

● 屏幕菜单：【剖面】|【剖面门窗】命令

● 命令行：PMMC

【课堂举例12-7】创建剖面门窗

01 打开如图12-18所示的图形文件。

02 执行【剖面】|【剖面门窗】命令，点取剖面墙线下端，如图12-19所示。

03 根据命令行的提示分别设置门窗下口到墙下端距离为0，门窗的高度为2100，创建剖面门窗的结果，如图12-20所示。

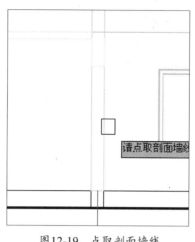

请点取剖面墙线

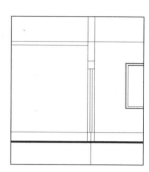

图12-19　点取剖面墙线　　　　图12-20　剖面门窗

12.2.6　剖面檐口

【剖面檐口】命令可以在剖面图中绘制剖面檐口。

执行【剖面檐口】命令的方法有：

- 屏幕菜单：【剖面】|【剖面檐口】命令
- 命令行： PMYK

12.2.7　门窗过梁

【门窗过梁】命令可在剖面门窗上画出过梁剖面，带有灰色填充。

执行【门窗过梁】命令的方法有：

- 屏幕菜单：【剖面】|【门窗过梁】命令
- 命令行： MCGL

【课堂举例12-8】创建门窗过梁

01 打开如图12-20所示的图形文件。

02 执行【剖面】|【门窗过梁】命令，选择需加过梁的剖面门窗，如图12-21所示。

03 根据命令行的提示，输入梁高参数为120，创建结果如图12-22所示。

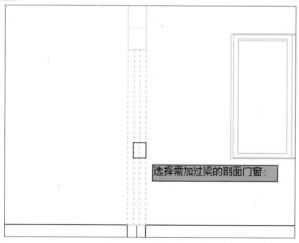

选择需加过梁的剖面门窗

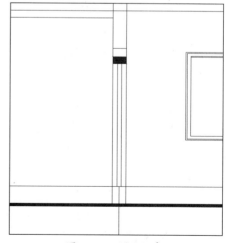

图12-21　选择剖面窗　　　　　　图12-22　剖面门窗

12.3 剖面楼梯与栏杆

TArch 2013提供了多种工具，方便于创建和编辑楼梯及栏杆，主要有参数楼梯、参数栏杆等命令，本节介绍这些命令的使用方法。

12.3.1 参数楼梯

【参数楼梯】命令可通过设置具体参数并可从平面楼梯获取梯段参数精确生成剖面或可见的楼梯。

执行【参数楼梯】命令的方法有：

● 屏幕菜单：【剖面】|【参数楼梯】命令

● 命令行：CSLT

【课堂举例12-9】创建参数楼梯

01 执行【剖面】|【参数楼梯】命令，在弹出的【参数楼梯】对话框中设置参数，如图12-23所示。

02 在绘图区中指定参数楼梯的插入位置，绘制结果如图12-24所示。

图12-23　【参数楼梯】对话框

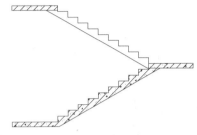

图12-24　参数楼梯

> **注意**
>
> 在【参数楼梯】对话框中设置"跑数"参数，才能实现则栏杆的自动遮挡。

12.3.2 参数栏杆

【参数栏杆】命令可以按照参数交互的方式精确生成楼梯栏杆。

执行【参数栏杆】命令的方法有：

● 屏幕菜单：【剖面】|【参数栏杆】命令

● 命令行：CSLG

【课堂举例12-10】创建参数栏杆

01 打开如图12-24所示的图形文件。

02 执行【剖面】|【参数栏杆】命令，在弹出的【剖面楼梯栏杆参数】对话框中设置参数，如图12-25所示。

03 在绘图区中指定A点为栏杆的插入点，完成创建参数栏杆的结果，如图12-26所示。

图12-25　【剖面楼梯栏杆参数】对话框

图12-26　参数栏杆

▌ 12.3.3 楼梯栏杆

【楼梯栏杆】命令可以自动识别在双跑楼梯中剖切到的梯段，绘制常用的直栏杆。

执行【楼梯栏杆】命令的方法有：

● 屏幕菜单：【剖面】|【楼梯栏杆】命令

● 命令行：LTLG

【课堂举例12-11】创建楼梯栏杆

01 按快捷键CTRL+O，打开"第12课\12.3.3 楼梯栏杆.dwg"素材文件。

02 【立面】|【楼梯栏杆】命令，在系统提示"请输入楼梯扶手的高度 <1000>:"、"是否要打断遮挡线(Yes/No)? <Yes>:"时，按Enter键确认。

03 指定楼梯栏杆的起始点，如图12-27所示。

04 指定楼梯栏杆的结束点，如图12-28所示。

05 指定另一段楼梯栏杆的起始点，如图12-29所示。

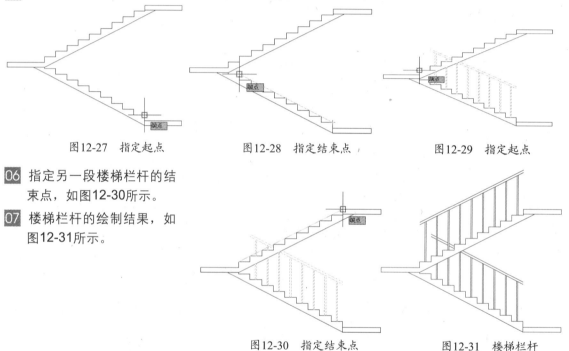

图12-27　指定起点　　　　图12-28　指定结束点　　　　图12-29　指定起点

06 指定另一段楼梯栏杆的结束点，如图12-30所示。

07 楼梯栏杆的绘制结果，如图12-31所示。

图12-30　指定结束点　　　　图12-31　楼梯栏杆

▌ 12.3.4 楼梯栏板

【楼梯栏板】命令可以自动识别剖面楼梯和可见楼梯，用实心表示剖面梯段，虚线表示可见梯段。

执行【楼梯栏板】命令的方法有：

● 屏幕菜单：【剖面】|【楼梯栏板】命令

● 命令行：LTLB

【课堂举例12-12】创建楼梯栏板

01 按快捷键CTRL+O，打开"第12课\12.3.4 楼梯栏板.dwg"素材文件。

02 执行【剖面】|【楼梯栏板】命令，在系统提示"请输入楼梯扶手的高度 <1000>"、"是否要将遮挡线变虚(Y/N)?"时，按Enter键确认。

03 指定楼梯栏板的起始点，如图12-32所示。

04 指定楼梯栏板的结束点，如图12-33所示。

05 重复操作，再次指定楼梯栏板的起始点和结束点，楼梯栏板的绘制结果，如图12-34所示。

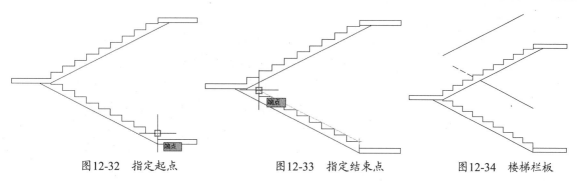

图12-32 指定起点　　　　图12-33 指定结束点　　　　图12-34 楼梯栏板

12.3.5 扶手接头

【扶手接头】命令可以对楼梯扶手和楼梯栏板做倒角与水平连接处理，根据客户自定义水平伸出的长度。

执行【扶手接头】命令的方法有：

● 屏幕菜单：【剖面】|【扶手接头】命令
● 命令行：FSJT

【课堂举例12-13】扶手接头

01 按快捷键CTRL+O，打开"第12课\12.3.5 扶手接头.dwg"素材文件。

02 执行【剖面】|【扶手接头】命令，在系统提示"请输入扶手伸出距离<100>:"时按Enter键；提示"请选择是否增加栏杆[增加栏杆(Y)/不增加栏杆(N)]<增加栏杆(Y)>:"时，输入N。

03 指定两点来确定需要连接的一对扶手，如图12-35所示。

04 扶手接头的绘制结果，如图12-36所示。

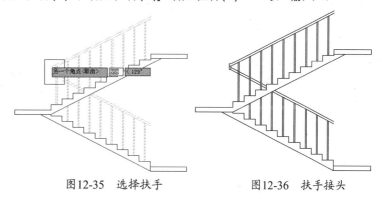

图12-35 选择扶手　　　　图12-36 扶手接头

12.4 剖面填充与加粗

TArch 2013提供了剖面填充和加粗的命令，【加粗】命令主要包括居中加粗、向内加粗等命令；本节主要介绍剖面填充和加粗的操作步骤。

12.4.1 剖面填充

【剖面填充】命令用来将剖面墙线和楼梯按指定材料图例进行图案填充，该命令不要求墙端封闭即可填充图案。

执行【剖面填充】命令的方法有：

● 屏幕菜单：【剖面】|【剖面填充】命令
● 命令行：PMTC

【课堂举例12-14】剖面填充

01 按快捷键CTRL+O，打开"第12课\12.4.1 剖面填充.dwg"素材文件。

02 执行【剖面】|【剖面填充】命令，选取要填充的剖面墙线，如图12-37所示。

03 在弹出的【请点取所需的填充图案】对话框中设置参数，如图12-38所示。

图12-37　选择图形

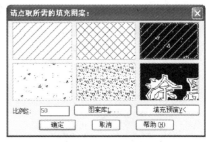

图12-38　设置参数

04 在对话框中单击【确定】按钮，剖面填充的结果，如图12-39所示。

图12-39　剖面填充

12.4.2　居中加粗

　　【居中加粗】命令可以将剖面图中的墙线向两侧加粗。

　　执行【居中加粗】命令的方法有：

● 屏幕菜单：【剖面】|【居中加粗】命令

● 命令行：　JZJC

【课堂举例12-15】居中加粗

01 按快捷键CTRL+O，打开"第12课\12.4.2 居中加粗.dwg"素材文件。

02 执行【剖面】|【居中加粗】命令，选取要加粗的剖切线，如图 12-40 所示。

03 居中加粗的结果，如图12-41所示。

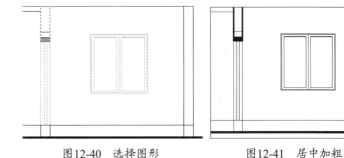

图12-40　选择图形　　　　　图12-41　居中加粗

12.4.3　向内加粗

　　【向内加粗】命令可以将剖面图中的墙线向墙内侧加粗。

　　执行【向内加粗】命令的方法有：

- 屏幕菜单：【剖面】|【向内加粗】命令
- 命令行：XNJC

【课堂举例12-16】向内加粗

01 按快捷键CTRL+O，打开 "第12课\12.4.3 向内加粗 .dwg"素材文件。

02 执行【剖面】|【向内加粗】 命令，选取要加粗的剖切 线，如图 12-42 所示。

03 向内加粗的操作结果，如 图12-43所示。

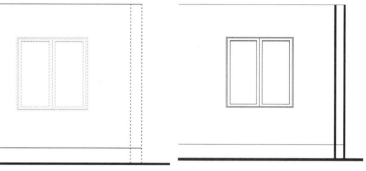

图12-42　选择图形　　　　图12-43　向内加粗

12.4.4　取消加粗

【取消加粗】命令用于将已加粗的剖切线恢复原状，但不影响该墙线已有的剖面填充。

执行【取消加粗】命令的方法有：

- 屏幕菜单：【剖面】|【取消加粗】命令
- 命令行：QXJC

12.5 实例应用

12.5.1　创建住宅楼楼梯剖面图

下面以住宅楼楼梯剖面图为例，介绍使用TArch 2013绘制完整剖面图的步骤和方法。

01 按快捷键Ctrl+O，打开配套光盘提供的 "第12课/12.5.1住宅楼楼梯剖面图素材.dwg"素材文 件，如图12-44所示。

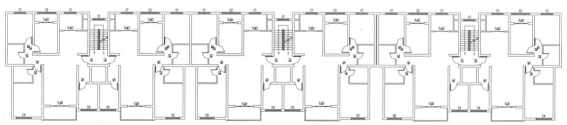

图12-44　素材文件

02 执行PQFH【剖切符号】命令，根据命令行的提示输入剖切编号为1，分别指定剖切点，在住 宅楼平面图中加入剖切符号的结果，如图12-45所示。

03 沿用前面绘制立面的知识，创建办公楼的楼层表，结果如图12-46所示。

04 在【工程管理】面板中的 "楼层"选项栏中单击【建筑剖面】按钮，在绘图区中选择1-1 剖切线。在弹出的【剖面生成设置】对话框中设置参数，如图12-47所示，单击【生成剖 面】按钮。

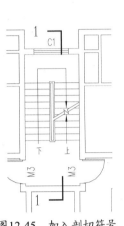

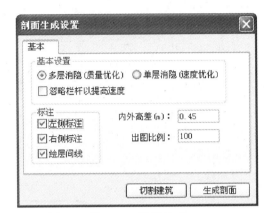

图12-45 加入剖切符号　　　图12-46 创建楼层表　　　　　图12-47 设置参数

05 在弹出的【输入要生成的文件】对话框中设置文件名，如图12-48所示，单击【保存】按钮。

06 生成剖面图，如图12-49所示。

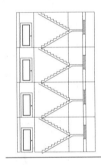

图12-48 设置文件名　　　　　　　图12-49 生成剖面图

07 执行L【直线】命令，绘制地面，如图12-50所示。

08 执行E【删除】命令，删除多余的墙线。执行SXLB【双线楼板】命令，绘制楼板，如图12-51 所示。

09 重复上述命令，绘制效果如图12-52所示。

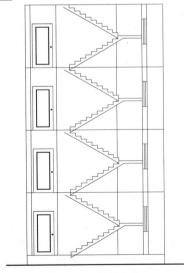

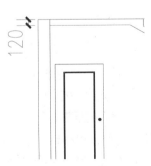

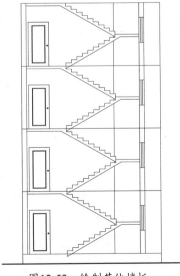

图12-50 绘制地面　　　　　图12-51 绘制楼板　　　　　图12-52 绘制其他楼板

⑩ 执行JPDL【加剖断梁】命令，指定剖面梁的参照点，设置梁左侧到参照点的距离为0，梁右侧到参照点的距离为300，梁底边到参照点的距离为500，绘制剖断梁的结果，如图12-53所示。

⑪ 重复执行JPDL【加剖断梁】命令，绘制其余的剖断梁；执行TR【修剪】命令，修剪多余的线段，结果如图12-54所示。

⑫ 执行PMTC【剖面填充】命令，选取要填充的剖面墙线；在弹出的【请点取所需的填充图案】对话框中选择填充图案，在对话框中单击【确定】按钮，剖面填充如图12-55所示。

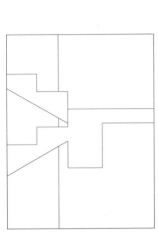

图12-53 绘制结果

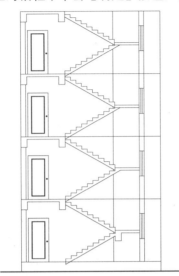

图12-54 绘制剖断梁

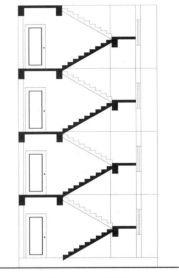

图12-55 剖面填充

⑬ 执行TMBZ【图名标注】命令，在弹出的【图名标注】对话框中设置参数，如图12-56所示。

⑭ 在绘图区中点取插入位置，结果如图12-57所示。

图12-56 设置参数

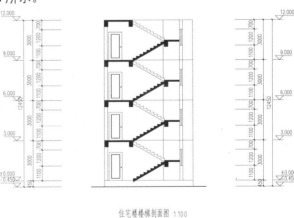

图12-57 图名标注

12.5.2 创建别墅剖面图

下面以别墅剖面图为例，介绍使用TArch 2013绘制完整剖面图的步骤和方法。

① 按快捷键Ctrl+O，打开配套光盘提供的"第12课/12.5.2别墅剖面图素材.dwg"素材文件。

② 执行PQFH【剖切符号】命令，根据命令行的提示输入剖切编号为1，分别指定剖切点，在别墅平面图中加入剖切符号的结果，如图12-58所示。

③ 沿用前面绘制住宅楼楼层表的方法，创建办公楼的楼层表，结果如图12-59所示。

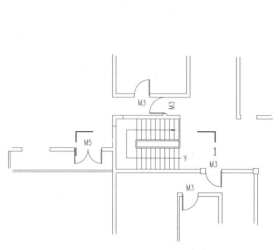

图12-58 加入剖切符号

图12-59 创建楼层表

04 在【工程管理】面板中的"楼层"选项栏中单击【建筑剖面】按钮 ，在绘图区中选择 1-1 剖切线，在弹出的【剖面生成设置】对话框中设置参数，如图 12-60 所示，单击【生成剖面】按钮。

05 在弹出的【输入要生成的文件】对话框中设置文件名，如图12-61所示，单击【保存】按钮。

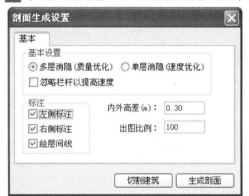

图12-60 设置参数

图12-61 设置文件名

06 生成剖面图，如图12-62所示。

图12-62 生成剖面图

07 执行JPDL【加剖断梁】命令，指定剖面梁的参照点，设置梁左侧到参照点的距离为0，梁右侧到参照点的距离为200，梁底边到参照点的距离为400，绘制剖断梁的结果，如图12-63所示。

08 重复执行JPDL【加剖断梁】命令，绘制其余的剖断梁。执行TR【修剪】命令，修剪多余的线段，结果如图12-64所示。

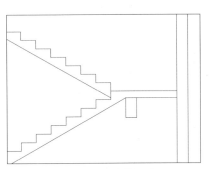

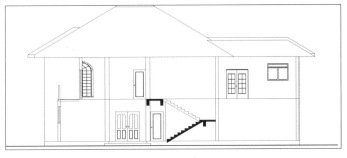

图12-63　绘制结果　　　　　　　　　　　　　图12-64　绘制剖断梁

09 执行PMTC【剖面填充】命令，选取要填充的剖面墙线。在弹出的【请点取所需的填充图案】对话框中选择填充图案，在对话框中单击【确定】按钮，剖面填充如图12-65所示。

10 执行E【删除】命令，清理不需要的图形，如图12-66所示。

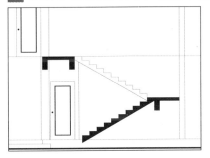

图12-65　剖面填充　　　　　　　　　　　　　图12-66　清理图形

11 执行TR【修剪】命令，修剪图形，如图12-67所示。

12 执行JPDL【加剖断梁】命令，绘制剖断梁结果，如图12-68所示。

13 执行TMBZ【图名标注】命令，在弹出的【图名标注】对话框中设置参数，如图12-69所示。

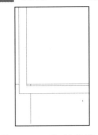

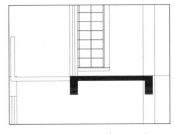

图12-67　绘制结果　　　　图12-68　修改结果　　　　图12-69　设置参数

14 在绘图区中点取插入位置，结果如图12-70所示。

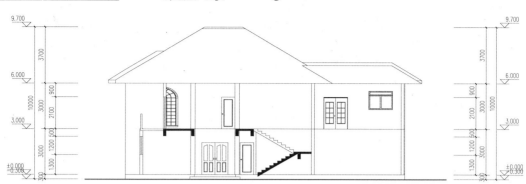

别墅剖面图 1:100

图12-70 图名标注

12.6 拓展训练

12.6.1 绘制别墅剖面图

本节通过生成如图12-71所示的图形，练习别墅建筑剖面图的绘制方法。

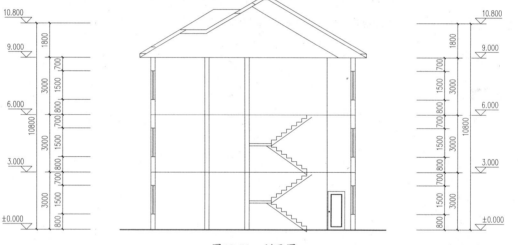

图12-71 剖面图

01 执行GCGL【工程管理】命令，在【工程管理】对话框中新建别墅工程，如图12-72所示。

图12-72 新建工程文件

02 在"图纸"选项中添加平面图纸,如图12-73所示。

03 在"楼层"选项中设置数据,如图12-74所示。

04 执行JZPM【建筑剖面】命令,生成剖面图,如图12-71所示。

图12-73 添加平面图纸　　图12-74 设置楼层数据

12.6.2 完善别墅剖面图

本节通过完善如图12-75所示剖面图,练习对剖面图修改和编辑的方法。

1-1剖面图 1:100

图12-75 剖面图

01 打开图12-71,执行JPDL【加剖断梁】命令,为剖面图加剖断梁,如图12-76所示。

02 执行H【填充】命令,为剖断梁进行填充,如图12-77所示。

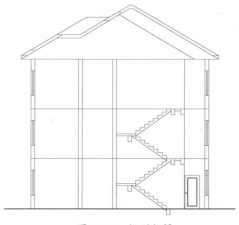 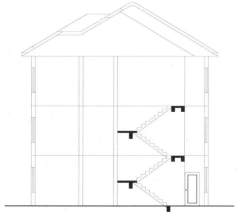

图12-76 加剖断梁　　　　　图12-77 填充图案

03 执行TMBZ【图名标注】
命令，绘制图名标注，如
图12-78所示。

04 完成效果，如图 12-75
所示。

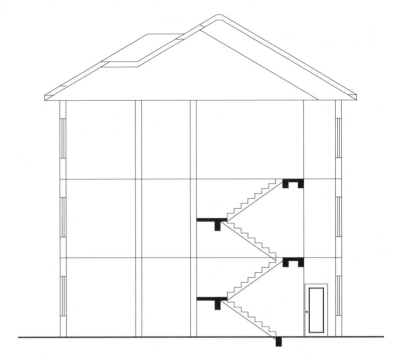

1-1剖面图 1:100

图12-78　绘制图名标注

第13课
三维建模及图形导出

　　天正的平面图和三维模型虽然是同步生成的，但还是需要用户根据实际情况对三维对象进行修改编辑，以生成完整的三维建筑模型。

　　本课首先介绍了TArch 2013三维造型工具的使用方法，然后讲解了三维模型的一些编辑工具，最后介绍了图形导出的方法。

【本课知识要点】

掌握绘制三维基本造型的方法。
掌握三维对象的编辑。
学习图形导出的方法。

13.1 三维造型对象

在TArch 2013屏幕菜单的【三维建模】子菜单中，提供了一系列专门用于创建三维图形的工具，本节将进行详细介绍。

13.1.1 平板

【平板】命令用于构造广义的板式构件，例如，实心和镂空的楼板、平屋顶等，也可创建其他方向的斜向板式构件。

执行【平板】命令的方法有：

● 屏幕菜单：【三维建模】|【造型对象】|【平板】命令
● 命令行：PB

【课堂举例13-1】创建平板

01 执行【三维建模】|【造型对象】|【平板】命令，根据命令行的提示选择封闭的多段线，如图13-1所示。

02 在命令行提示"请点取不可见的边"时，按Enter键。

03 选择作为板内洞口的封闭圆形，如图13-2所示。

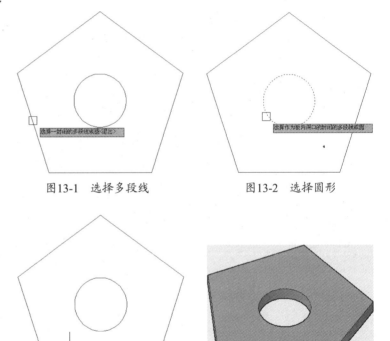

图13-1　选择多段线　　　　图13-2　选择圆形

04 输入板厚值为200，如图13-3所示。

05 平板的绘制结果，如图13-4所示。

图13-3　设置厚度　　　　图13-4　绘制平板结果

提示

双击绘制完成的平板图形，在弹出的快捷菜单中可以选择相应的选项并对其进行修改，如图13-5所示。

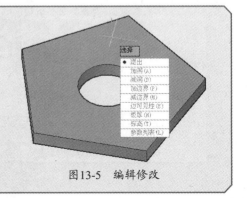

图13-5　编辑修改

13.1.2　竖板

【竖板】命令与【平板】命令相对应，用于构造竖直方向的板式构件，用做遮阳板、阳台隔断等。

执行【竖板】命令的方法有：

● 屏幕菜单：【三维建模】|【造型对象】|【竖板】命令

● 命令行：SB

【课堂举例13-2】创建竖板

01 执行【三维建模】|【造型对象】|【竖板】命令，在绘图区中分别单击指定竖板的起点和终点，按两次Enter键，确认竖板的起点和终点标高都为0，根据命令行的提示设置其他参数，如图13-6所示。

02 命令行提示"是否显示二维竖板？[是(Y)/否(N)]<Y>"时，按Enter键确认显示二维竖板，绘制结果如图13-7所示。

图13-6　设置参数　　　　图13-7　绘制竖板

> **提示**
>
> 双击绘制完成的竖板图形，在弹出的快捷菜单中可以选择相应的选项对其进行修改，如图13-8所示。
>
>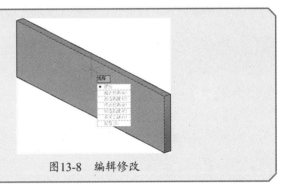
>
> 图13-8　编辑修改

13.1.3　路径曲面

【路径曲面】命令可以采用沿已经绘制的路径和截面放样的方式绘制三维图形。

执行【路径曲面】命令的方法有：

● 屏幕菜单：【三维建模】|【造型对象】|【路径曲面】命令

● 命令行：LJQM

【课堂举例13-3】创建路径曲面

01 执行【三维建模】|【造型对象】|【路径曲面】命令，弹出【路径曲面】对话框，如图 13-9 所示。

02 单击【选择路径曲线或可绑定对象】选项组中的 按钮，在绘图区中选择作为路径的曲线，如图13-10所示。按Enter键返回【路径曲面】对话框。

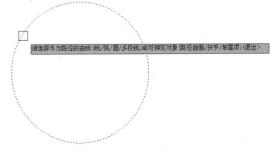

图13-9　【路径曲面】对话框　　　　图13-10　选择路径

03 单击"截面选择"选项组下的【取自截面库】单选按钮，单击其下方的 ⊡ 按钮，在打开的【天正图库管理系统】对话框中选择截面图形，如图13-11所示。

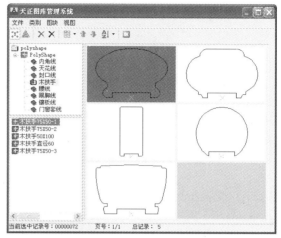

图13-11 【天正图库管理系统】对话框

04 双击截面图形，返回【路径曲面】对话框，单击【拾取截面基点（距单元中心）】选项组下的 ⊡ 按钮，在绘图区中单击指定单元基点，如图13-12所示。

05 返回【路径曲面】对话框，单击【确定】按钮，关闭对话框，完成路径曲面的绘制三维效果，如图13-13所示。

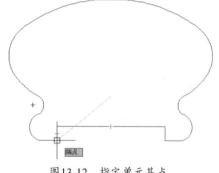

图13-12 指定单元基点

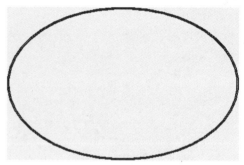

图13-13 路径曲面

技巧

双击路径曲面，可以对其进行编辑修改。

13.1.4 变截面体

【变截面体】命令主要是通过一条路径和多个截面形状放样而生成的三维对象，多用于建筑装饰造型等。

执行【路径曲面】命令的方法有：

● 屏幕菜单：【三维建模】|【造型对象】|【变截面体】命令
● 命令行：BJMT

13.1.5 等高建模

【等高建模】命令将一组封闭多段线组成的等高线生成自定义的三维模型，主要用于创建地面模型。

执行【等高建模】命令的方法有：

● 屏幕菜单：【三维建模】|【造型对象】|【等高建模】命令
● 命令行：DGJM

13.1.6 栏杆库

【栏杆库】命令可以从通用图库的栏杆单元库中调出栏杆单元。

执行【栏杆库】命令的方法有：

● 屏幕菜单：【三维建模】｜
【造型对象】｜【栏杆库】命令

● 命令行：LGK

如图13-14所示为【天正图库
管理系统】对话框。

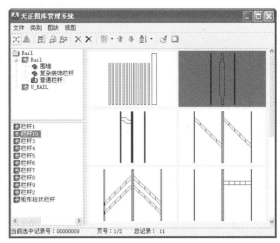

图13-14 天正图库管理系统对话框

13.1.7 路径排列

【路径排列】命令能够沿着路径排列生成指定间距的图块对象，常用于生成栏杆。

执行【路径排列】命令的方法有：

● 屏幕菜单：【三维建模】｜【造型对象】｜【路径排列】命令

● 命令行：LJPL

如图13-15所示为【路径排列】对话框，如图13-16所示为曲线路径排列后的三维效果。

图13-15 【路径排列】对话框

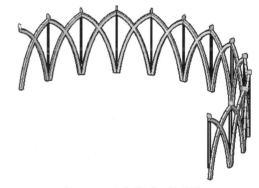

图13-16 曲线排列三维效果

13.1.8 三维网架

【三维网架】命令可以把空间的一组关联直线转换成有球节点的网架模型。

执行【三维网架】命令的方法有：

● 屏幕菜单：【三维建模】｜【造型对象】｜【三维网架】命令

● 命令行：SWWJ

【课堂举例13-4】创建三维网架

01 执行【三维建模】｜【造型对象】｜【三维网架】命令，选择直线，如图13-17所示。

02 按Enter键，在弹出的【网架设计】对话框中设置参数，如图13-18所示。

03 在对话框中单击【确定】按钮，创建三维网架的结果，如图13-19所示。

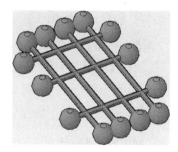

图13-17　选择直线　　　　　图13-18　设置参数　　　　图13-19　三维网架

13.2　三维编辑工具

TArch 2013提供了大量的面和边的三维编辑工具，如有必要还可以通过三维切割将建筑一分为二，展示建筑内部。

13.2.1　线转面

【线转面】命令可以根据二维视图中构成面的边、直线或多段线生成三维网格。

执行【线转面】命令的方法有：

● 屏幕菜单：【三维建模】|【编辑工具】|【线转面】命令

● 命令行：XZM

【课堂举例13-5】线转面

01 执行【三维建模】|【编辑工具】|【线转面】命令，选择构成面的边，如图13-20所示。

02 在命令行提示"是否删除原始的边线?[是(Y)/否(N)]<Y>:"时，输入N，如图13-21所示。

03 线转面的结果，如图13-22所示。

图13-20　选择构成面的边　　　图13-21　输入N　　　图13-22　线转面

13.2.2　实体转面

【实体转面】命令可以将三维或面域实体转换成网格面对象。

执行【实体转面】命令的方法有：

● 屏幕菜单：【三维建模】|【编辑工具】|【实体转面】命令

● 命令行：STZM

13.2.3　面片合成

【面片合成】命令可以把多个三维面转换成多格面，便于编辑和修改。

执行【面片合成】命令的方法有：

● 屏幕菜单：【三维建模】|【编辑工具】|【面片合成】命令

● 命令行：MPHC

13.2.4　隐去边线

【隐去边线】命令可以将三维面对象与网格面对象的指定边线改为不可见。

执行【隐去边线】命令的方法有：

● 屏幕菜单：【三维建模】|【编辑工具】|【隐去边线】命令
● 命令行：YQBX

13.2.5　三维切割

【三维切割】命令可以切割任何三维对象，以便对其赋予不同的特性。

执行【三维切割】命令的方法有：

● 屏幕菜单：【三维建模】|【编辑工具】|【三维切割】命令
● 命令行：SWQG

【课堂举例13-6】三维切割

01 执行【三维建模】|【编辑工具】|【三维切割】命令，选择需要剖切的三维对象，如图13-23所示。

02 指定切割直线起点，如图13-24所示。

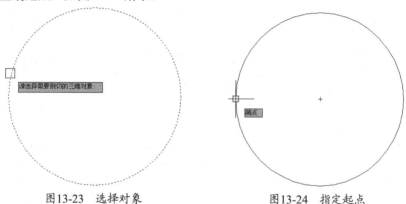

图13-23　选择对象　　　　　　图13-24　指定起点

03 指定切割直线终点，如图13-25所示。

04 三维切割的操作结果，如图13-26所示。

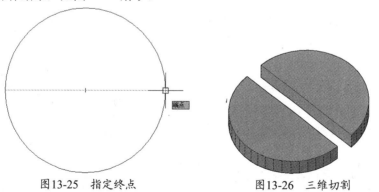

图13-25　指定终点　　　　　　图13-26　三维切割

13.2.6　厚线变面

【厚线变面】命令可以将有厚度的线、弧、多段线对象按照厚度转换为三维面。

执行【厚线变面】命令的方法有：

● 屏幕菜单：【三维建模】|【编辑工具】|【厚线变面】命令
● 命令行：HXBM

13.2.7 线面加厚

【线面加厚】命令为选中的闭合线和三维面赋予厚度，用于将线段加厚为平面，三维面加厚为有顶部的多面体。

执行【线面加厚】命令的方法有：

● 屏幕菜单：【三维建模】|【编辑工具】|【线面加厚】命令
● 命令行：XMJH

13.3 图形导出

TArch 2013中的图形导出命令主要有旧图转换、图形导出、图纸保护等，这些命令可以对图形进行转换或导出，本节来介绍图形导出的方法。

13.3.1 旧图转换

由于 TArch 升级后图形格式变化较大，为了升级后可以重复使用旧图资源继续设计，该命令可以将使用 TArch 3.0 格式的平面图进行转换，将图形对象表示的内容升级到新版本的专业对象格式。

执行【旧图转换】命令的方法有：

● 屏幕菜单：【文件布图】|【旧图转换】命令
● 命令行：JTZH

执行该命令，打开如图13-27所示的【旧图转换】对话框。

图13-27 【旧图转换】对话框

> **提示**
> 在【旧图转换】对话框中勾选"局部转换"复选框，可对图形的局部区域进行转换。

13.3.2 图形导出

【图形导出】命令可以将使用TArch 2013绘制的图形导出为TArch各版本的DWG图或各专业条件图。

在TArch 2013中执行资讯【图形导出】命令，可以在命令行中输入TXDC命令，按Enter键后，弹出如图13-28所示的【图形导出】对话框，设置保存类型及文件名，单击【保存】按钮，即可将图形导出。

执行【图形导出】命令的方法有：

● 屏幕菜单：【文件布图】|【图形导出】命令
● 命令行：TXDC

图13-28 【图形导出】对话框

13.3.3 图纸保护

【图纸保护】命令可以对指定的图形对象进行合并处理，通过对编辑功能的控制，使图形文件只能被观察或打印，但不能修改，也不能导出，达到保护设计成果的目的。

在TArch 2013中执行【图纸保护】命令，可以在命令行中输入TZBH，按Enter键后，选择需要被保护的图元，按Enter键，在弹出的【图纸保护设置】对话框中设置参数，如图13-29所示，单击【确定】按钮，即可创建图纸保护。

执行【图纸保护】命令的方法有：

● 屏幕菜单：【文件布图】|【图纸保护】命令

● 命令行：TZBH

图13-29 【图纸保护设置】对话框

13.3.4 插件发布

【插件发布】命令把随TArch附带的天正对象解释插件发布到指定的路径中，帮助用户观察或打印带有天正对象的文件，特别是带有保护对象的新文件。

在TArch 2013中执行【插件发布】命令，可以在命令行中输入CJFB命令，按Enter键后，在打开如图13-30所示的【另存为】对话框中设置存储路径后，单击【保存】按钮，即可完成插件发布的操作。

执行【插件发布】命令的方法有：

● 屏幕菜单：【文件布图】|【插件发布】命令

● 命令行：CJFB

图13-30 【另存为】对话框

13.4 实例应用

TArch的三维模型同步生成后，为了达到相应的效果需要进行三维图形的绘制。本节通过对户型图三维模型的进一步完善，让读者对绘制三维图形有一个更直观的了解。

13.4.1 完善户型图三维模型

本节将利用三维工具对户型图的三维模型进行完善。

01 打开配套光盘提供的"第13课/13.4.1素材.dwg"素材文件，如图13-31所示。

02 执行 PL【多段线】命令，在二维平面图中绘制封闭的多段线，如图 13-32 所示。

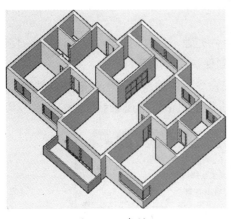

图13-31　素材

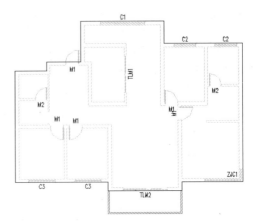

图13-32　绘制多段线

03 执行PB【平板】命令，将多段线转换为-200的平板作为地板，如图13-33所示。

04 执行 SB【竖板】命令，为阳台绘制高 1000 的竖版作为隔板，如图 13-34 所示。

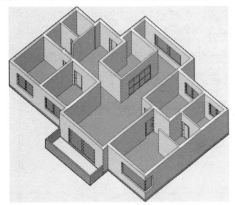

图13-33　绘制平板

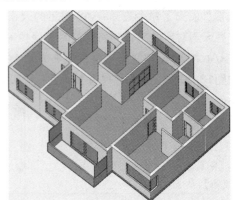

图13-34　绘制竖版

13.4.2　完善别墅模型

本节将利用三维工具对别墅的三维模型进行完善。

01 打开配套光盘提供的"第13课/13.4.2素材.dwg"素材文件，如图13-35所示。

02 旋转模型后发现，屋顶和墙体呈分离状态，如图13-36所示。

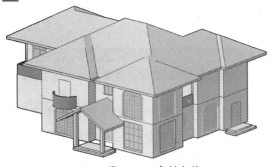

图13-35　素材文件

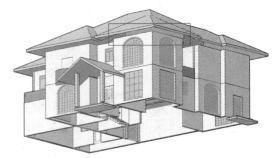

图13-36　旋转观察

03 执行QQWD【墙齐屋顶】命令，先后选择屋顶和需要齐边的墙体，按Enter键完成，效果如图13-37所示。

04 重复执行上述命令，完成效果如图13-38所示。

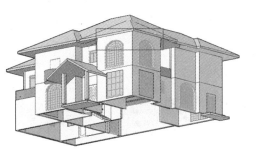

图13-37　墙齐屋顶

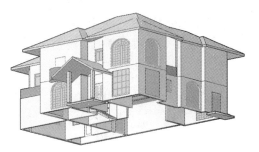

图13-38　完成效果

13.5 拓展训练

本节将通过绘制凉亭图纸练习三维建模的方法。

13.5.1　绘制凉亭

本节将通过绘制如图13-39所示的凉亭图纸，进一步熟悉三维命令的应用。

01 绘制多段线组成的图形，如图13-40所示。

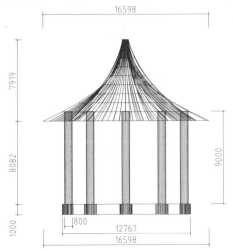

图13-39　凉亭

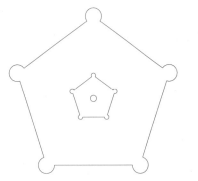

图13-40　绘制多段线

02 执行BJMT【变截面体】命令，绘制凉亭屋顶，如图13-41所示。

03 复制最大的多段线图形，执行 BZZ【标准柱】命令，在四周的圆形里绘制圆柱，如图 13-42 所示。

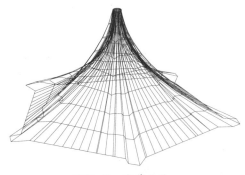

图13-41　变截面体

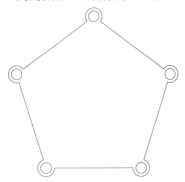

图13-42　绘制圆柱

04 执行PB【平板】命令，将多段线转换为平板，如图13-43所示。

05 将各组件合并，完成凉亭的最终效果，如图13-44所示。

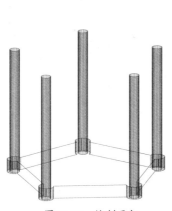

图13-43 绘制平板

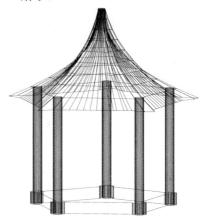

图13-44 最终效果

第14课
图形的查询与打印

在TArch 2013中绘制好图纸及模型后，最终还需要将其输出到图纸上，以便于审核和施工等。本课将详细介绍如何对绘制好的图形进行视图角度的调整，以及如何进行输出打印。

【本课知识要点】

掌握观察工具的使用。
掌握图纸输出的方法。

14.1 观察工具

在对立体图进行渲染之前，需要调整视图角度，选择适合的视点以便达到最好的观察效果，本节将介绍如何使用TArch 2013从不同角度观察建筑模型。

【课堂举例14-1】观察别墅模型

01 按快捷键Ctrl+O，打开配套光盘提供的"第14课/14.1.1.dwg"文件。

02 执行【视图】|【三维视图】|【俯视】命令，结果如图14-1所示。

03 执行【视图】|【三维视图】|【仰视】命令，结果如图14-2所示。

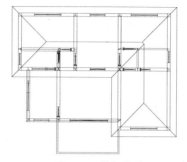 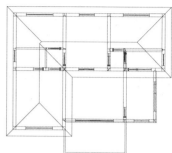

图14-1　俯视效果　　　　图14-2　仰视效果

04 执行【视图】|【三维视图】|【左视】命令，结果如图14-3所示。

05 执行【视图】|【三维视图】|【右视】命令，结果如图14-4所示。

图14-3　左视效果　　　　图14-4　右视效果

06 执行【视图】|【三维视图】|【前视】命令，结果如图14-5所示。

07 执行【视图】|【三维视图】|【后视】命令，结果如图14-6所示。

图14-5　前视效果　　　　图14-6　后视效果

08 执行【视图】|【三维视图】|【西南等轴测】命令，结果如图14-7所示。

09 执行【视图】|【三维视图】|【东南等轴测】命令，结果如图14-8所示。

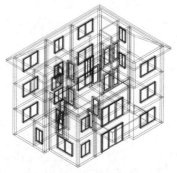 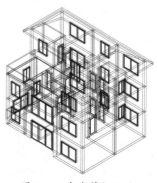

图14-7　西南等轴测效果　　　　图14-8　东南等轴测效果

10 执行【视图】|【三维视图】|【东北等轴测】命令，结果如图14-9所示。

11 执行【视图】|【三维视图】|【西北等轴测】命令，结果如图 14-10 所示。

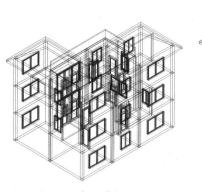

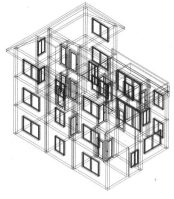

图14-9　东北等轴测效果　　　　图14-10　西北等轴测效果

14.2　图纸输出

14.2.1　单比例打印

在使用TArch 2013绘图时，一般都是按照1∶1的比例进行绘图。当一张图纸上多个图形的比例相同时，即可直接在模型空间内插入图框出图了。

【课堂举例14-2】单比例打印

01 按快捷键Ctrl+O，打开配套光盘提供的"第14课/14.2.1.dwg"文件，结果如图14-11所示。

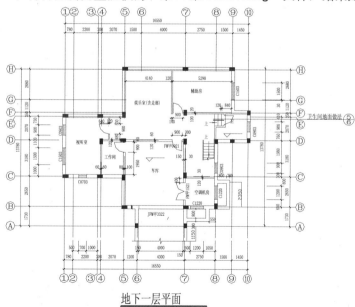

地下一层平面

图14-11　打开素材

02 单击绘图区左下角的【布局1】标签，进入"布局1"操作空间，将原有视口删除，结果如图14-12所示。

03 将鼠标置于【布局1】选项卡上，单击鼠标右键，在弹出的快捷菜单中选择【页面设置管理器】选项，打开【页面设置管理器】对话框，单击【修改】按钮。在弹出的【页面设置-布局1】对话框中，设置如图14-13所示参数。

图14-12　删除原视口

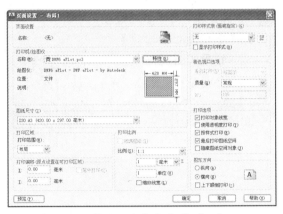

图14-13　【页面设置-布局1】对话框

04 单击【打印机／绘图仪】选项组中的【特性】按钮，激活【绘图仪配置编辑器-DWF6 ePlot. pc3】对话框，选择【设备和文档设置】选项卡，在其中选择【修改标准图纸尺寸（可打印区域）】选项，在下方弹出的【修改标准图纸尺寸】选项组中选择图纸尺寸，结果如图14-14所示。

05 单击【修改】按钮，在弹出的【自定义图纸尺寸-可打印区域】对话框中设置参数，如图14-15所示。

图14-14　【绘图仪配置编辑器-DWF6 ePlot.pc3】对话框　　　图14-15　【自定义图纸尺寸-可打印区域】对话框

06 单击【下一步】按钮，再单击【完成】按钮，返回【绘图仪配置编辑器-DWF6 ePlot.pc3】对话框。单击【确定】按钮，弹出【修改打印机配置文件】对话框。单击【确定】按钮，返回【页面设置-布局1】对话框。单击【确定】按钮，返回【页面设置管理器】对话框，单击【关闭】按钮，返回布局空间。

07 执行INSERT/I【插入】命令，将比例设置为0.01，在图纸左下角点单击插入A3图框，结果如图14-16所示。

图14-16　加入图签

08 单击【图层特性管理器】按钮，新建视口图层，将图层设为不打印并置为当前。

09 执行【视图】|【视口】|【一个视口】命令,指定视口的对角点,创建一个视口,结果如图14-17所示。

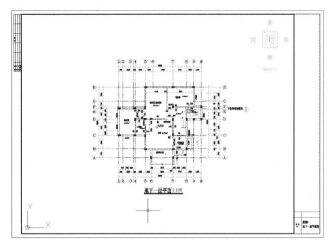

图14-17 创建视口

10 在视口内双击,激活所创建的视口,进入到模型空间。

11 打开【视口】工具栏,将出图比例设置为1:100,如图14-18所示。

图14-18 【视口】工具栏

12 在模型空间中移动调整图形位置,在视口外双击,返回布局空间,结果如图14-19所示。

13 执行【文件】|【打印】命令,打开【打印_布局1】对话框,单击【预览】按钮,可对图形进行打印预览。

14 单击【打印】按钮,在弹出的【浏览打印文件】对话框中设置文件的保存路径及文件名,单击【保存】按钮,即可进行精确打印。

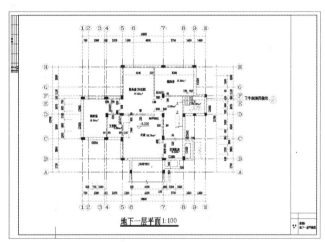

图14-19 布局效果

14.2.2 多比例打印

多比例打印可以对不同的图形指定不同的比例来进行打印输出,本节介绍多比例打印图形的方法。

【课堂举例14-3】多比例打印

01 按快捷键Ctrl+O,打开配套光盘提供的"第14课/14.2.2.dwg"文件,结果如图14-20所示。

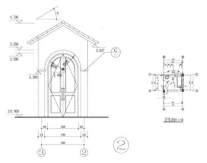

门楼正立面放大图1:100

图14-20 素材文件

02 单击绘图区左下角的【布局1】标签，进入"布局1"操作空间，将原有视口删除。

03 将鼠标置于【布局1】选项卡上，单击鼠标右键，在弹出的快捷菜单中选择【页面设置管理器】选项，打开【页面设置管理器】对话框，单击【修改】按钮，弹出【页面设置-布局1】对话框中，设置如图14-21所示的参数。

04 单击【确定】按钮，返回【页面设置管理器】对话框，单击【关闭】按钮返回布局空间。

05 执行INSERT/I【插入】命令，将比例设置为0.01，在图纸左下角点单击插入A3图框，单击【图层特性管理器】按钮，新建视口图层，将图层设为不打印并置为当前。

06 执行RECTANG/REC【矩形】命令，绘制两个矩形，结果如图14-22所示。

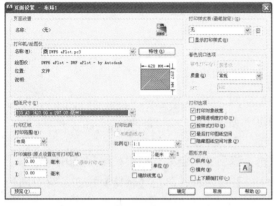

图14-21 设置参数

图14-22 绘制矩形

07 执行【视图】|【视口】|【对象】命令，选择矩形按Enter键，即可将矩形转换为视口。

08 双击左侧视口，以激活视口；打开【视口】工具栏，将比例调整为1:100，调整图形位置。

09 双击激活右侧视口，将图形的出图比例调整为1:50，并调整图形位置。

10 在视口外双击，回到布局空间，结果如图14-23所示。

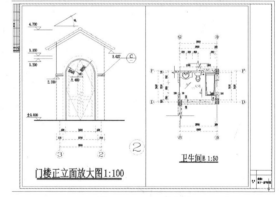

图14-23 布局效果

11 执行【文件】|【打印】命令，打开【打印_布局1】对话框，单击【预览】按钮，可对图形进行打印预览，如图14-24所示。

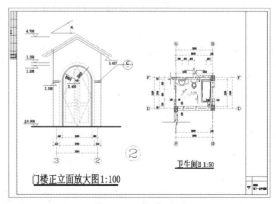

图14-24 打印效果

12 单击【打印】按钮🖨，
在弹出的【浏览打印文
件】对话框中设置文件的
保存路径及文件名，如
图14-25所示。单击【保
存】按钮，即可进行精确
打印。

图14-25 【浏览打印文件】对话框

14.2.3 多视口打印

多视口打印是指可以创建多个视口，从而打印施工图纸，本节介绍多视口的打印方法。

【课堂举例14-4】多视口打印

01 按快捷键Ctrl+O，打开配套光盘提供的"第14课/14.2.3.dwg"文件。

02 进入布局空间，在【布局】标签上单击鼠标右键，在弹出的快捷菜单中选择"页面设置管理
器"选项，如图14-26所示。

03 打开【页面设置管理器】对话框，单击【修改】按钮。在弹出的【页面设置_布局1】对话框中
设置参数，结果如图14-27所示。

图14-26 快捷菜单

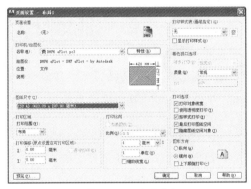

图14-27 设置参数

04 执行 INSERT/I【插入】命令，将比例设置为0.01，在图纸左下角点单击插入A3图框，如图
14-28 所示。单击【图层特性管理器】按钮🗔，新建视口图层，将图层设为不打印并置为当前。

05 执行【视图】|【视口】|【三个视口】命令，在命令行中输入B，选择【下】选项，指定视口的
对角点，创建三个视口，结果如图14-29所示。

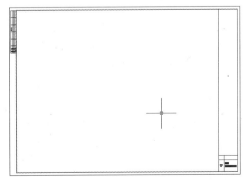

图14-28 插入A3图框

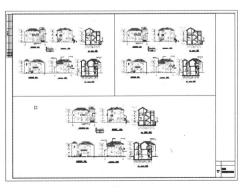

图14-29 创建三个视口

06 在【视口】工具栏中调整图形的出图比例为1:200，并对图形的位置进行调整，结果如图14-30所示。

07 执行【文件】|【打印】命令，打开【打印_布局1】对话框，单击【预览】按钮，可对图形进行打印预览，如图14-31所示。

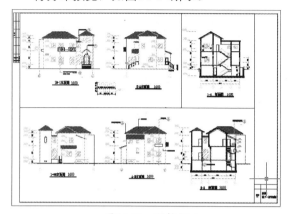

图14-30 调整视口   图14-31 打印预览

08 单击【打印】按钮📇，在弹出的【浏览打印文件】对话框中设置文件的保存路径及文件名。单击【保存】按钮，即可进行精确打印。

14.3 实例应用

图纸打印是建筑设计的最后一个环节，将绘制完成的图纸打印出来才能予以施工。本节将以打印建筑图纸为例，讲解图纸输出的方法。

14.3.1 打印建筑图纸

本节以打印建筑图纸为例，介绍图纸打印的方法。

01 按快捷键Ctrl+O，打开配套光盘提供的"第14课/14.3.dwg"素材文件，结果如图14-32所示。

图14-32 素材文件

02 进入布局空间打开【页面设置管理器】对话框，单击【修改】按钮。在弹出的【页面设置_布局1】对话框中设置参数，结果如图14-33所示。

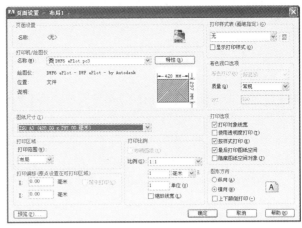

图14-33　【页面设置-布局1】对话框

03 执行INSERT/I【插入】命令，将比例设置为0.01，在图纸左下角点单击插入A3图框，单击【图层特性管理器】按钮 ，新建视口图层，将图层设为不打印并置为当前，结果如图14-34所示。

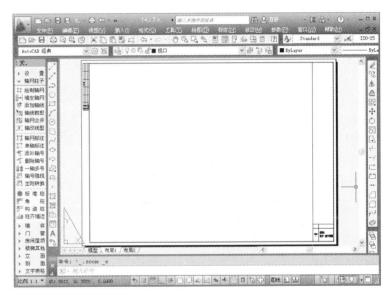

图14-34　插入A3图框

04 执行【视图】|【视口】|【一个视口】命令，指定视口的对角点，创建视口，结果如图 14-35 所示。

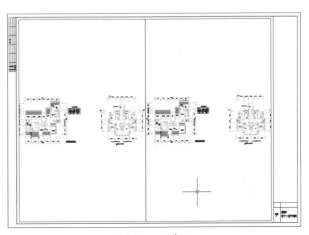

图14-35　创建视口

05 在【视口】工具栏中调整图形的出图比例为 1:50，并对图形的位置进行调整，结果如图 14-36 所示。

06 执行【文件】|【打印】命令，打开【打印_布局1】对话框，单击【预览】按钮，可对图形进行打印预览，如图14-37所示。

07 单击【打印】按钮🖨，在弹出的【浏览打印文件】对话框中设置文件的保存路径及文件名。单击【保存】按钮，即可进行精确打印。

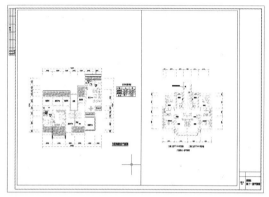

图14-36 调整布局

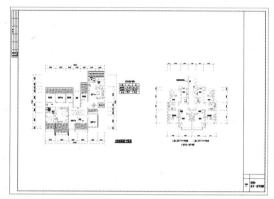

图14-37 打印预览

14.4 拓展训练

14.4.1 打印户型图

本节将通过打印户型图，练习打印出图的方法。

01 打开"第14课/14.4.1.dwg"文件，如图14-38所示。

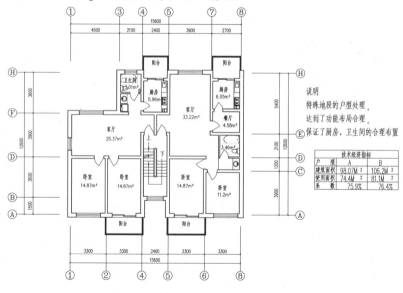

图14-38 打开素材

02 切换操作空间，并删除原有窗口，如图 14-39 所示。

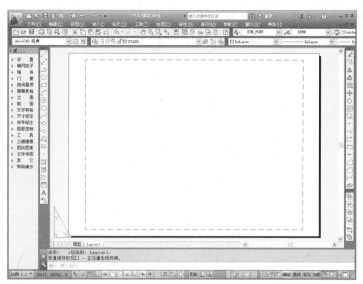

图14-39　切换操作空间

03 对布局进行页面设置。

04 执行I【插入】命令，插入A3图框，并新建不打印的【视口】图层，结果如图14-40所示。

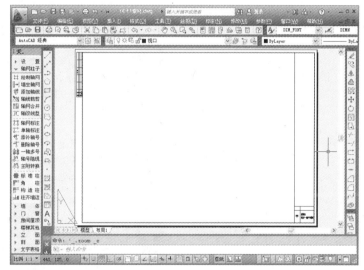

图14-40　插入图框

05 创建视口，如图14-41所示。

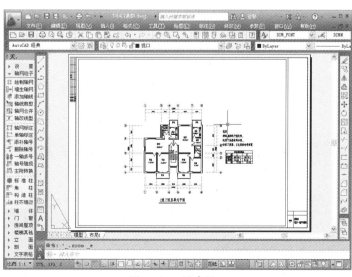

图14-41　创建视口

06 设置出图比例为1:100，调整
视口，如图14-42所示。

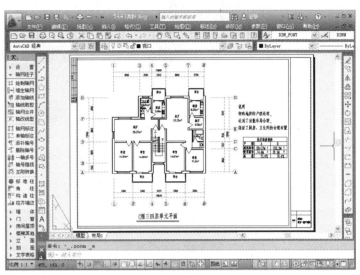

图14-42 调整视口

07 打印预览，如图14-43所示。

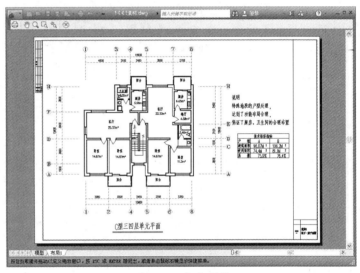

图14-43 打印预览

第15课
多层住宅施工图

本课以某多层住宅为例，向读者讲解绘制多层住宅楼各个楼层建筑施工图纸的方法。希望通过本课的学习，读者能对前面课节所遗漏的内容有所补充学习。

【本课知识要点】

绘制一层平面图

绘制2~6层平面图

绘制屋顶平面图

绘制立面图

绘制剖面图

15.1 绘制一层平面图

本例的住宅平面图有两个单元，可以利用镜像功能进行绘制。

根据绘图顺序要求，首先创建轴网结构，然后创建钢筋混泥土墙体，再布置门窗、楼梯等建筑结构，最后对平面图进行尺寸、文字和图名的标注，绘制结果如图15-1所示。

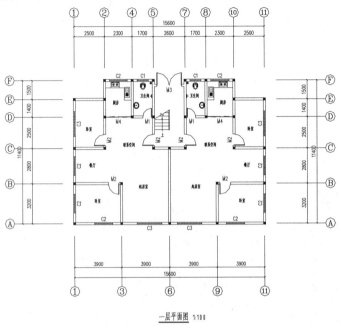

一层平面图 1:100

图15-1 完成效果

15.1.1 绘制轴网

打开TArch文件后，对轴网进行创建与编辑。作为施工图的第一步，轴网是建筑图中的基础。

01 执行HZZW【绘制轴网】命令，在弹出的【绘制轴网】对话框中选择【直线轴网】选项。设置上开参数，如图15-2所示。

02 选择【下开】选项，设置下开参数，如图15-3所示。

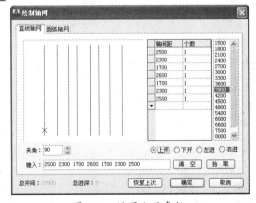

图15-2 设置上开参数

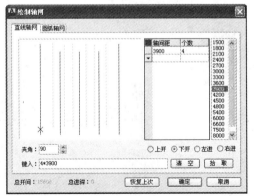

图15-3 设置下开参数

03 选择【左进】选项，设置左进参数，如图15-4所示。

04 在对话框中单击【确定】按钮，关闭【绘制轴网】对话框。在绘图区中点取插入位置，绘制轴网的结果，如图15-5所示。

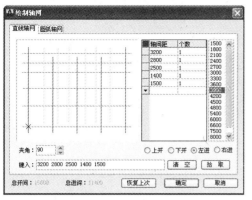

图15-4 设置左进参数

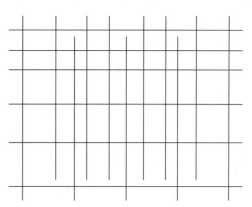

图15-5 绘制轴网

15.1.2 轴网标注

创建好轴网之后，对轴网进行轴号和尺寸的标注。

01 执行ZWBZ【轴网标注】命令，在弹出的【轴网标注】对话框中设置参数，如图15-6所示。

图15-6 【轴网标注】对话框

02 在绘图区中分别单击起始轴线和终止轴线，创建轴网标注的结果，如图15-7所示。

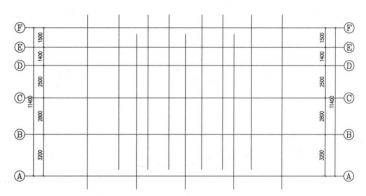

图15-7 轴网标注

03 重复操作，在【轴网标注】对话框中修改起始轴号为1。在绘图区中分别单击起始轴线和终止轴线，绘制轴网标注的结果，如图15-8所示。

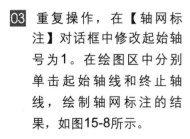

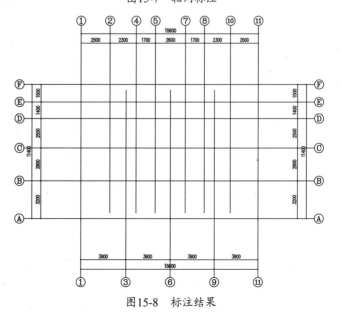

图15-8 标注结果

15.1.3 绘制墙体

根据轴网的路径绘制出建筑的墙体，墙体高度通常为3000。

01 执行HZQT【绘制墙体】命令，在弹出的【绘制墙体】对话框中设置参数，如图15-9所示。

图15-9 【绘制墙体】对话框

02 在绘图区中根据命令行的提示，分别点取墙体的起点和终点，绘制墙体的结果如图15-10所示。

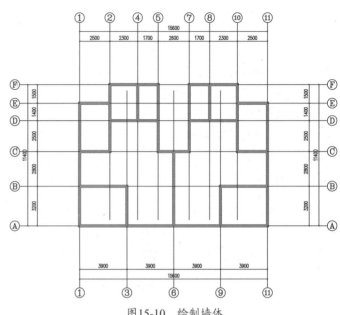

图15-10 绘制墙体

15.1.4 绘制标准柱

墙体完成之后，需要绘制各种支撑作用的柱子。

01 执行BZZ【标准柱】命令，在弹出的【标准柱】对话框中设置参数，结果如图15-11所示。

图15-11 【标准柱】对话框

02 在绘图区中点取标准柱的插入点，绘制标准柱图形的结果，如图15-12所示。

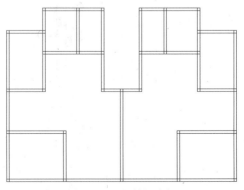

图15-12 绘制标准柱

03 执行TZXX【天正选项】
命令，选择【加粗填充】
选项卡，进入【对墙柱进
行图案填充】选项，结果
如图15-13所示。

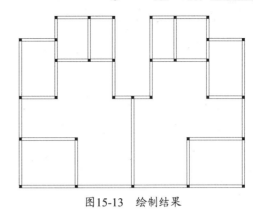

图15-13 绘制结果

15.1.5 绘制门窗

完成墙体和柱子之后，根据需要直接将门窗插入到墙体的相应位置。

01 执行MC【门窗】命令，在弹出的【门】对话框中分别设置门参数，绘制门图形的结果，如图15-14所示。

02 执行MC【门窗】命令，在弹出的【窗】对话框中分别设置窗参数，绘制窗图形的结果，如图15-15所示。

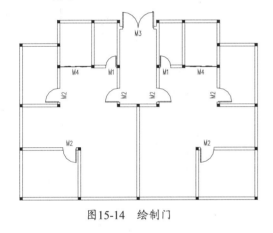

图15-14 绘制门

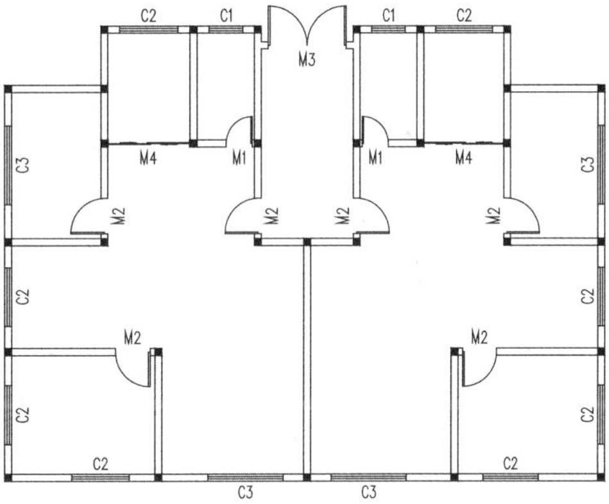

图15-15 绘制窗

15.1.6 绘制楼梯及洁具

楼梯是上下层建筑的枢纽，先插入楼梯，然后对洁具进行绘制。

01 执行SPLT【双跑楼梯】命令，在弹出的【双跑楼梯】对话框中设置参数，如图15-16所示。根据命令行的提示绘制双跑楼梯，结果如图15-17所示。

图15-16 楼梯参数

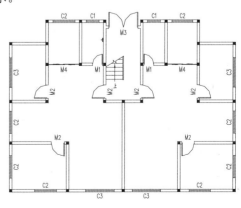

图15-17 绘制双跑楼梯

02 执行L【直线】命令，绘制直线，结果如图15-18所示。

03 执行 BZJJ【布置洁具】命令，在弹出的【天正洁具】对话框中选择洁具图形，如图 15-19 所示。

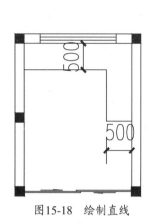

图15-18　绘制直线

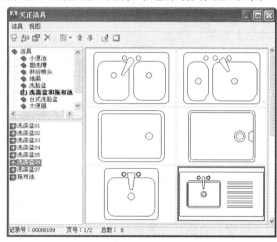

图15-19　【天正洁具】对话框

04 双击样式图标，在弹出的【布置洗涤盆01】对话框中设置参数，如图15-20所示。

05 在绘图区中点取沿墙边线，插入洁具图形的结果，如图15-21所示。

图15-20　设置参数

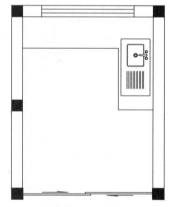

图15-21　插入洁具

06 按快捷键Ctrl+O，打开配套光盘中的"第16课/家具图例.dwg"文件，将其中的煤气灶图形复制粘贴至当前图形中，结果如图15-22所示。

07 重复执行BZJJ【天正洁具】命令，插入卫生间洁具图形，结果如图15-23所示。

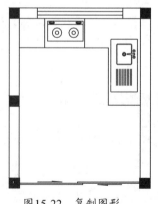

图15-22　复制图形

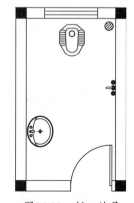

图15-23　插入洁具

08 执行MI【镜像】命令，将厨房布置和卫生间洁具镜像到另外一边，一层平面图绘制的最终结果，如图15-24所示。

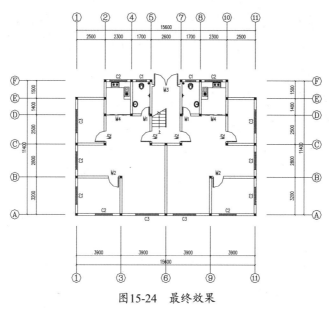

图15-24 最终效果

15.1.7 绘制标注

通过以上步骤，首层的框架已绘制完成，接下来对其进行文字说明和图名的标注。

01 执行DHWZ【单行文字】命令，在弹出的【单行文字】对话框中设置参数。在绘图区中点取文字的插入位置，结果如图15-25所示。

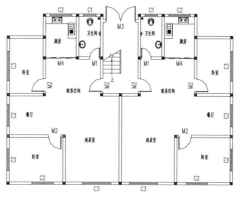

图15-25 文字标注

02 执行TMBZ【图名标注】命令，在弹出的【图名标注】对话框中设置参数。在绘图区中点取插入绘制，创建图名标注的结果，如图15-26所示。

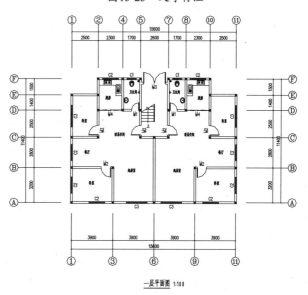

一层平面图 1:100

图15-26 图名标注

15.2 绘制2~6层平面图

本节介绍2~6层的绘制方法。可以在前面一层平面图的基础上进行修改绘制，将其另存为一个新的文件，再进行一些图元素的增加和修改。完成效果，如图15-27所示。

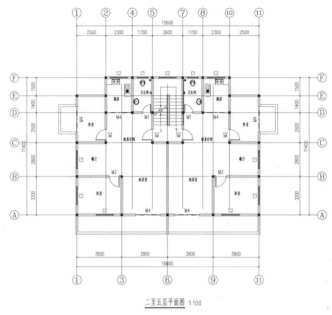

二至五层平面图 1:100

图15-27　2~6层平面图效果

15.2.1　整理图形

2~6层与第一层还是有一些不同的地方，删除不需要的部分方便修改。

01　复制一层平面图，如图15-28所示。

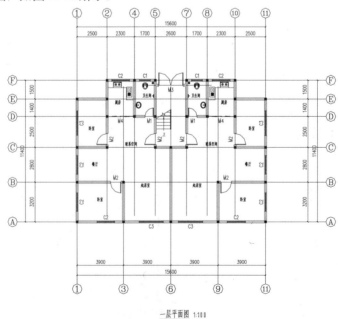

一层平面图 1:100

图15-28　一层平面图

02 执行E【删除】命令，删除入户门M3和墙体，如图15-29所示。

03 执行HZQT【绘制墙体】和MC【门窗】命令，绘制墙体并插入窗，结果如图15-30所示。

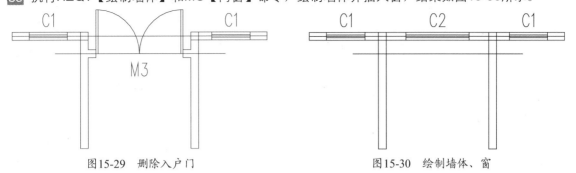

图15-29 删除入户门　　　　　　　　　　　图15-30 绘制墙体、窗

04 执行E【删除】命令，删除多余的门和窗，并将楼梯的"层类型"改为"中间层"，结果如图15-31所示。

05 执行MC【门窗】命令，插入推拉门，宽度为2100，高度为2100，结果如图15-32所示。

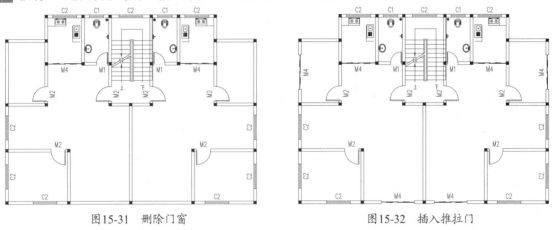

图15-31 删除门窗　　　　　　　　　　　图15-32 插入推拉门

15.2.2 绘制阳台

阳台是住宅类建筑不可或缺的部分，下面介绍阳台在本例中的绘制方法。

01 执行YT【阳台】命令，设置参数，如图 15-33 所示。

02 分别点取阳台起点和终点，插入阳台，结果如图15-34所示。

图15-33 设置阳台参数

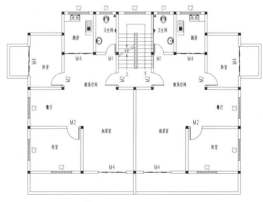

图15-34 插入阳台

03 执行TMBZ【图名标注】命令，在弹出的【图名标注】对话框中设置参数。在绘图区中点取插入绘制，创建图名标注的结果，如图15-35所示。

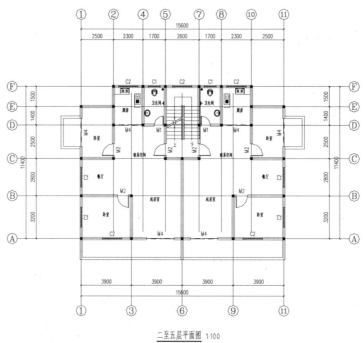

二至五层平面图 1:100

图15-35　图名标注

04 至此，多层住宅楼2~6层的平面图绘制完毕。

15.3 绘制屋顶平面图 ————————○

屋顶平面图可以在2~6层平面图的基础上进行修改绘制。完成的屋顶平面图效果，如图15-36所示。

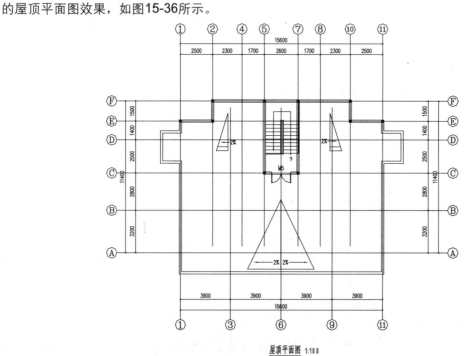

屋顶平面图 1:100

图15-36　屋顶平面图完成效果

15.3.1 清理图形

绘制屋顶前要将原图不需要的部分进行清理。

01 执行CO【复制】命令，复制2~6层平面图于空白处，结果如图15-37所示。

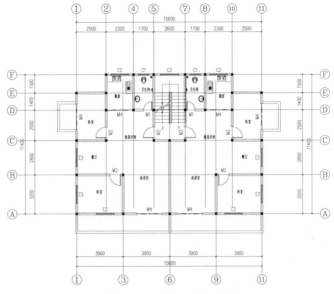

图15-37 复制二层平面图

02 执行E【删除】命令，删除多余图形，结果如图15-38所示。

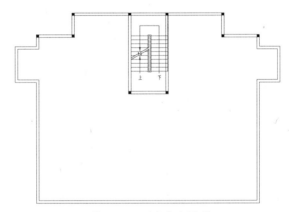

图15-38 删除多余图形

15.3.2 绘制屋顶造型

清理完毕后，绘制出屋顶的造型。

01 执行MC【门窗】命令，插入平开门，宽度为1500，采用等分插入，结果如图15-39所示。

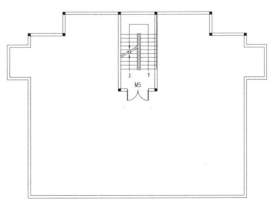

图15-39 插入平开门

02 执行L【直线】命令，绘制三角形等图形，结果如图15-40所示。

03 将楼梯的"层类型"改为"顶层"，如图 15-41 所示。

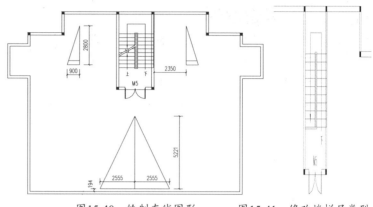

图15-40 绘制直线图形　　图15-41 修改楼梯层类型

15.3.3 绘制符号标注

屋顶主体绘制完成后，将坡度和图名标注出来。

01 执行 JTYZ【箭头引注】命令，在弹出的【箭头引注】对话框中设置参数，结果如图 15-42 所示。

02 在绘图区中单击箭头起点和直段的下一点，创建箭头引注的结果，如图15-43所示。

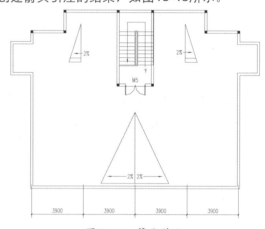

图15-42 设置参数　　　　　　　图15-43 箭头引注

03 绘制【图名标注】顶层平面图绘制的最终结果，如图15-44所示。

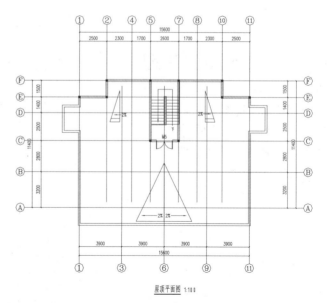

图15-44 最终结果

绘制立面图

平面图绘制完成后，即可根据要求生成多层住宅的立面图，并做进一步的修改完善。多层住宅立面图效果，如图15-45所示。

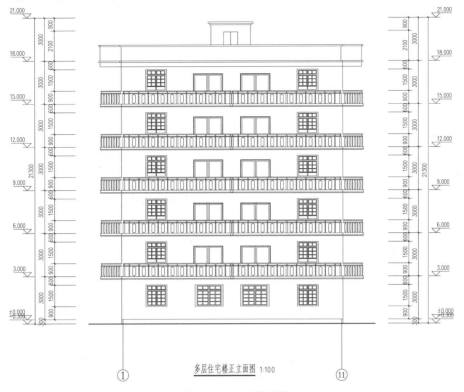

多层住宅楼正立面图 1:100

图15-45　立面图效果

15.4.1　生成立面图

在平面图的基础上，根据需要生成相应的立面图。

☐1 执行GCGL【工程管理】命令，弹出【工程管理】面板，在工程管理的下拉列表中选择"新建工程"选项。

☐2 在打开的【另存为】对话框中输入工程的名称，单击【保存】按钮。

☐3 新建工程后，打开【工程管理】面板，在【图纸】选项栏中的【平面图】选项上，单击鼠标右键，在弹出的菜单中选择【添加图纸】选项。

☐4 打开【选择图纸】对话框，选择平面图文件，单击【打开】按钮。

☐5 添加图纸的结果，如图15-46所示。

☐6 打开【工程管理】面板，在【楼层】选项栏中输入层高和层号，将光标定位在【文件】列表中。

☐7 单击【框选楼层范围】按钮 ，在绘图区中框选一层平面图。单击A轴线和1轴线的交点为对齐点，即可成功定义楼层，结果如图15-47所示。

☐8 重复同样的操作，楼层表的创建结果，如图15-48所示。

图15-46　添加图纸

09 打开【工程管理】面板，在【楼层】选项栏中单击【建筑立面】按钮 。根据命令行提示输入F，按Enter键。接着选择1号轴线和19号轴线，按Enter键。在弹出的【立面生成设置】对话框中设置参数，如图15-49所示，单击【生成立面】按钮。

10 在弹出的【输入要生成的文件】对话框中设置文件名，如图15-50所示，单击【保存】按钮。

图15-47 定义结果　　图15-48 创建楼层表

图15-49 设置参数

图15-50 设置文件名

11 生成立面图的效果，如图15-51所示。

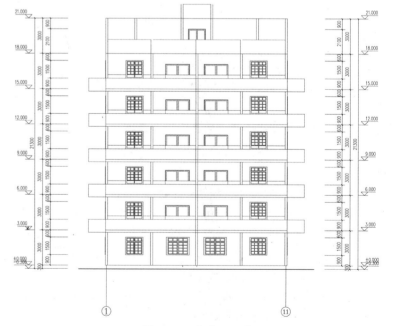

图15-51 生成立面图

15.4.2 绘制立面阳台

立面图生成后需要对细节做些修改，下面介绍立面阳台的绘制方法。

01 执行E【删除】命令，删除立面图多余图形，结果如图15-52所示。

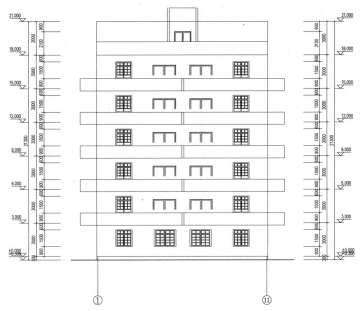

图15-52 删除结果

02 执行LMYT【立面阳台】命令，选择立面阳台的样式，如图15-53所示。

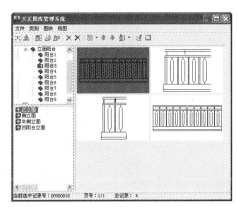

图15-53 选择阳台样式

03 单击【替换】按钮，替换阳台，结果如图15-54所示。

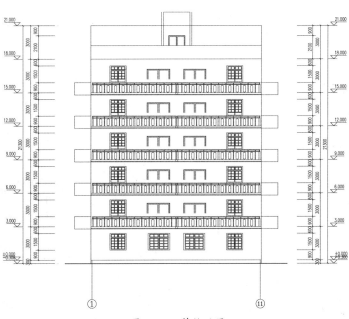

图15-54 替换结果

04 执行LMYT【立面阳台】
命令，选择样式，如图
15-55所示。

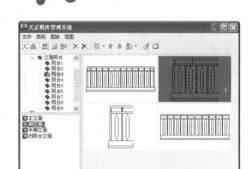

图15-55　选择样式

05 单击【替换】按钮，替
换阳台，结果如图15-56
所示。

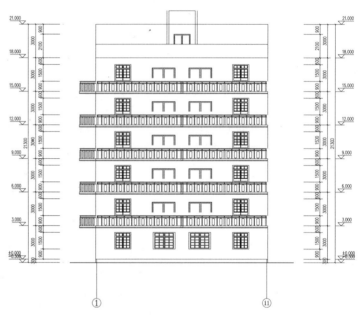

图15-56　替换结果

06 执行MI【镜像】命令，将
左侧阳台镜像到另一边，
结果如图15-57所示。

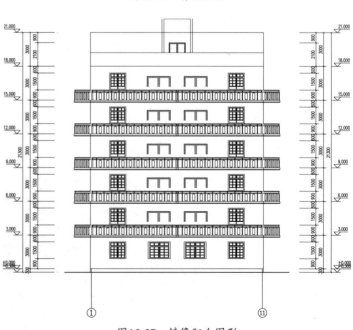

图15-57　镜像阳台图形

07 执行 X【分解】命令，将所有的立面推拉门分解。EX【延伸】命令，将推拉门图形的竖线延伸至阳台顶，结果如图 15-58 所示。

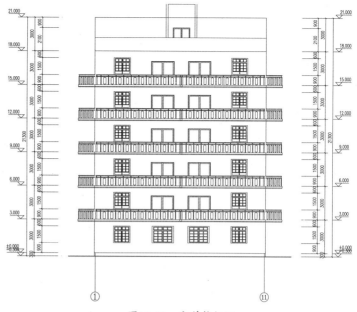

图15-58 完善推拉门

15.4.3 绘制立面屋顶

立面阳台绘制完成后，绘制出里面屋顶的图形。

01 执行 E【删除】和 TR【修剪】命令，删去屋顶部分，结果如图 15-59 所示。

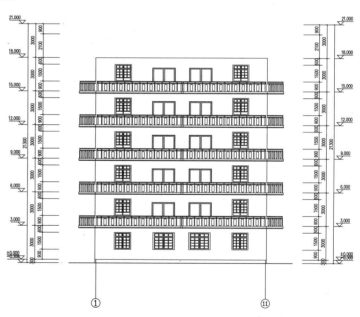

图15-59 删除屋顶造型

02 执行 L【直线】命令，绘制屋顶造型，尺寸如图15-60所示。

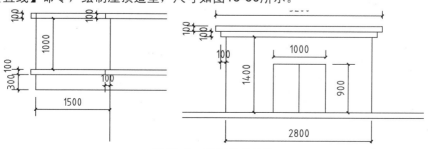

图15-60 绘制屋顶造型

03 屋顶绘制的整体效果，如图15-61所示。

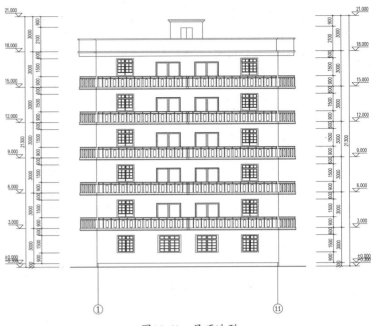

图15-61 屋顶造型

15.4.4 绘制立面标注

至此，立面的框架已绘制完成，接下来对其进行图名标注。

01 执行TMBZ【图名标注】命令，在弹出的【图名标注】对话框中设置参数，如图15-62所示。

图15-62 设置参数

02 在绘图区中点取插入位置，创建图名标注的结果，如图15-63所示。

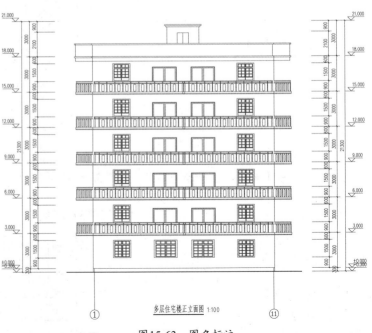

多层住宅楼正立面图 1:100

图15-63 图名标注

15.5 绘制剖面图

绘制剖面图，需要现在制定的平面图上创建剖切符号，再根据工程管理文件来创建剖面图。剖面图效果，如图15-64所示。

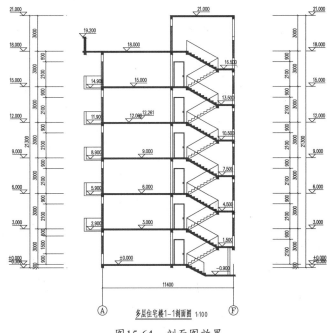

图15-64 剖面图效果

15.5.1 生成剖面

根据剖切符号生成基本的剖面图。

01 执行PQFH【剖切符号】命令，在一层平面图绘制编号为1-1的剖切符号，结果如图15-65所示。

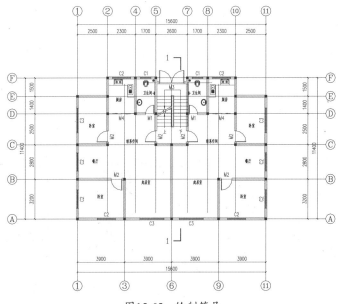

图15-65 绘制符号

02 在【工程管理】面板中的【楼层】选项栏中单击【建筑剖面】按钮 🗐，在绘图区中选择1-1剖切线。接着选择要在剖面图出现的轴线，按Enter键。在弹出的【剖面生成设置】对话框中设置【内外高差】参数为0.30。

03 在弹出的【输入要生成的文件】对话框中，设置文件名为1-1剖面图，单击【保存】按钮。

04 生成剖面图，如图15-66所示。

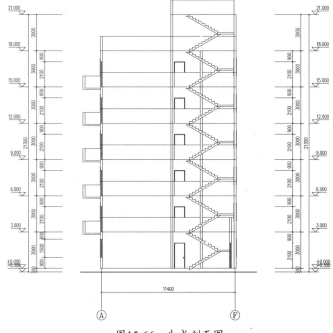

图15-66　生成剖面图

15.5.2　绘制剖面楼梯

剖面图生成后，对剖面楼梯进行编辑修改。

01 清除多余图形，结果如图15-67所示。

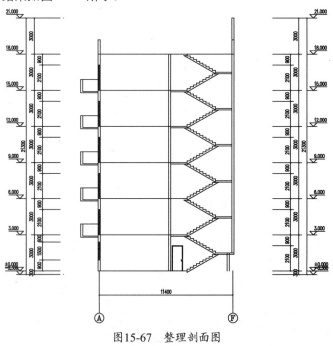

图15-67　整理剖面图

02 执行SXLB【双线楼板】命令，点取起点和终点，绘制厚为120的楼板，结果如图15-68所示。

03 执行CSLT【参数楼梯】命令，设置参数，如图15-69所示。

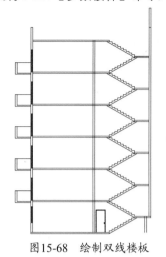

图15-68 绘制双线楼板

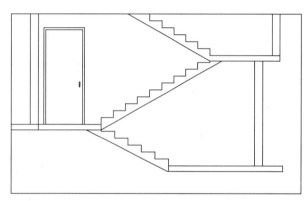

图15-69 设置楼梯参数

04 在第一层插入单跑楼梯，结果如图15-70所示。

图15-70 插入楼梯

05 执行JPDL【加剖断梁】命令，梁左侧到参照点的距离 <100>:200；梁右侧到参照点的距离 <100>:0；梁底边到参照点的距离 <300>:300。插入剖断梁的结果，如图15-71所示。

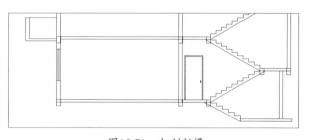

图15-71 加剖断梁

06 执行E【删除】命令，删除多余线条，结果如图15-72所示。

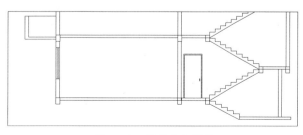

图15-72 删除多余线条

07 执行H【填充】命令，设
置参数，如图15-73所示。

图15-73 设置填充参数

08 对被剖切到的楼板、梁楼梯进行填充，结果如图15-74所示。

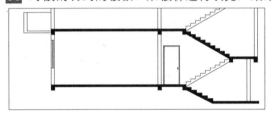

图15-74 填充剖段楼板和梁

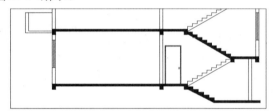

图15-75 剖面门窗

09 执行PMMC【剖面门窗】命令，点取剖面墙线下端，门窗下口到墙下端距离<900>:900；门窗
的高度<1500>: 1500。插入剖面门窗，结果如图15-75所示。

10 绘制3~7层楼板和梁。执行CO【复制】命令，复制2层剖断梁、窗和楼板填充等图形至3~7
层，结果如图15-76所示。

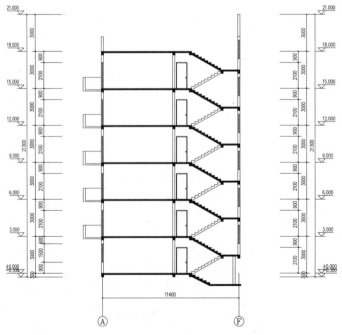

图15-76 复制楼层

11 绘制楼梯栏板。执行【直线】命令和【复制】命令，绘制高为900的栏板，结果如图15-77所示。

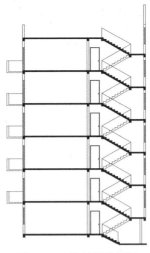

图15-77　绘制楼梯栏板

15.5.3　完善剖面

剖面楼梯绘制完成后，绘制出其他部分的剖面图，并进行图名标注。

01 绘制屋顶造型。执行L【直线】、TR【修剪】和H【填充】命令，绘制屋顶造型，并执行MA命令将各图形归入各自的图层，结果如图15-78所示。

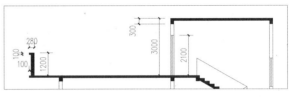

图15-78　绘制剖面窗

02 执行BGBZ【标高标注】命令，在弹出的【标高标注】对话框中设置参数，为剖面图创建标高标注的结果，如图15-79所示。

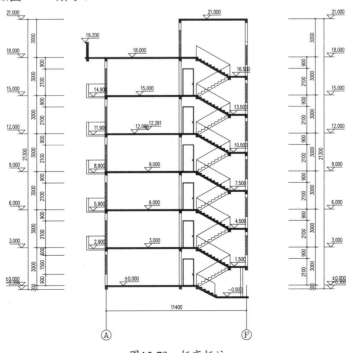

图15-79　标高标注

03 执行TMBZ【图名标注】命令，在弹出的【图名标注】对话框中设置参数；在绘图区中点取插入位置，创建图名标注的结果，如图15-80所示。

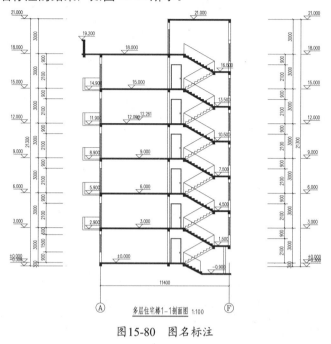

图15-80 图名标注

第16课
专业写字楼施工图

本课将学习通过使用TArch 2013的各项功能，以某专业写字楼施工图为例介绍绘制全套施工图的方法。本课涉及写字楼一层平面图、屋顶平面图、立面图、剖面图的绘制，全面、详细地介绍了各图的绘制方法，希望读者在学习本课后，对绘制写字楼施工图有一定的认识和了解。

【本课知识要点】

绘制写字楼一层平面图
绘制其他层平面图
绘制立面图
绘制楼梯剖面图

16.1 绘制写字楼一层平面图

本节以写字楼4~9层平面图为例，介绍写字楼标准层平面图的绘制方法，绘制效果如图16-1所示。

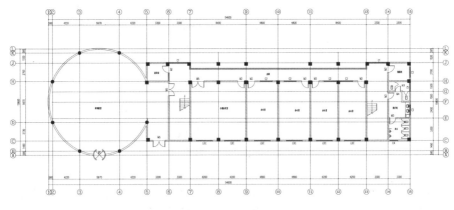

综合写字楼一层平面图 1:100

图16-1　一层平面图效果

16.1.1　绘制轴网

绘制施工图前，需要绘制出建筑轴网。

01 执行HZZW【绘制轴网】命令，在弹出的【绘制轴网】对话框中选择【直线轴网】选项；选择【上开】选项，设置上开参数：590、4220、5970、4220、3300*2、8400、4800*2、8400、3300*2，结果如图16-2所示。

02 选择【下开】选项，设置下开参数：590、4220、5970、4220、3300*2、4200*2、4800*2、4200*2、3300*2，结果如图16-3所示。

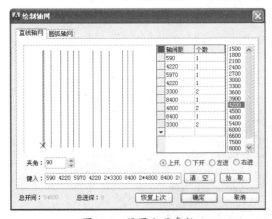

图16-2　设置上开参数

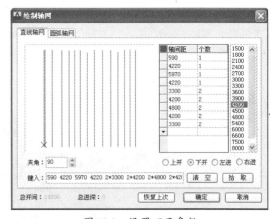

图16-3　设置下开参数

03 选择【左进】选项，设置左进参数：595、1490、2730、5970、2700、1520、595，结果如图16-4所示。

04 选择【右进】选项，设置右进参数：595、1490、3300、2400、1500*2、2700、1520、595，结果如图16-5所示。

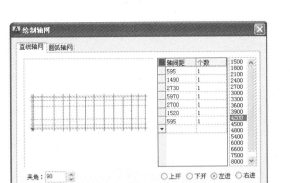

图16-4　设置左进参数

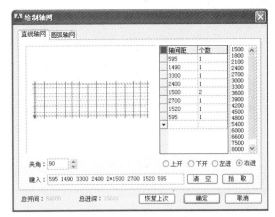

图16-5　设置右进参数

05 在对话框中单击【确定】
按钮，在绘图区中点取插
入位置，绘制轴网的结果，
如图16-6所示。

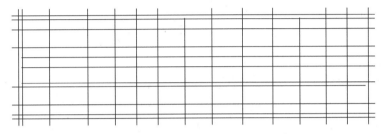

图16-6　绘制轴网

16.1.2　轴网标注

轴网绘制完成后，需要对其进行标注。

01 执行ZWBZ【轴网标注】
命令，在弹出的【轴网标
注】对话框中设置参数，
如图16-7所示。

图16-7　【轴网标注】对话框

02 在绘图区中分别单击起始轴线和终止轴线，创建轴网标注的结果，如图16-8所示。

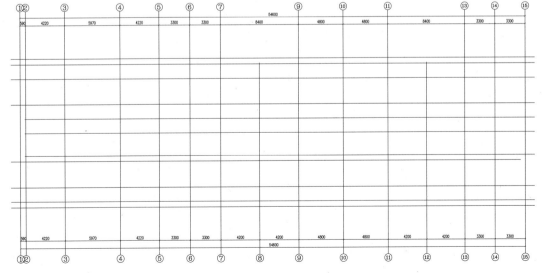

图16-8　标注轴网

03 重复操作，继续创建轴网标注，结果如图16-9所示。

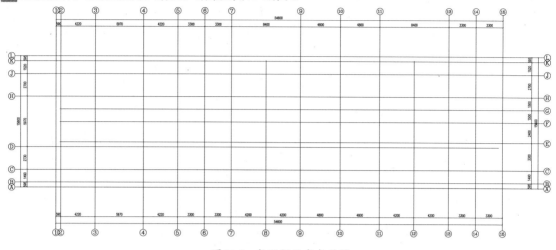

图16-9 轴网标注完成效果

16.1.3 绘制墙体

在轴网的基础上绘制出建筑墙体。

01 执行HZQT【绘制墙体】
命令，在弹出的【绘制墙
体】对话框中设置参数，
如图16-10所示。

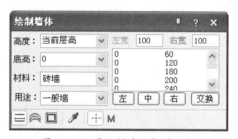

图16-10 【绘制墙体】对话框

02 在绘图区中根据命令行的提示，分别点取墙体的起点和终点，绘制墙体的结果，如图16-11
所示。

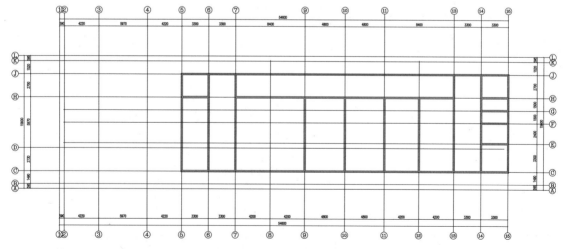

图16-11 绘制墙体

03 执行JJPY【净距偏移】命令，输入偏移距离为660，偏移墙体；执行E【删除】命令，删除墙
体，结果如图16-12所示。

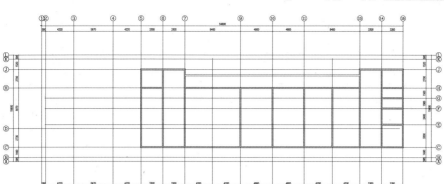

图16-12 绘制结果

04 继续执行JJPY命令，输入偏移距离为1000，偏移墙体；执行E【删除】命令，删除墙体，结果如图16-13所示。

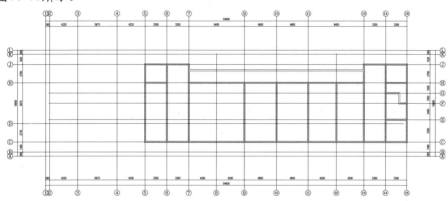

图16-13 绘制结果

05 执行HZQT【绘制墙体】命令，在弹出的【绘制墙体】对话框中设置参数，如图16-14所示。

图16-14 【绘制墙体】对话框

06 单击【绘制弧墙】按钮，在绘图区中分别点取弧墙的起点和终点，在点取1号轴线的中点，按Enter键，完成弧墙的绘制，结果如图16-15所示。

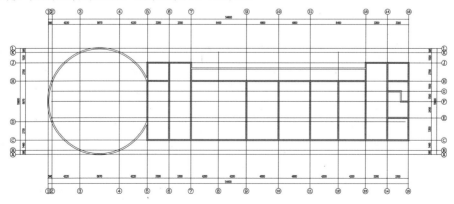

图16-15 绘制弧墙

16.1.4 绘制标准柱

墙体绘制完成后，根据需要插入各种柱子。

01 执行BZZ【标准柱】命令，在弹出的【标准柱】对话框中设置参数，结果如图16-16所示。

图16-16 【标准柱】对话框

02 在绘图区中点取标准柱的插入点，绘制标准柱图形的结果，如图16-17所示。

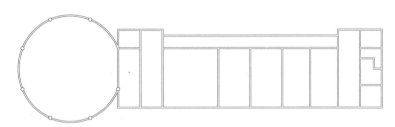

图16-17 绘制圆柱

03 执行BZZ【标准柱】命令，在弹出的【标准柱】对话框中设置参数，结果如图16-18所示。

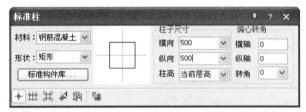

图16-18 【标准柱】对话框

04 在命令行中输入T，改变基点，在绘图区中点取标准柱的插入点，绘制标准柱图形的结果，如图16-19所示。

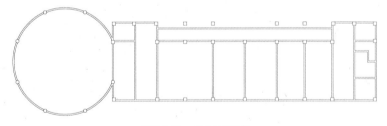

图16-19 绘制矩形柱

05 执行TZXX【天正选项】命令，选择【加粗填充】选项卡，勾选【对墙柱进行图案填充】选项，结果如图16-20所示。

图16-20 填充柱子

16.1.5 绘制门窗

在墙体和柱子的基础上插入门窗。

01 执行MQZH【幕墙转换】命令，将部分墙体转为幕墙，结果如图16-21所示。

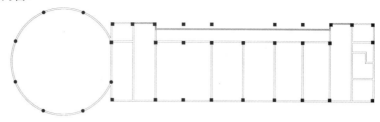

图16-21 绘制幕墙

02 执行E【删除】命令。

03 执行MC【门窗】命令，在弹出的【门】对话框中设置参数，如图16-22所示。

图16-22 设置参数

04 根据命令行的提示，在绘图区中点取门的插入位置和开启方向，重复操作，插入结果如图16-23所示。

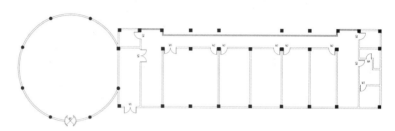

图16-23 绘制门

05 执行E【删除】命令，删除通往圆形培训室的墙体。并执行MC【门窗】命令，在【窗】对话框中设置窗的参数，绘制窗图形的结果，如图16-24所示。

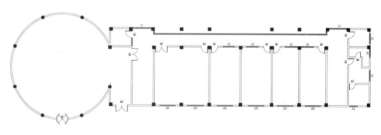

图16-24 绘制窗

16.1.6 绘制楼梯

门窗绘制完成后，绘制出楼梯。

01 执行SPLT【双跑楼梯】命令，在弹出的【双跑楼梯】对话框中设置参数，如图16-25所示。

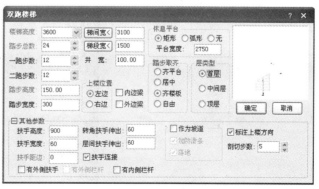

图16-25 【双跑楼梯】对话框

02 根据命令行的提示输入
D，将楼梯图形进行上下
翻转。在绘图区中点取插
入位置，插入楼梯图形的
结果，如图16-26所示。

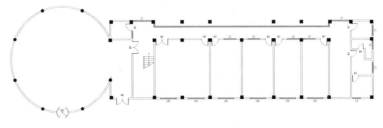

图16-26　插入结果

03 重复执行SPLT【双跑楼
梯】命令，在弹出的【双
跑楼梯】对话框中设置参
数，如图16-27所示。

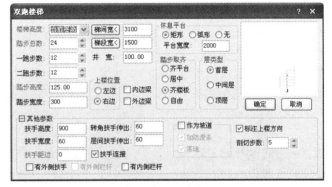

图16-27　设置参数

04 根据命令行的提示，输
入A，选择"转90度"选
项，将楼梯图形翻转。在
绘图区中点取插入位置，
插入楼梯图形的结果，如
图16-28所示。

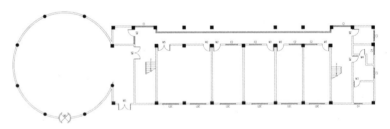

图16-28　插入结果

16.1.7　绘制洁具

根据房间的布置绘制出洁具。

01 执行BZJJ【布置洁具】
命令，在弹出的【天正洁
具】对话框中选择洁具图
形，如图16-29所示。

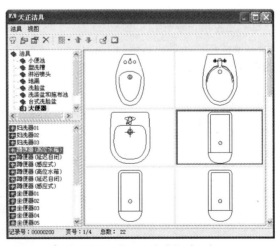

图16-29　【天正洁具】对话框

02 双击样式图标，在弹出的【布置蹲便器（高位水箱】对话框中单击【自由插入】按钮，如图16-30所示。

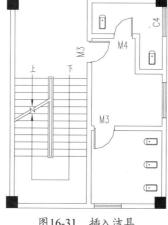

图16-30　【布置座便器（高位水箱）】对话框

03 根据命令行的提示，在绘图区中点取插入位置，插入洁具图形的结果，如图16-31所示。

图16-31　插入洁具

04 重复执行BZJJ【布置洁具】命令，在弹出的【天正洁具】对话框中选择洁具图形，如图16-32所示。

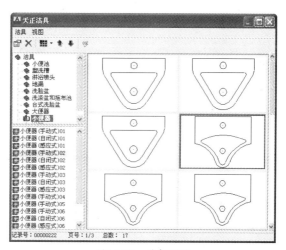

图16-32　选择图形

05 双击样式图标，在弹出的【布置小便器（手动式）02】对话框中设置参数，如图16-33所示。

图16-33　设置参数

06 在绘图区中点取沿墙边
线，插入小便器的结果，
如图16-34所示。

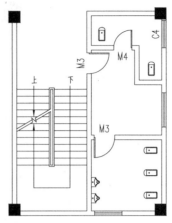

图16-34 插入图形

07 执行BZJJ【布置洁具】
命令，在弹出的【天正洁
具】对话框中选择洁具图
形，如图16-35所示。

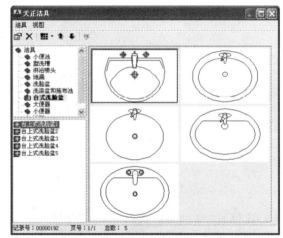

图16-35 【天正洁具】对话框

08 双击样式图标，在弹出的
【布置台式洗脸盆1】对话
框中设置参数，如图16-36
所示。

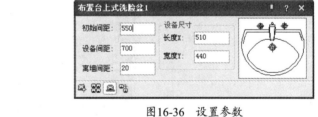

图16-36 设置参数

09 在绘图区中点取沿墙边
线，插入台式洗脸盆，并
绘制洗手台，结果如图
16-37所示。

10 继续执行BZJJ【布置洁
具】命令，插入洗涤盆，
如图16-38所示。

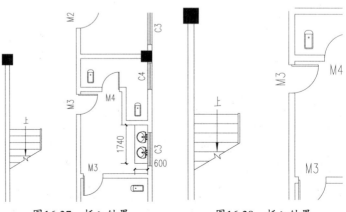

图16-37 插入结果   图16-38 插入结果

11 执行 BZGD【布置隔断】
命令和 BZGB【布置隔板】
命令，布置隔断和隔板，
结果如图 16-39 所示。

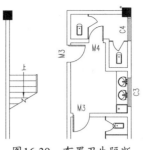

图16-39　布置卫生隔断

16.1.8　绘制标注

以上完成建筑结构之后，即可对图形进行说明文字和图名的标注。

01 执行DHWZ【单行文字】
命令，在弹出的【单行文
字】对话框中设置参数，
结果如图16-40所示。

图16-40　【单行文字】对话框

02 在绘图区中点取文字的插
入位置，结果如图16-41
所示。

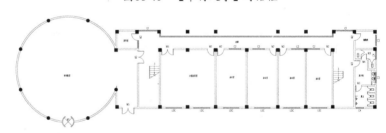

图16-41　插入文字

03 执行TMBZ【图名标注】
命令，在弹出的【图名标
注】对话框中设置参数，
如图16-42所示。

图16-42　【图名标注】对话框

04 在绘图区中点取插入绘制，创建图名标注的结果，如图16-43所示。

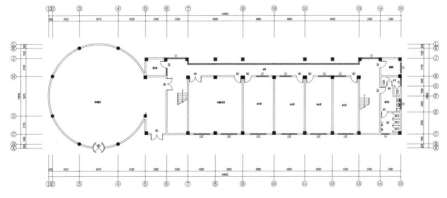

图16-43　图名标注

16.2 绘制其他层平面图

本节介绍写字楼二、三层平面图和屋顶平面图的绘制方法。可以在标准层平面图的基础上进行绘制，进行一些修改即可。屋顶绘制效果，如图16-44所示。

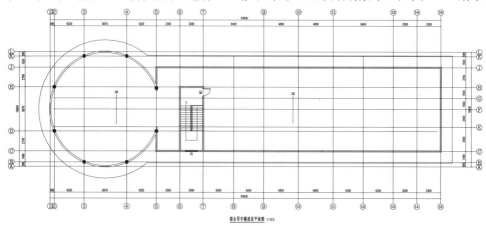

图16-44 屋顶平面图效果

16.2.1 绘制二、三层平面图

根据标准层平面图绘制出二、三层平面图。

01 执行CO【复制】命令，移动复制一层平面图至空白处。执行E【删除】命令，删除多余图形，图形的整理结果，如图16-45所示。

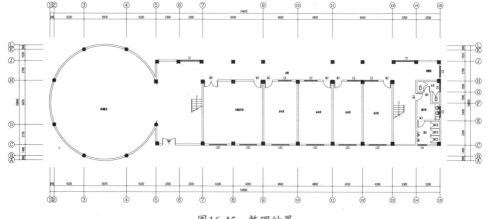

图16-45 整理结果

02 执行MC【门窗】命令，将大楼入口的M5替换为C2，如图16-46所示。

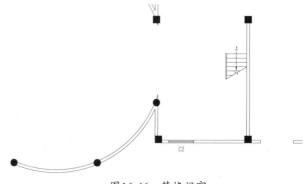

图16-46 替换门窗

03 执行HZQT【绘制墙体】命令，墙厚设为200，绘制墙体，结果如图16-47所示。

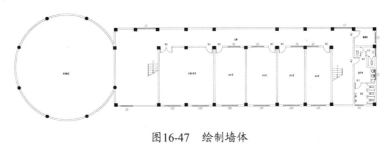

图16-47 绘制墙体

04 将楼梯调整为中间层，执行HZQT【绘制墙体】命令，墙厚设为100，绘制墙体，结果如图16-48所示。

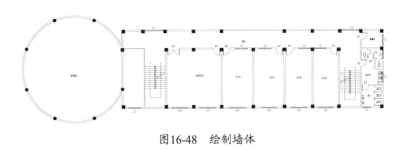

图16-48 绘制墙体

05 执行PL【多段线】命令，绘制折线表示空洞，结果如图16-49所示。

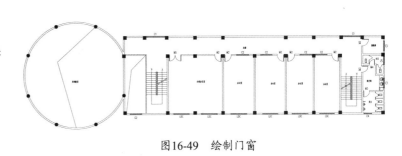

图16-49 绘制门窗

06 至此二、三层平面图绘制完毕。

16.2.2 绘制屋顶平面图

屋顶平面图可以在二、三层平面图的基础上绘制。

01 执行CO【复制】命令，复制二、三层平面图与空白处，删除多余图形，整理图形，结果如图16-50所示。

图16-50 清理平面图

02 执行HZQT【绘制墙体】命令，绘制厚为200的墙体，结果如图16-51所示。

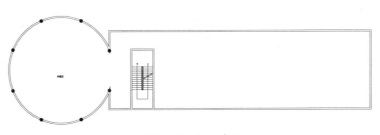

图16-51 添加墙体

03 执行MC【门窗】命令，
在对话框中设置参数，添
加门窗，结果如图16-52
所示。

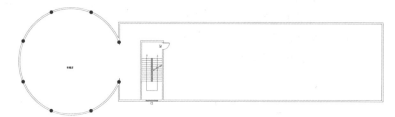

图16-52　添加门窗

04 将楼梯切换为顶层，执
行SWDX【搜屋顶线】
命令，选择整个屋顶平面
图，输入偏移外皮距离
为1500，绘制平屋顶轮廓，
结果如图16-53所示。

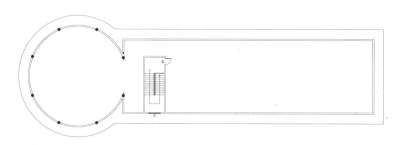

图16-53　绘制屋顶轮廓

05 执行JTYZ【箭头引注】
命令，设置参数，如图
16-54所示。

图16-54　【箭头引注】对话框

06 在绘图区的适当位置，指定箭头起点和终点，结果如图16-55所示。

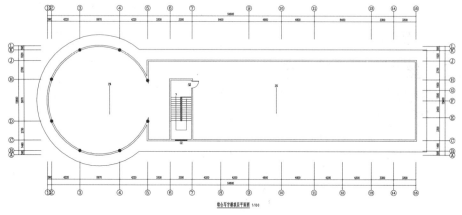

图16-55　箭头引注

07 至此，屋顶平面图绘制完毕。

16.3　绘制立面图

本节介绍写字楼立面图的绘制方法，主要介绍立面图的生成、编辑等操作方法。立面图绘制效果，
如图16-56所示。

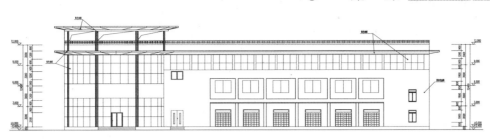

综合写字楼正立面图 1:100

图16-56　立面图效果

16.3.1　生成立面图

平面图绘制完成后，可以根据需要创建出各个方向的立面图。

01 执行GCGL【工程管理】命令，弹出【工程管理】面板，在工程管理的下拉列表中选择"新建工程"选项。

02 在打开的【另存为】对话框中输入工程的名称，单击【保存】按钮，如图16-57所示。

03 新建工程后，打开【工程管理】面板，在【图纸】选项栏中的【平面图】选项上，单击鼠标右键，在弹出的菜单中选择【添加图纸】选项。

04 打开【选择图纸】对话框，选择平面图文件，单击【打开】按钮，如图16-58所示。

图16-57　【另存为】对话框

图16-58　【选择图纸】对话框

05 添加图纸的结果，如图16-59所示。

06 打开【工程管理】面板，在【楼层】选项栏中输入层高和层号，如图16-60所示，将光标定位在【文件】列表中。

图16-59　添加图纸　　图16-60　输入层高和层号

07 单击【框选楼层范围】按钮□，在绘图区中框选一层平面图。单击A轴线和1轴线的交点为对齐点，成功定义楼层的结果，如图16-61所示。

08 重复同样的操作，楼层表的创建结果，如图16-62所示。

图16-61 定义楼层　　图16-62 创建楼层表

09 打开【工程管理】面板，在【楼层】选项栏中单击【建筑立面】按钮▥；在命令行中输入F，按Enter键，在弹出的【立面生成设置】对话框中设置参数，如图16-63所示，单击【生成立面】按钮。

10 在弹出的【输入要生成的文件】对话框中设置文件名，如图16-64所示，单击【保存】按钮。

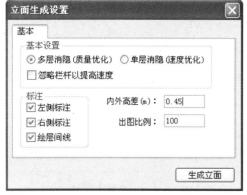

图16-63 【立面生成设置】对话框

图16-64 设置文件名

11 生成立面图，对生成的立面图进行初步清理，结果如图16-65所示。

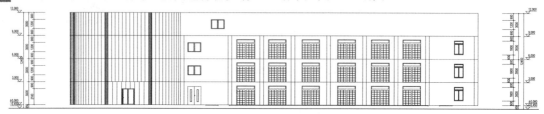

图16-65 正立面图

16.3.2 编辑立面图

立面图生成后，根据需要对其进行编辑。

01 执行E【删除】命令，删除立面图的多余图形，结果如图16-66所示。

图16-66 删除图形

02 继续执行REC【矩形】命令绘制台阶，尺寸如下，结果如图16-67所示。

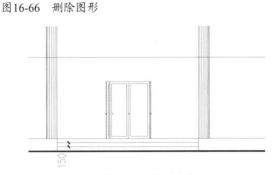

图16-67 绘制台阶

03 执行L【直线】命令绘制弧窗，尺寸如下，结果如图16-68所示。

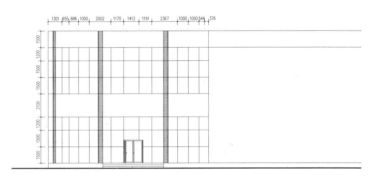

图16-68 绘制弧窗

04 执行L【直线】命令、O【偏移】命令、TR【修剪】命令、绘制立面门和窗，结果如图16-69所示。

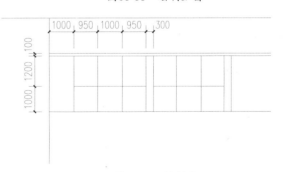

图16-69 绘制窗

05 执行PL【多段线】命令和L【直线】命令，绘制楼梯、窗和正面装饰图形，结果如图16-70所示。

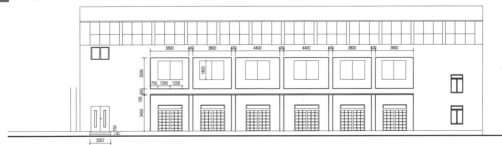

图16-70 绘制装饰图形

06 绘制屋顶平板挑檐造型，执行L【直线】命令、PL【多段线】命令、O【偏移】命令、TR【修剪】命令，进行绘制，结果如图16-71所示。

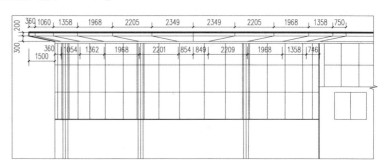

图16-71　绘制结果

07 绘制女儿墙，执行L【直线】命令、PL【多段线】命令、O【偏移】命令、TR【修剪】命令，进行绘制，结果如图16-72所示。

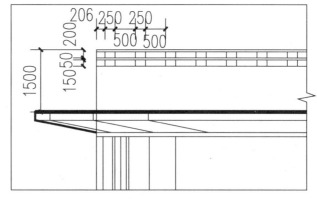

图16-72　绘制女儿墙

08 绘制圆形屋顶造型。执行L【直线】命令、PL【多段线】命令、O【偏移】命令、TR【修剪】命令，进行绘制，结果如图16-73所示。

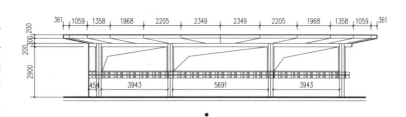

图16-73　绘制屋顶造型

09 立面图的整体效果，如图16-74所示。

图16-74　正立面图

16.3.3　绘制标注

立面图轮廓绘制完成后，即可绘制出文字说明和图名标注。

01 执行YCBZ【引出标注】命令，在弹出的【引出标注】对话框中设置参数，结果如图16-75所示。

图16-75　【引出标注】对话框

02 根据命令行的提示，指定标注第一点、引线位置、文字基线的位置，绘制引出标注的结果，如图16-76所示。

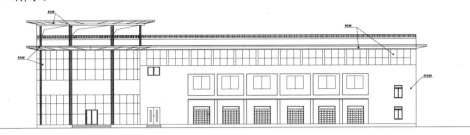

图16-76 绘制结果

03 执行TMBZ【图名标注】命令，在弹出的【图名标注】对话框中设置参数，如图16-77所示。

图16-77 【图名标注】对话框

04 在绘图区中点取插入绘制，创建图名标注的结果，如图16-78所示。

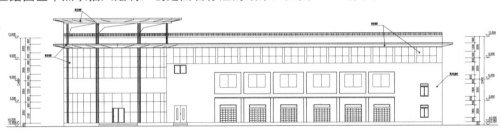

图16-78 图名标注

16.4 绘制楼梯剖面图

本节介绍写字楼剖面图的绘制方法，主要讲解楼梯剖面图的绘制方法。剖面图绘制效果，如图16-79所示。

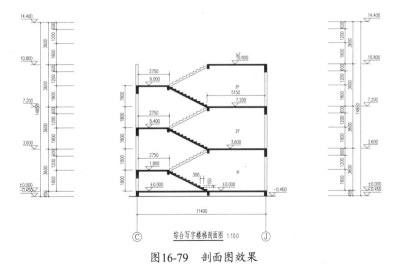

图16-79 剖面图效果

16.4.1　生成剖面图

根据平面图和剖切符号，生成剖面图。

01 执行PQFH【剖切符号】命令，在平面图绘制编号为1-1的剖切符号，如图16-80所示。

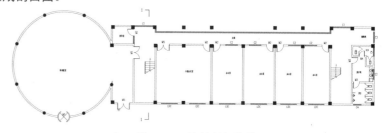

图16-80　绘制剖切符号

02 在【工程管理】面板中的【楼层】选项栏中单击【建筑剖面】按钮 ，在绘图区中选择1-1剖切线。接着选择C号轴线和J号轴线，按Enter键，在弹出的【剖面生成设置】对话框中设置参数，如图16-81所示，单击【生成剖面】按钮。

03 在弹出的【输入要生成的文件】对话框中设置文件名，如图16-82所示，单击【保存】按钮。

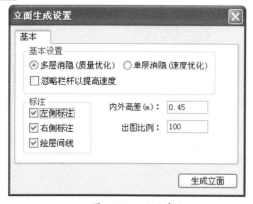

图16-81　设置参数

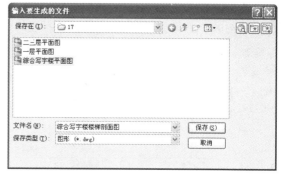

图16-82　设置文件名

04 生成剖面图，删除多余图形，只留下楼梯部分，结果如图16-83所示。

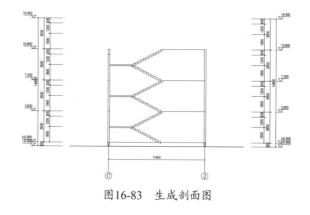

图16-83　生成剖面图

16.4.2　绘制剖面图

生成剖面图后绘制出剖面图其他的细节。

01 执行SXLB【双线楼板】命令，指定楼板起点和终点，输入楼板厚度为120，绘制楼板，结果如图16-84所示。

02 执行JPDL【加剖断梁】命令，指定剖面梁的参照点，设置梁左侧到参照点的距离为0，梁右侧到参照点的距离为250，梁底边到参照点的距离为700，绘制剖断梁的结果，如图16-85所示。

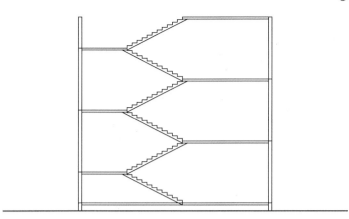

图16-84 双线楼板

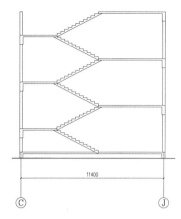

图16-85 加剖断梁

03 重复执行JPDL【加剖断梁】命令，绘制其余的剖断梁，指定剖面梁的参照点，设置梁左侧到参照点的距离为0，梁右侧到参照点的距离为200，梁底边到参照点的距离为400，绘制剖断梁的，结果如图16-86所示。

04 执行H【填充】命令，在弹出的【填充图案】对话框中设置参数，如图16-87所示。

05 在对话框中单击【确定】按钮，剖面填充的结果，如图16-88所示。

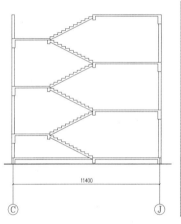

图16-86 加剖断梁

图16-87 设置参数

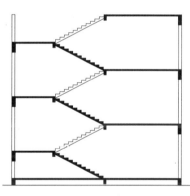

图16-88 剖面填充

16.4.3 绘制标注

剖面图轮廓绘制完成后，对其标高和图名进行标注。

01 执行 DHWZ【单行文字】命令,在弹出的【单行文字】对话框中设置参数，结果如图 16-89 所示。

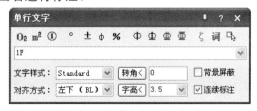

图16-89 【单行文字】对话框

02 在绘图区中点取文字插入位置，标注结果如图16-90所示。

03 执行BGBZ【标高标注】命令，对各楼面板和楼梯休息平台进行标注，结果如图16-91所示。

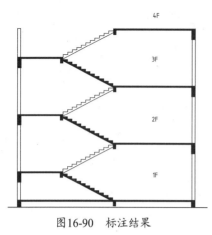

图16-90　标注结果

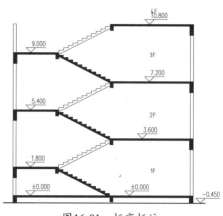

图16-91　标高标注

04 执行ZDBZ【逐点标注】命令，对楼梯踏步高度、宽度、休息平台宽度进行标注，结果如图16-92所示。

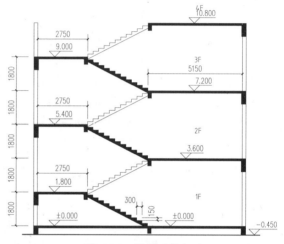

图16-92　楼梯尺寸标注

05 执行TMBZ【图名标注】命令，在弹出的【图名标注】对话框中设置参数，如图16-93所示。

图16-93　设置参数

06 在绘图区中点取插入位置，结果如图16-94所示。

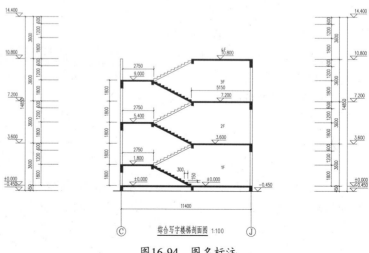

图16-94　图名标注